成长的边界
RANGE

超专业化时代为什么通才能成功

［加］大卫·爱泼斯坦 著
范雪竹 译

本书和我的其他著作,都将献给伊丽莎白。

目　录

引言　费德勒 VS. 老虎·伍兹 …………………………………… 1

第 1 章　"赢在起跑线"的教育狂潮 ……………………………… 1
第 2 章　抽象思维与概念推理 ……………………………………… 25
第 3 章　可遇不可毁的创造力 ……………………………………… 45
第 4 章　学习，快与慢 ……………………………………………… 71
第 5 章　跳出经验外，思在新境中 ………………………………… 93
第 6 章　过于坚持，也有问题 ……………………………………… 115
第 7 章　发掘自身更多可能 ………………………………………… 143
第 8 章　局外人的优势 ……………………………………………… 169
第 9 章　用过时的技术横向思考 …………………………………… 191
第 10 章　被专家愚弄 ……………………………………………… 217
第 11 章　学着放下熟悉的工具 …………………………………… 237
第 12 章　刻意的初学者 …………………………………………… 275

结语　拓展你的广度学习 …………………………………………… 295
致　谢 ………………………………………………………………… 299
注释及引文 …………………………………………………………… 303

他的目光总是盯着整个庄园,而不是庄园的某一部门……于是尼古拉的农业经营也就取得最辉煌的成就。

——列夫·托尔斯泰,《战争与和平》①

然而,不时有迹象表明,这第一把万能钥匙未必能够打开通向我们思想旅程终点的所有大门。

——阿诺德·汤因比,《历史研究》②

---

① 译文节选自2015年2月由人民文学出版社出版的版本,译者刘辽逸。——编者注
② 译文节选自2010年1月由上海人民出版社出版的版本,译者郭小凌、王皖强等。——编者注

引言　费德勒 VS. 老虎·伍兹

让我们从几个体坛小故事开始这一章。第一个故事,估计大家已经听过。

男孩的父亲发现,自己的孩子确实有些与众不同。当父亲抱着他在房间里走来走去时,这个六个月大的小男孩就能在父亲的手掌上站稳了。男孩七个月大时,父亲给了他一支推杆,本意只是想让孩子拿着玩耍,没想到还在幼儿学步车里的小男孩对这支推杆爱不释手,走到哪儿带到哪儿。长到十个月时,小男孩已经能够从餐椅上爬下来,有点费力地拖着为他量身切短的球杆,模仿着在自家车库里见过的挥杆动作。因为孩子还不会说话,父子俩无法用语言交流,所以父亲只能画图告诉儿子正确的握杆位置。"那时孩子太小,还没到会说话的年纪,当时教他如何推杆真是太难了。"父亲后来回忆道。

美国疾病控制与预防中心把"踢球"和"踮脚站立"列为两岁儿童生理发展的重要指标。而这个小男孩在两岁时就已经上了电视,在一档全国范围内播出的节目上,他用一支跟自己肩膀差不多高的球杆战胜了鲍勃·霍普(Bob Hope)[①]。同年,他参加了人生中的第一项锦标赛,获得了十岁及以下年龄组的冠军。

时间不等人。三岁时,男孩就在学习如何打"沙坑球",而男孩的父亲则忙于规划孩子的未来。他明白,自己的儿子就是高尔夫这项运动的"天选之子",而引领和指导儿子,他责无旁贷。试想:如果

[①] 美国著名喜剧演员、主持人,同时也是知名的高尔夫爱好者。——译者注

你对未来的道路无比笃定,也许你也会开始教三岁的儿子如何面对媒体——媒体总是避无可避,永不满足。他扮演记者来测试儿子,教他如何给出那种简短了事的回答,而对于那些没有被问及的问题,半个字也不要提。那一年,男孩在加州的高尔夫球课上,打出了9洞48杆的好成绩(高于标准杆11杆)。

男孩四岁时,父亲每天早晨九点把他送去上高尔夫球课,八小时后再来接他,有时还带着打赌赢来的钱——因为总有人怀疑这件事的真实性。

男孩八岁时第一次战胜了父亲。而父亲并不介怀,因为他深信,自己的儿子确系天赋异禀,而自己注定要帮助儿子成功。父亲本人也曾克服重重困难,成了一名优秀的运动员。大学时期,他是整个协会中唯一的黑人棒球手。他理解人,也理解规则;学习社会学专业的他,曾经在美国陆军特种部队服役,是一名越战老兵,后来又为预备军官们讲授心理战术。他为自己没有好好对待上一段婚姻中的三个孩子感到愧疚,不过现在他有了第二次机会,可以好好培养第四个孩子。一切都按计划进行着。

在进入斯坦福大学前,男孩已经名声大噪,很快,父亲让男孩的重要性更加凸显。他坚信,自己的儿子将比纳尔逊·曼德拉、甘地乃至佛祖都更具影响力。"他比他们任何一个都更有话题性,"父亲说,"他是东西方沟通的桥梁。有了我的指引,他的发展将没有上限。虽然我还不知道具体会是哪种形式,但他就是那个'天选之子'。"

第二个故事,估计大家也听过了。但是你们一开始可能猜不到主人公是谁。

他的母亲是一名教练,但是从来没有教过自己的儿子。男孩在蹒跚学步时，曾经围着母亲踢球。孩童时期的周日，他总和父亲一起打壁球。他尝试过滑雪、摔跤、游泳和滑板，也上手过篮球、手球、网球、乒乓球，还曾拿篱笆当球网跟邻居打羽毛球，还有在学校踢足球，大大小小的运动他几乎都接触过。日后的他能拥有高超的运动天赋和强悍的手眼协调能力，都要归功于涉猎过这么多体育项目的经历。

男孩发现，从事什么项目其实都无所谓，只要这个项目有球就行。"如果这个体育项目里有球，我就会更感兴趣。"他回忆道。他就是那种爱运动的小孩。父母并没有给他体育方面的特定启蒙。"我们没有计划A，也没有计划B。"他的母亲说。她和孩子的爸爸鼓励男孩尝试各种体育活动。事实上，这一点非常重要。男孩的母亲又说，如果安静的时间太长，男孩便会难以忍受这种状态。

虽然男孩的母亲是一名网球教练，但是她可不想收自己的儿子为徒。"他惯会惹我生气，"母亲说，"他总是怪模怪样地发球，当然了，回球也没有一次正常的。对于扮演教育角色的母亲来说，这可一点儿都不好玩。"一位《体育画报》的记者观察后发现，这对夫妻不仅完全不督促孩子打网球，甚至可以说是把孩子从网球场上"抽离"。即将步入青少年时期的男孩逐渐被网球吸引，"如果父母稍稍督促他一点儿，他可能都不会这么重视网球"。当儿子在打比赛时，母亲却四处溜达，跟朋友闲聊。父亲的要求只有一条："别作弊就行。"男孩当然没有违纪，而且他打得越来越好。

作为青少年选手，他的好成绩足以见诸报端，自然也有专访。当被问及如果获得第一笔网球赛的奖金要买些什么时，男孩的回答让母亲震惊——"一辆梅赛德斯（Mercedes）"。幸好记者让她听了一遍采访录音，他们才意识到了这处误会：男孩说的是"Mehr CDs"，这是一句瑞士德语[①]。男孩只是想要"更多的CD"。

[①] 瑞士德语"Mehr CDs"，发音和"Mercedes"相近，意为"更多的CD"。——译者注

毫无疑问，男孩的竞技水平很高。但是，当他的网球教练决定提拔他到更高级别的梯队时，他却要求回到原来的队伍，理由是高级别梯队都是年龄更大的球手，而回到原来的队伍就能和朋友待在一起。毕竟，网球课后与朋友聊聊音乐、练习摔跤或踢足球，就是乐趣的来源之一。

当他终于放弃其他体育项目——尤其是足球——而专注于网球时，其他孩子早已习惯于同体能训练师、运动心理学家和营养师一同训练。但是从长远来看，较晚明确自己的努力方向丝毫没有影响他的发展。很多网球界的传奇巨星通常在三十多岁时就退役了，而他在这个年纪，依然稳居世界第一。

2006年，老虎·伍兹和罗杰·费德勒第一次见面，两人当时都处在各自职业生涯的巅峰期。老虎·伍兹专程乘坐自己的私人飞机去看美国网球公开赛的决赛。这让费德勒异常紧张，不过他还是赢了，连续三年捧起了美网冠军奖杯。伍兹参加了更衣室内的香槟庆祝派对。两人充满热情地交流着。"他是如此熟悉这种战无不胜的感觉，我从来没有和任何一个熟悉这种感觉的人说过话。"费德勒后来形容道。他们很快成了朋友，也成为辩论的中心点——到底谁才是当今世界最具影响力的运动员。

但是，费德勒注意到了两人的不同点。"他的故事和我的完全不同，"2006年，费德勒对一位传记作家说，"当他还是个小孩时，他的目标就是打破获得冠军次数的记录。而我只是想见见鲍里斯·贝克尔（Boris Becker）①，或者有朝一日能够在温布尔登亮相。"

---

① 外号"德国金童"，德国体育史上最佳男子网球选手，已入驻国际网球名人堂。——译者注

父母想把孩子从网球运动中"抽离",孩子自己起初也对网球运动并不太上心——这样的费德勒还能成为难求一败的世界冠军,确实不同寻常。即便不能和伍兹相论,其实许多孩子和费德勒相比,也已经赢在了起跑线上。父亲厄尔·伍兹(Earl Woods)对老虎·伍兹的独特培养方式已经成为大量畅销书的核心内容——如何培养专才,这其中就包括厄尔撰写的一本育儿手册。老虎·伍兹不仅是在练习高尔夫,他其实在做的是"刻意练习",也就是现在极为流行的"一万小时定律"中最重要的方法。所谓"一万小时定律",就是无论在哪个领域,想要提高技能水平,唯一有效的方法就是不断累积高专注度练习的时长。通过对三十位小提琴演奏者的观察,研究者发现了这一定律。当小提琴演奏者们"获得了关于最佳方法的详细指导",同时,

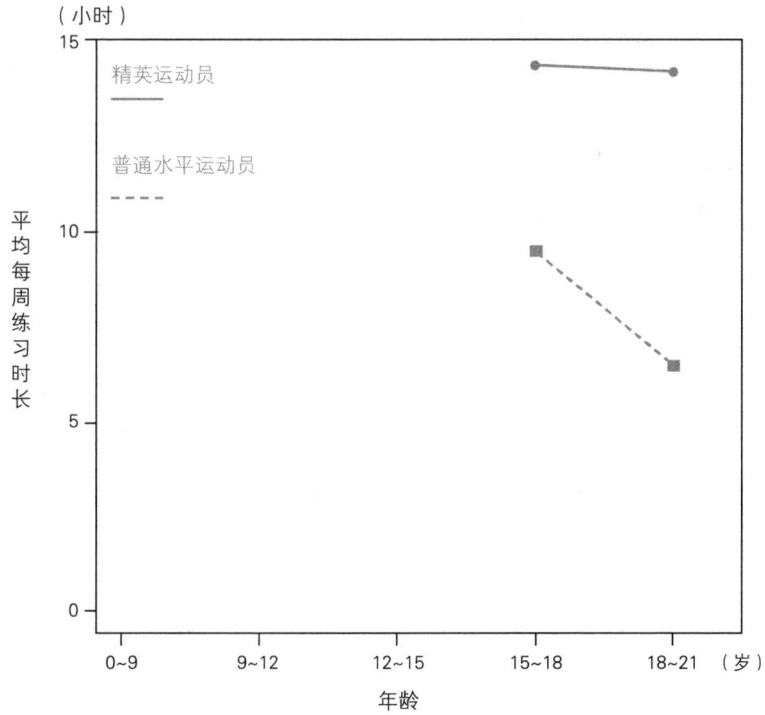

图1 15~21岁不同水平运动员对比

给每位演奏者都配备一对一的指导老师，后者针对他们的表现提供"快速、翔实的反馈和相关知识"，随后他们再"不断重复同样或相似的练习"——这就是刻意练习。大量关于专业技能发展的研究表明，比起普通水平的运动员，精英运动员每周进行高技术性刻意练习的时间更长。

刻意练习的时长决定了成功与否，而老虎·伍兹无疑成了这一定律的代言人——还验证了这一定律的必然结论：刻意练习必须尽早开始，越早越好。

"尽早起步、精准练习"的热潮从体育界蔓延到了其他领域。我们时常会听到这种说教——世界越是复杂，竞争越是激烈，我们越要成为某一领域的专门人才（并且要起步更早），只有这样，才能在社会上立足。因为早慧和超前而被视为成功代表的两位，我们再熟悉不过了——熟稔钢琴键的莫扎特，以及能玩转另一种键盘的马克·扎克伯格（社交网站"脸书"的首席执行官）。随着人类的知识呈爆炸性增长，世界走向互联，在各个领域，"术业有专攻"也更被推崇。肿瘤学家不再专注于癌症，而是专攻与单一器官相关的癌症，这样的风气一年比一年严重。美国外科医生、作家阿图·葛文德（Atul Gawande）调侃道，医生们拿"左耳外科医生"开起了玩笑，"我们起码得先确定有没有这个工种。"

英国记者马修·萨伊德（Matthew Syed）在其宣扬"一万小时定律"的著作《天才假象》（Bounce）[①]中认为，英国政府之所以失败，就是因为没有走老虎·伍兹这种坚定的专业化道路。他在书中写道，让政府的高官要员在各个部门之间调动，"比让老虎·伍兹从高尔夫转投棒球、橄榄球和曲棍球领域还要荒谬"。

英国在过去数十年的奥运会中都表现平平，而在2012年夏季奥

[①] 这本书已由后浪出版公司出版。——编者注

运会上,英国代表团取得了巨大的成功,这得益于一个项目——邀请成年运动员尝试新体育项目,给"后来者"提供上升的渠道——这些运动员多是"慢热型",一位在此项目供职的官员这样对我描述。很明显,想成为一名运动员,甚至精英级别的运动员,选择像费德勒一样尝试不同项目,并无不妥。处在职业生涯巅峰期的精英运动员的确在高专注度的刻意练习上比同龄的普通运动员花费了更多时间,但是,当科学家从儿童时期开始审视运动员的整个职业生涯发展时,平均的练习时间却如图2所示:

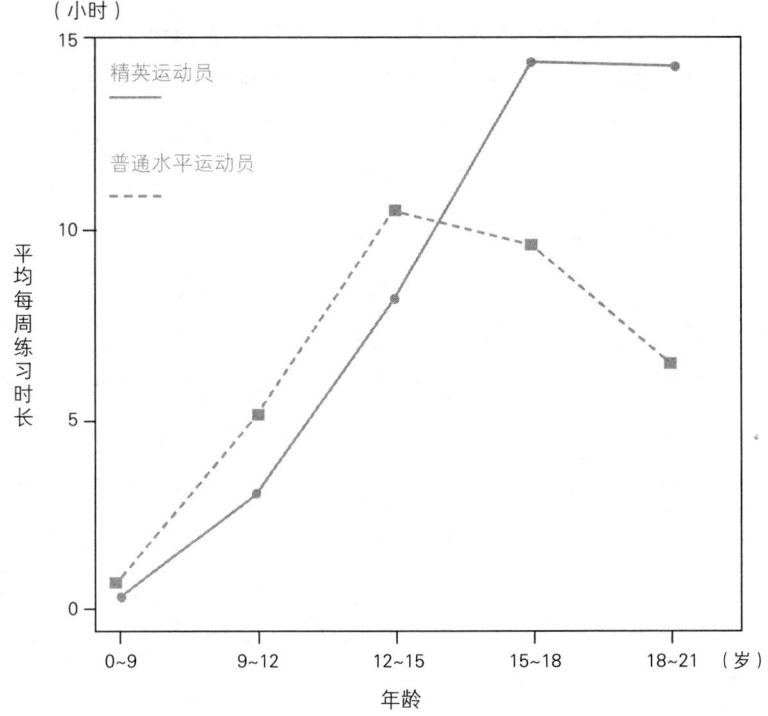

图2 各年龄段下不同水平运动员对比

和普通运动员相比,最终成为该项目顶级人物的精英运动员一开始在刻意练习上花费的时间反而更少。用研究者的话说,精英运动员们经历了一段"采样期"。他们涉猎各样的体育项目，通常并不是有意为之，或者，只有微乎其微的刻意安排成分；通过各种项目的锻炼，他们的各种身体机能愈加纯熟；他们认识到自己的能力所在以及偏好；只有在广泛涉足各项目之后，他们才能专注于一个特定项目，进行专业化的技术练习。有一项针对个人项目运动员的研究，宣称"晚一步专业化"是"成功的钥匙"；另一项研究名为"在集体项目中攀上巅峰：晚些起步、专注和坚定"。

当我开始介绍这些研究成果时，我遇到了很多批评及否定。粉丝总是说："也许在其他运动中是这样的，但是对于我们的这个项目并不适用。"最大的反对声浪来自全世界最流行的运动——足球——的球迷们。巧合的是，正好在2014年，一组德国科学家发表了一项研究成果：刚刚获得世界杯冠军的德国队，队员们全都是典型的"后发制人"型选手——直到二十二岁甚至二十二岁以上，他们此前都没有踢过专业联赛，最多只是在业余联赛中登场。在儿童和青少年时期，他们把时间都花在踢野球或者其他项目上。两年后，另一项关于足球运动员的研究出炉，研究人员记录了一些小队员十一岁时的技巧水平，随后持续跟踪了两年。那些参与了更多体育项目并且常踢野球的队员，"没有参与那种专业的、有组织的训练和练习"，在十三岁时表现得更出色。类似的研究成果不仅出现在足球领域，从曲棍球到排球，各种体育项目中都有类似的发现。

不论在体育领域还是其他领域，这种极度专业化其实毫无必要，而正是这种虚假的必要性，构成了这个庞大、成功和偶尔才显露善意的市场机制的核心。在现实生活中，罗杰·费德勒成为体育巨星的路径远比老虎·伍兹的要常见，但是这些多面型运动员的故事很少被提及，甚至从未被知晓。你们可能知道其中一些运动员的名字，但是很可能并不了解他们的背景。

当我开始写引言部分时，2018年的超级碗刚刚落下帷幕。在这场总决赛中，曾经签约过专业棒球队的四分卫汤姆·布雷迪（Tom Brady），对阵尼克·福尔斯（Nick Foles）——他曾经参加过橄榄球、篮球、棒球和空手道等运动，直到大学时还在篮球和橄榄球之间犹豫不决。在当月晚些时候，捷克运动员艾斯特尔·莱德奇卡（Ester Ledecká）成为有史以来第一位在同一届冬季奥运会中赢得两个不同项目（高山滑雪超级大回转和单板滑雪平行大回转）金牌的女性。少女时期的莱德奇卡投身多种体育项目（现在还在参与沙滩排球和风帆冲浪），她把注意力集中在学业上，从不急于成为青少年比赛的冠军。《华盛顿邮报》在她获得第二枚金牌后写道："在一个体育专业化的时代，莱德奇卡是保持多样化的精神布道者。"就在莱德奇卡勇夺两枚金牌后，乌克兰拳击手瓦西里·洛马琴科（Vasyl Lomachenko）创造了另一项新纪录——用最少参赛场次获得了三个级别的世界级拳王。小时候的洛马琴科曾经一度中断了拳击训练，花费四年时间学习乌克兰传统民族舞，回想起这一段经历，他说："当我还是个小男孩的时候，我同时在练习很多体育项目——体操、篮球、橄榄球和网球。我认为，所有这些项目最终一起提高了我的步法水平。"

著名体育科学家罗斯·塔克（Ross Tucker）总结了体育领域的研究成果，简单来说就是："我们已经了解，在早期尽可能多尝试各种项目——多样化最为关键。"

2014年，我把"晚一步专业化"的部分研究成果放在了我第一本书《运动基因》（*The Sports Gene*）的后记中。第二年，我接到了一个演讲邀请，来讲讲这些研究成果，而邀请方的身份，实在是出人意料——不是运动员或者教练，而是退役老兵。在准备这次演讲的过程中，我研读了关于专业化和职业生涯转向的专业文献，范围也扩大到体育圈以外。我被自己的发现震惊了。有一项研究显示，那些大学毕业后就早早从事专业化工作的人，在刚毕业时确实薪水较高，但是，较晚开始专业化工作的人，他们找到的工作更适合他们自己的技能和个性，与前者在收入上的差距很快就能被弥补。还有大量的研究表明，和深耕某一领域的专才相比，技术发明家通过在不同领域积累经验，有效提高了自己的创造力；事实上，随着职业生涯不断发展，他们主动牺牲了一些深度来换取广度。在艺术创意领域，也有几乎一模一样的研究成果。

我还注意到，有些我仰慕已久的人——从爱德华·肯尼迪·艾灵顿（Edward Kennedy Ellington①，幼年时曾经为了学习画画和棒球逃掉音乐课）到玛丽亚姆·米尔扎哈尼（Maryam Mirzakhani，她曾经梦想成为一名小说家，结果成了一名数学家，并且是第一位获得数学界最重要奖项——菲尔兹奖的女性），他们的成长故事和费德勒更相似，并不像老虎·伍兹。当我更深入地研究这一领域时，我发现许多了不起的人物之所以能成功，不是因为他们对这些广泛的经验和兴趣弃之不顾，而是正因为有了这些广泛的经验和兴趣，他们才得以成功：一位首席执行官在她的同龄人准备退休时，开始了自己的第一份工作；改变世界的艺术家在发现自己真正的兴趣之前，换过五份工作；一位发明家坚持自己的"反专业化"信念，把一家成立于19世纪的小公司做大成今天举世闻名的大企业。

对于体育之外的研究，我只是浅尝辄止，所以在给这一小群退役老兵演讲时，我基本还是围绕着体育来展开。对于其他领域的研究成果，我只是简单提及，但是老兵们抓住了这一点。所有在场的老兵都是"晚一步专业化"或者职业生涯转变的代言人，在演讲结束后，他们开始一个接一个地介绍自己，我发现，他们都或多或少地对这一点

---

① 又称艾灵顿公爵（Duke Ellington），美国著名的作曲家、钢琴家、爵士乐乐队队长。——译者注

感到烦恼，还有些人似乎因此而不好意思。

这些退伍老兵是由帕特·蒂尔曼基金会（Pat Tillman Foundation）召集的，帕特·蒂尔曼曾经是美国职业橄榄球大联盟（NFL）的一名球员，他离开专业球场，成为一名陆军突击队员，该基金会继承了帕特·蒂尔曼的精神，向那些准备转行或者重返校园的退伍军人、现役军人和军人家属提供奖学金。这些听众都是奖学金的获得者，也是曾经的伞兵和翻译，现在正在转行成为教师、科学家、工程师和企业家。他们充满热情，但是心底却不时涌起一丝潜藏的恐惧。因为他们被告知，雇主们想要的是在某一方向持续深入发展的人才，但是老兵们在领英（LinkedIn）上的简历显然无法满足这种要求。他们急不可耐地开始和年轻（甚至比他们年轻很多的）学生一起学习研究生课程，或者因为比同龄人晚一步转行而焦虑。他们之前也积累了无与伦比的人生经历和领导经验，不知道为什么，这样独特的优势在他们脑海中反而成了劣势。

给帕特·蒂尔曼基金会做完演讲的几天之后，我收到了一封邮件，发件人是当天演讲后与我聊天的一名前美国海豹突击队队员："我们这些老兵都在职业生涯的变革期，亟待从一项事业转到另一项。在你离开之后，我们很多人聚在一起讨论，说自己听完你的演讲之后有多宽慰。"对于这封邮件，我有点摸不着头脑，因为他曾经是海豹突击队队员，拥有历史学和地球物理学的学士学位，正在攻读达特茅斯学院和哈佛大学的商业和公共管理硕士，他怎么会需要我来肯定他的人生选择。但是和当天在座的其他人一样，他也被或直白或含蓄地灌输过，改变方向是危险的。

这次演讲受到了听众们的热情欢迎，所以基金会邀请我在他们2016年的年会上做主旨演讲，随后去不同城市进行小规模的演说。在每次演讲之前，我都会阅读更多的研究成果，并且和更多的研究人员谈话，也发现了更多的证据——想要发展广泛的个人爱好和专业兴趣，成为通才，确实要花费时间——并且通常要放弃"赢在起跑线上"，但是这样做是值得的。

我继续钻研这一领域，发现很多资深专家在自己的专业里变得极其狭隘，他们的经验水平其实非常糟糕，但与此同时，他们又变得非常自信——多么危险的组合。通过和一位认知心理学家交谈，我认识到了一件非常重要却总被忽略的事情——慢慢积累那些持续性的知识，才是最好的学习之道，即使这意味着在即时测验中表现不佳。也就是说，最有用的学习方法看似效率低下，也像是会落后于人。

人到中年再开启一项新事业，看起来也是如此。马克·扎克伯格曾有一句名言："年轻人就是更聪明。"但是，人在五十岁时创立一家一鸣惊人的高科技公司的可能性，是其三十岁时的两倍，而三十岁的创业者比二十岁的更有机会。西北大学、麻省理工学院和美国人口调查局的研究人员发现，那些成长最为快速的新公司里，创始人创立公司时的平均年龄是四十五岁。

扎克伯格说出这句话时，时年二十二岁。他之所以这样说，是为了自己的利益，就像那些青少年赛事的运营者一样——他们公然宣称，只有在一个项目上经年累月地付出才能成功，虽然证据显示他们的断论与事实完全相反，但为了自己的利益，他们坚持如此。可是，这种对专业化的狂热已经蔓延到体育圈之外。它影响的不仅仅是个人，还是整个系统，每个小小的专业化组织都是"只见树木，不见森林"，就像在一个巨大的拼图中，自己能看到的这一块越来越小。

2008年全球金融危机造成了灾难性的结果，随后被曝光的大型银行之间的分裂程度，让人触目惊心。在巨大的金融版图中，很多专业化小团体为了一己私利而充分利用风险，最终让全球都陷入灾难。更糟糕的是，应对危机的方法更加刚愎自用——这种专业化的程度不降反升，简直愚不可及。2009年，联邦政府发布新政策，鼓励银行为房屋所有者降低每月的贷款月供，虽然这些人还款有些吃力，但是还能够负担部分还款。这个决策"看上去很美",但是实际的运行却不尽如人意:银行中负责放贷的部门降低了房屋所有者的月供额;而同一银行中负责抵押品赎回权的部门随后发现,房屋所有者突然减少了月供的金额,于是所有者们被判违约,而银行获得了这些被抵押的房产。"没有人能想象到,银行内部的运作如同一个个谷仓①一般。"一位政府顾问随后评论道。过度的专业化,会导致全体性的悲剧,即使每个个体的选择都是最理智的。

过度专业化的还有医疗行业,也会出现"如果你唯一的工具是把锤子,你眼里的所有东西都像钉子"的情况。专注于介入性疗法的心脏病医生已经习惯于用冠状动脉支架解决胸痛问题(支架是一种金属管,可以撑开患者的血管)他们已经习惯成自然,即使有大量的研究表明,有些患者并不适合支架治疗,甚至有生命危险。一项最近的研究发现,心脏病患者如果在全国性心脏病学大会期间被收治,死亡的可能性反而降低了——因为数千名心脏病医生都不在医院里。研究者认为,发生这种情况的原因是,这些专业医生不在,效果存疑的常规治疗方法不太可能会实施。

一位国际知名的科学家(你们将会在本书结尾一睹他的庐山真面目)告诉我,在追求创新的路上,日趋严重的专业化造成的结果是"永不交集的平行沟渠"。每个人都在埋头挖自己的沟,越挖越深,但是鲜有挖沟者站上来看看旁边的沟,即使能解决自己问题的人就在旁边。这位科学家决定自己先尝试"反专业化",再用这种思路训练未来的研究者;他的愿景是把这种训练普及到各行各业。在这位科学家的人生路上,成为"通才"让他受益匪浅,虽然他也曾被要求成为一名"专才"。他现在尝试再次扩展视野——他正在设计一个培训项目,

---

① 谷仓效应,指企业内部因缺少沟通,部门间各自为政,像一个个谷仓独立进出,只有垂直的指挥系统,没有水平的协同机制,无法正常运作。——译者注

让那些选择了"伍兹之路"的人可以重新做出选择。"这可能是我一生中做过的最重要的事情。"他告诉我。

我希望这本书能让你们明白上述内容的意义。

帕特·蒂尔曼基金会的老兵曾经谈起自己的迷茫无措,担心自己正在犯错,对此我感同身受——比我表现出来的理解程度还要更深。大学毕业后,我在一艘太平洋科考船上工作,正是在科考船上,我决定要当一名作家,而不是科学家。我从未想象过,"弃科从文"的道路竟然是这样——在纽约的小报当记者,通宵达旦地写犯罪案件报道,随后在《体育画报》当高级撰稿人,但很快又离职了,这让我自己都有些意外。我开始感到焦虑,觉得自己是"工作恐惧症",是无法为工作付出的流浪者、跳槽狂,认定自己的整个职业生涯都是个错误。先拓展广度,晚一些再进行深度挖掘,了解这样做的优点后,我重新认识了自己,也重新认识了世界。这项研究适用于人生的各个阶段——正学习数学、音乐和体育的儿童,刚刚走出校门试图寻找自己人生方向的大学生,处在职业生涯中期渴望改变的专业人员,以及准备进入人生新阶段以寻找新职业的准退休人士。

在一个鼓励甚至强烈需要"超专业化"的世界,我们现在所面临的挑战是,如何维护广度学习、多样化经验、跨学科思考和晚一步专业化带来的利益和优势。毋庸置疑的是,确实有一些领域需要老虎·伍兹式的人才——年少成才,并且清楚自己的目标。但随着社会日趋复杂,加上科技让世界成为一个浩瀚的物联网体系,而身处其中的个体只能看到一小部分——因此我们也需要更多罗杰·费德勒式的人才:从一开始就兴趣广泛,随着自身的不断进步,不断拥抱多样化的角度和体验。也就是"通才"。

第 1 章
"赢在起跑线"的教育狂潮

1945年5月7日，德军的无条件投降，宣告了第二次世界大战欧洲战场的结束。一年零四天后，拉斯洛·波尔加（Laszlo Polgar）出生在匈牙利的一个小镇——他是一个新家庭的结晶。他没有祖母和外祖母，没有祖父和外祖父，也没有表兄弟姐妹；所有的人都在大屠杀中失去了生命，同时丧生的还有他父亲的第一位妻子和五个孩子。拉斯洛逐渐长大，想拥有一个家庭的想法也越发笃定——他想要的是一个特别的家庭。

　　大学期间，拉斯洛认真阅读了很多伟大思想家的传记，从苏格拉底到爱因斯坦，目的就是为自己当父亲做准备。他意识到，传统的学校教育已经失灵，只要让孩子们正确地抢占学习的先机，他就能把自己的下一代培养成天才。拉斯洛的野心不止于此，他更想通过这种做法证明：任何孩子在任何领域，都能被塑造成卓越人才。他只需要一个妻子，能帮助他一起把这个计划付诸实施。

　　拉斯洛的母亲有一位朋友，其女儿名叫克拉拉（Klara）。1965年，克拉拉到布达佩斯旅行，她见到了拉斯洛本人。拉斯洛并没有用什么欲擒故纵计。第一次见面，他就开门见山，告诉克拉拉自己的计划——他打算要六个孩子，把他们都培养成栋梁之材。回到家的克拉拉跟父母提及拉斯洛时，她的评价不冷不热："遇到了一个有趣的人"，但是从未想过与他结婚。

　　拉斯洛和克拉拉继续保持着书信交往。他们俩都是老师，并且都对"一刀切式"的学校教育感到失望,拉斯洛认为,这样的教育只能产出"灰色的凡夫俗子"。一年半的通信之后,克拉拉发现自己的笔友并非等闲之辈。最终,拉斯洛写了一封求爱信,在信的结尾向克拉拉求婚。他们随后结婚,搬到布达佩斯生活,并在那里开始工作。大女儿苏珊(Susan)在1969年降生,教育实验也就此开始。

拉斯洛为自己的第一个天才女儿选择了国际象棋。1972年,美国棋手鲍比·费舍尔(Bobby Fischer)战胜了苏联棋手鲍里斯·斯帕斯基(Boris Spassky),这场对弈被称为"世纪大战",一年后,苏珊开始接受国际象棋训练。在当时的背景下,这场比赛被视为两国冷战的缩影,国际象棋也因此突然开始流行。按照克拉拉的说法,国际象棋还有一个独特的优点:"国际象棋的结果非常客观,也容易计算。"比赛的结果无非是胜负平,这种积分制的系统可以让你对自己的棋艺水平一目了然。拉斯洛决定,自己的女儿一定要成为国际象棋冠军。

拉斯洛不仅耐心,而且一丝不苟。他用"兵卒之战"开启了苏珊的启蒙之路。两人对弈只用兵卒,先到对方底线者胜。很快,苏珊开始学习收官和陷阱开局。她享受着国际象棋带来的乐趣,上手很快。在学习了八个月之后,拉斯洛把苏珊带到布达佩斯一家烟雾缭绕的国际象棋俱乐部,用激将法让大人们和自己的女儿下棋,当时的苏珊只有四岁,坐在椅子上时双腿荡来荡去,脚还够不到地面。苏珊赢了自己的第一场比赛,而告负的大人愤愤不平,夺门而出。苏珊参加了布达佩斯女子国际象棋比赛,获得了十一岁以下组别的冠军。四岁的她还没有尝过失败的滋味。

六岁时,苏珊已经可以读写,和同龄人相比,她的数学水平更是领先数年。拉斯洛和克拉拉决定,他们要在家教育苏珊,好让她有整天的时间来学习国际象棋。匈牙利警察曾经威胁拉斯洛,如果不把女儿送到学校接受义务教育,就要把他送进监狱。拉斯洛花了数月时间游说教育部,终于拿到了在家教育孩子的许可。苏珊的妹妹索菲亚（Sofia）也要在家接受教育，不去学校。还有即将出生的朱迪特（Judit）——拉斯洛和克拉拉差点给她起名叫"Zseni"，也就是匈牙利语中的"天才"一词。三个孩子都是这个伟大实验的一部分。

三姐妹的日常安排是这样的：七点去健身房上乒乓球课，十点回到家吃早饭，接下来的漫长一天都属于国际象棋。当拉斯洛的水平已经辅导不了三姐妹时，他为三个天才聘请了国际象棋教练。拉斯洛利用业余时间，从国际象棋刊物上剪下二十万张棋局——其中很多可以用来研究未来的对手，再用特定格式的卡片来填写。在计算机弈棋程序发明前，这些棋局卡片是波尔加三姐妹最大的数据库。

当苏珊十七岁时，她成为第一位有资格参加男子世界冠军赛的女性，虽然世界国际象棋联合会（后文简称为"国际棋联"）不允许她参加（但这一规则很快就被修改了，多亏了苏珊的贡献）。两年后，也就是1988年，在国际象棋奥林匹克女子团体锦标赛上，十四岁的索菲亚、十二岁的朱迪特和大姐一起，占据了匈牙利队四名成员的三席。自从这项比赛举办以来，苏联获得了往年十二届比赛中的十一个冠军，而就在这一届，匈牙利击败了苏联。用苏珊的话说，波尔加三姐妹已经成了"国宝"。第二年，苏联解体，三姐妹可以在全世界参加比赛了。通过不断参加比赛并战胜男性选手，1991年1月，二十二岁的苏珊·波尔加获得了国际棋联授予的特级大师称号，成为第一位获此殊荣的女棋手。同年12月，朱迪特·波尔加成了最年轻的特级大师，不管是男棋手还是女棋手，她都是最年轻的一位。当苏珊在电视采访中被问及想获得男子组还是女子组的世界冠军时，她的回答非常机智：想获得"绝对组"冠军。

其实，拉斯洛的最高目标是培养国际象棋的世界第一，虽然三姐妹中没有一人达到这个要求，但是她们已经足够出类拔萃。1996年，苏珊参加了女子世界冠军对抗赛，最终胜出。索菲亚的最高成就是国际大师称号，仅次于特级大师。朱迪特是三姐妹中最优秀的，在2004

年荣居世界第八。

拉斯洛的实验成功了。实验成果喜人,在20世纪90年代早期,拉斯洛就提出,如果他的超前专业化方法能推广到一千个孩子身上,人类或许就能攻克癌症和艾滋病。但是,在他的庞大计划中,国际象棋毕竟只是一个随意的选择。和老虎·伍兹的故事一样,波尔加三姐妹的故事也无休止地出现在文章、书籍、电视节目中,同时也是演讲的绝佳案例——早起步就是改变生活的力量之源。一门名为"培养天才!"的网络课程把拉斯洛·波尔加的教育方法当作卖点——"规划你自己的天才人生"。另一本畅销书《天才源自刻意练习》(Talent Is Overrated)也用了波尔加三姐妹和老虎·伍兹的案例,证明抢先开始刻意练习是成功的关键——"实际上,在任何一件对你来说非常重要的事情上,这个原理都适用"。

这样的课程告诉你,世界上的任何事情都可以用同一种方法攻克。但是,这种结论建立在一个非常重要却无法宣之于口的假设之上:在所有你认为重要的事情当中,国际象棋和高尔夫只是其中的典型案例。

世界上有多少事情,人类又有多少想学想做的东西,真的像下国际象棋和打高尔夫球一样有法可循?

心理学家加里·克莱恩(Gary Klein)是研究自然决策模型的先驱;自然决策的研究者观察专业人士在自然状态下工作过程中的表现,来了解他们在时间压力下如何做出高风险的决定。克莱恩发现,许多领域的专家和国际象棋大师惊人地相似——他们都能本能地辨别出熟悉的模式。

加里·卡斯帕罗夫(Garry Kasparov)可能是有史以来最优秀的

棋手。当我请教他每一步的决策过程时,他告诉我,根据以往见过的各种模式,他几乎可以立即判断每一步或每一个连招。卡斯帕罗夫说,他敢打赌,特级大师在开始思考的前几秒就已经有想法浮现在脑海,然后就按这个想法走下一步。克莱恩还研究了消防指挥官,并且估算出他们大概80%的决定都是出自本能,在几秒钟之内就能做出决定。多年的灭火工作能让他们从火焰走势和处在倒塌边缘的燃烧建筑物中发现重复出现的模式。当克莱恩研究那些和平时期的海军指挥官时,他发现这些指挥官可以极快地觉察出潜在的威胁,并试图避免灾难,比如误把商业飞机当成敌机击落。在95%的情况下,指挥官们会甄别出一种常见的模式,再选择第一个出现在脑海中的惯常做法来应对。

心理学家丹尼尔·卡尼曼(Daniel Kahneman)是克莱恩的同事,他的方向是从"启发与偏见"模式研究人类的决策行为。他的发现却与克莱恩大相径庭。当卡尼曼探究那些训练有素的专家如何做决断时,他时常发现经验根本帮不上忙。更糟糕的是,经验带来的常常不是技巧,而是自信。

卡尼曼把自己的经历也应用于这些研究中。卡尼曼从1955年就开始怀疑"经验"与"专业技术"之间的联系,当时的他还是以色列国防军的一名年轻中尉,在心理部门服役。他的职责之一就是通过一些改编自英国军队的测试题目来评估军官的候选人。其中一项练习是:8人小组必须让全体成员和一根电话线杆越过一堵6英尺[①]高的墙,过程中要求杆不能着地,任何一名士兵或者杆都不能碰到墙。[②]在任务的重压之下,每个人的临场表现迥异——谁是领导者,谁是跟

[①] 1英尺 = 30.48厘米。——编者注
[②] 一个常见的解决方法是,几个团队成员用特定角度扶住电话线杆,另外几人轮流爬上杆子并跳过墙。最终电话线杆可以从墙的顶部递过去,由已经跳过去的队员抓住并保持一定角度,剩余的成员可以跳起来抓住杆子,随杆摇摆,直到他们能跳过墙为止。——作者注

随者，谁夸夸其谈，谁懦弱胆怯——这些全都会自然表现出来，一目了然——卡尼曼和他的同事们愈发自信，认为自己能够分析出这些候选人的领导力水平，并且能识别他们在军官培训和战斗中的表现。结果，他们大错特错。每隔几个月，他们会有一个"统计日"，把军官们的实际表现和自己的预测对照，看看准确与否。每次，他们的预测也就比瞎蒙好那么一点点。每次统计他们都获得了一些经验，信心满满地再次给出判断。但是每一次，他们都没有任何进步。"统计信息与令人信服的洞察结果之间，完全没有联系"，这一发现着实震惊了卡尼曼。差不多同一时间，有一本关于专家判断的著作问世，这本书颇具影响力，卡尼曼告诉我，这部著作让他"印象深刻"。书中综述了众多领域的研究成果，而这些成果足以震动心理学界——研究显示，在现实世界的各种情境下，经验根本无法创造技能——从评估大学生潜能的大学管理人员，到预测病人表现的精神病医生，再到决定谁能在职业技能培训中胜出的人力资源专家，都是如此。有些领域涉及人类行为，且没有重复而清晰的模式，反复练习并不意味着学习。国际象棋、高尔夫和灭火只不过是例外，而不是规律。

克莱恩和卡尼曼所记录的经验丰富的专家所呈现出的不同结果，构成了一个复杂的难题：专家们会因为有经验而变得更好吗？

2009年，卡尼曼和克莱恩迈出了不同寻常的一步——两人共同完成了一篇论文，阐释了各自的观点，并寻求共同存在的基础——他们找到了。卡尼曼和克莱恩一致认为，经验能否带来专业知识和技能，完全取决于所在的领域。专业化的练习可以培养更好的国际象棋选手、桥牌选手和消防员，但是在预测金融或政治趋势，或者预测员工或病人表现时却帮不上忙。在克莱恩所研究的领域中，出自本能的"模式辨认"极其奏效，另一位心理学家罗宾·霍格斯（Robin Hogarth）将这类领域称为"友好型"学习环境。

模式一再重复，反馈极其精确，而且速度够快。在高尔夫或者国际象棋中，每一球或者每一步都是在既定的范围内按照规则行事，即刻就能看到结果，类似的挑战会重复出现。当我们在打高尔夫球时，球的落点不是太远就是不够远；球的线路不是左曲球、右曲球，就是直球。球手发现问题，尝试改正，再次击球，如此练习数年。这也是"刻意练习"的定义——既要遵循一万小时定律，又要尽早开始技术性练习，越早越好。这种学习环境确实非常友好，因为学习者只要认真参与，努力改善，就能进步。卡尼曼开始注意到这种友好型学习环境的反面——霍格斯称之为"恶劣型"学习环境。

有些领域与高尔夫和国际象棋相反：竞赛规则通常不甚明晰，或者不够完整；重复的模式时有时无，或者不够清楚；而反馈常常滞后，或者不准确，或者两者兼有——这就是学习环境"恶劣"的领域。

在最恶劣的学习环境下，经验往往会反复强化错误的教训。霍格斯记录了纽约一位著名医生的故事：这位内科医师以精确诊断而闻名。他的专长是诊断伤寒症，而诊断方法也很特别——用手触摸病人的舌头来判断他们是否患有伤寒。一次又一次，在病人表现出某一种症状前他就做出了阳性的诊断。而一次又一次，他的诊断被证明是正确的。正如另一位医生后来指出的，"他是比伤寒玛丽①还要可怕的病毒携带者，只用手就能传染给别人"。一次又一次的成功，却给了他最惨痛的教训。当然了，很少有这般恶劣的学习环境，但是，经验让专业人士行差踏错也是轻而易举。当专业消防员面临全新的情况，比如摩天大楼火灾，他们会发现自己突然失去了多年来在普通房屋灭火中所培养出的直觉，很可能就做出错误的决定。时移世易，国际象棋大师也会发现，自己多年积累的经验技巧突然变得老掉牙了。

---

① 伤寒玛丽，原名玛丽·马龙（1869年9月23日—1938年11月11日），是美国第一位伤寒杆菌携带者，但是其自身健康，在担任厨师期间造成53人感染、3人死亡。——译者注

1997年，IBM的超级计算机"深蓝"（Deep Blue）战胜了加里·卡斯帕罗夫，赢得了自然智能与人工智能的终极之战。"深蓝"每秒可以运算两亿步棋，但这只是国际象棋步法中的极少部分——国际象棋的排列方式比宇宙中可观测到的原子数量还要多——但也已经足够击败最优秀的人类棋手了。用卡斯帕罗夫的话说："现在你手机里的免费国际象棋应用程序，比我还要强大。"他并没有夸大其词。

"人类能做的任何事情，只要我们知道怎么做，机器能比我们做得更好，"卡斯帕罗夫在最近的一场演讲中表示，"只要我们可以编码，再传输到计算机，计算机就能比我们完成得出色。"尽管输给"深蓝"，卡斯帕罗夫还是获得了宝贵的灵感。在和计算机对弈的过程中，他意识到了人工智能学者所说的"莫拉维克悖论"：机器和人类各自的优势和劣势时常处于对立状态。

有句话是："国际象棋99%是战术。"所谓战术，就是一系列的连招组合，让棋手可以在棋盘上快速获得优势。当棋手们在学习各种模式时，他们就是在掌握战术。而国际象棋中的大局意识——如果利用局部战场赢得整个比赛——被称为"战略"。苏珊·波尔加曾经写道："如果你擅长战术，你就可以走得更远。"也就是说，掌握了大量的模式——"再加上一些对于战略的基本了解"。

多亏了计算功能，计算机在战术上可以和人类不分伯仲。特级大师可以预测短期的走向，但是计算机做得更好。卡斯帕罗夫开始好奇，如果计算机超凡的战术计算能力加上人类的战略大局思考，将会如何？

1998年，卡斯帕罗夫协助组织了第一届高级国际象棋锦标赛，每位选手，包括卡斯帕罗夫自己，都将和一台计算机搭档参赛。棋手们多年来积累的模式优势不复存在，计算机就可以搞定战术，而棋手只需专注于战略。这很像老虎·伍兹在高尔夫球电子游戏中与最优秀的玩家一决高下。他多年的反复练习在此时已无用武之地，而比赛转变成了战略上的对决,而非战术的实施。在国际象棋领域,啄食顺序①立刻被改变了。"在这种情况下,人类创造力的重要性比以往更加显著,而非式微。"卡斯帕罗夫这样说。一个月前,他曾在一项传统比赛中以4比0大胜一名棋手,而这次与计算机搭档比赛,卡斯帕罗夫和这名棋手以3比3握手言和。"我在战术计算上的优势,被计算机抵消了。"通过多年专业化练习所积累的经验优势,被"外包"给了计算机。在这样的比赛中,人类棋手只需专注于战略,卡斯帕罗夫突然有了劲敌。

几年后,第一届自由式国际象棋锦标赛成功举办。参赛队伍可以由人类和计算机自由组合。在上一次的高级国际象棋锦标赛中,经年累月甚至终其一生的专业化练习所带来的优势被计算机所抵消,而在这次的自由式国际象棋比赛中,这种优势可以说是土崩瓦解。两位业余爱好者和三台计算机组队参赛,不仅战胜了当时最优秀的超级计算机"Hydra",还击败了与计算机组队的特级大师们。卡斯帕罗夫做出了总结——获胜队伍中的人类棋手最擅于"调教"计算机,他们告诉计算机应该审视哪些内容,然后再综合研判这些信息,以提供整体战略。人类和计算机的组合——被称为"人机系统"(Centaurs②)——所下的棋,代表了有史以来最高的国际象棋水平。如果说"深蓝"战胜卡斯帕罗夫意味着国际象棋的权威从人类转移到计算机上,那么人机组合战胜超级计算机"Hydra"的象征意义就更加有趣:人类可以去做他们擅长的任何事情,而不再把练习数年所培养出的模式辨认水平当作先决条件。

2014年,一项自由式国际象棋锦标赛在阿布扎比举行,获胜者可以赢得两万美元的奖金,其中还包括计算机之间的对弈,人类不得

---

① 啄食顺序,指团体中的尊卑秩序和等级差异。——译者注
② 英文指希腊神话中的半人马。——译者注

干预。最终获胜的队伍由四名人类选手和数台计算机组成。队长名叫安森·威廉姆斯（Anson Williams），他是一名英国工程师，没有国际象棋的任何官方积分或者排名，同时他也是队伍的主要决策者。他的队友尼尔森·埃尔南德斯（Nelson Hernandez）告诉我："人们并不了解，自由式国际象棋其实需要综合的技能，而在某些场景下，所需要的技能与国际象棋其实毫无关系。"在传统的国际象棋领域，威廉姆斯只能算是一名不错的业余棋手。但是在计算机的使用上，他的技艺炉火纯青——他擅于整合信息流，做出战略决策。少年时的威廉姆斯就是电子游戏《命令与征服》（Command and Conquer）的出色玩家，《命令与征服》是一款即时战略类游戏，因为所有的玩家都在同时行动。在自由式国际象棋锦标赛中，威廉姆斯不仅需要考虑队友的建议，还要把多个国际象棋程序纳入考量，随后马上指挥计算机更深入地检视下一步的各种可能性。威廉姆斯就像跟一组超级大师在一起工作，超级大师们是战术顾问，而他就是领导者，决定谁的建议应该被更深入地探究，以及最终听取谁的建议。每一局比赛，威廉姆斯都小心翼翼，他期盼平局，但是也试图布局，好让对手放松警惕，犯下错误。

最终，卡斯帕罗夫找到了击败电脑的方法：把战术外包——人类专业棋手所掌握的技能当中，战术是最容易被替代的，也是他和波尔加天才三姐妹通过多年训练才习得的技能。

2007年，国家地理频道请苏珊·波尔加参与一项测验。在绿荫环绕的曼哈顿格林威治村，节目组让波尔加坐在路边的一张桌子旁，眼前摆放着空白的棋盘。穿着牛仔裤和秋季夹克衫的纽约路人在马路上横冲直撞，此时，一辆白色卡车左转进入汤普森街，经过小吃店，然后经过了苏珊·波尔加,卡车车身一侧印有巨大的棋盘图,棋局正进行到中盘阶段,28颗棋子赫然在列。苏珊·波尔加只是匆匆一瞥,就立刻在空白棋盘上还原了车身上的棋局,分毫不差。国家地理的这档节目还原了一系列著名的国际象棋实验,让观众逐步了解"友好型学习环境"所培养的技能。

第一个实验发生在20世纪40年代,荷兰的国际象棋大师和心理学家阿德里安·德赫罗特(Adriaan de Groot)把中盘的棋局在不同级别的选手面前一闪而过,让他们尽可能还原所看到的棋局。一位特级大师在看过三秒之后,就可以把棋局完整复原,且屡试不爽;大师级的棋手,完全还原的次数是特级大师的一半;而水平略逊的城市围棋联赛冠军棋手和俱乐部里的普通爱好者永远都无法做到还原。和苏珊·波尔加一样,特级大师们拥有照相机般过目不忘的记忆。

苏珊·波尔加完成了第一个测试之后,国家地理频道让卡车掉头,再次经过波尔加身边。而这次波尔加面对的是车身另一侧,上面也是一个棋盘,但是棋子都是随意放置的,毫无章法。虽然这一侧棋局上的棋子更少,但波尔加根本无法还原所看到的棋局。

第二个测试还原了1973年的一次实验,两位卡内基梅隆大学的心理学家威廉·G.蔡司(William G. Chase)和赫伯特·A.西蒙(Herbert A. Simon,后来的诺贝尔奖得主)重复了阿德里安·德赫罗特的实验,同时增加了一些难度。这一次,参与实验的棋手们眼前出现的是根本不可能存在的棋局。突然间,专业选手的表现一落千丈,和普通的选手别无二致。所以说,特级大师根本没有什么照相机般过目不忘的记忆力。通过反复练习国际象棋的各种棋局模式,大师们掌握了蔡司和西蒙所说的"组块法则"。他们不是在记每个单独的兵、象、车的布置,而是根据熟悉的模式,把棋局分成一个个有意义的小组块。大量的模式可以让专业棋手根据经验快速评估局势,这也是卡斯帕罗夫所说的特级大师在几秒钟之内就能做出反应的原因。对苏珊·波尔加来说，当卡车第一次经过她时，车身上的棋盘并不是28颗孤立的棋子，而是5个有意义的组块，展示着棋局的进程。

组块法则帮助我们解释了特定领域的不可思议的惊人记忆力——音乐家可以不看曲谱演奏大段曲目，四分卫可以在一秒钟之内识别出其他球员的模式并决定投球。精英运动员看似拥有超人般的反应能力，真正的原因是，他们可以识别出球或身体运动的模式，这些模式能提前告诉他们即将发生什么。但是，当测试超出他们所在的领域时，他们那超人般的反应能力便荡然无存。

我们每个人在自己擅长的领域都要依赖组块原则。接下来，请花10秒钟时间，尽可能多地记住以下20个单词：

因为（because）组（groups）20（twenty）模式（patterns）
有意义的（meaningful）是（are）单词（words）更容易（easier）变成（into）
组块（chunk）记忆（remember）真的（really）句子（sentence）熟悉的（familiar）
可以（can）来（to）你（you）更（much）按照（in）一个（a）

好的，我们现在再试一下：

20个单词按照一个有意义的句子来记忆真的是更容易，因为你可以把熟悉的模式变成组块来记忆。（Twenty words are really much easier to remember in a meaningful sentence because you can chunk familiar patterns into groups.）①

---

① 原书此处英文词句举例在翻译成汉语并非完全对应，具体请参考英文原文以了解作者意图。——编者注

上面的 20 个单词明明都一样，只是排列不同，但是在过往的人生经历中，你已经学会了单词的组合模式，所以你能够快速理解第二种排列方式，记下来也更加简单。饭店的服务员能够记下每位客人点的菜，不是因为突然拥有了惊人的记忆力；就像前面提过的音乐家和四分卫，他们已经学会把反复出现的信息分门别类到一个个组块中。

在学习国际象棋的过程中，研究大量重复的模式是非常关键的，所以尽早开始专业化的技术训练也就至关重要。两位心理学家费尔南德·戈贝特（Fernand Gobet）和吉尔莫·坎皮特利（Guillermo Campitelli）同时也是国际象棋高手，费尔南德·戈贝特是国际大师，而吉尔莫·坎皮特利是未来特级大师的教练。他们发现，如果不在十二岁之前开始严格的训练，棋手成为国际大师（比特级大师低一个级别）的可能性就会从 1/4 降低到 1/55。组块法则看似神奇，但它是实实在在地植根于大量的反复练习。拉斯洛·波尔加的选择是正确的。他的女儿们甚至都不算最极端的证据。

心理学家达罗·特雷费特（Darold Treffert）对于"专才"的研究已经超过五十年，这些人在特定领域有无穷动力，并且在特定领域的能力远超其他领域。特雷费特把这种现象称为"孤岛天才"①。特雷费特曾经记录了许多难以置信的表现——例如钢琴家莱斯利·莱姆克（Leslie Lemke）可以不看琴谱，仅靠记忆弹奏上千首曲目。莱姆克和其他专家的"复原能力"看似无穷无尽，最初，特雷费特把这种能力归功于他们绝佳的记忆力，认为他们就像人体录音机。但是，当他们接受测试，第一次听一段旋律时，音乐专家们在复原"有调的"音乐——几乎所有流行音乐和绝大多数古典音乐时，比"无调的"音乐容易得多。无调音乐并不按照我们熟悉的结构排列，它们只是一连串堆砌的音符。如果这些专家真的是人体录音机，可以原封不动地还原

---

① 大概一半的这类专家是自闭症患者，还有许多人患有残障，但并不是所有人都有疾病。——作者注

听到的旋律，那么不管他们听到的曲目是否按照常见作曲方式谱写，结果应该都一样。但是事实上，两种结果简直是天差地别。当研究人员在测试一名专业钢琴家时，出来的结果让研究人员目瞪口呆——钢琴家可以完美演奏数百首曲子，但是却无法还原听到的一段无调旋律，即使练习了一段时间也无济于事。"我听到的东西太不现实了，以至于我必须要检查一下琴键是不是被误调到了转调模式。"研究人员记录下了钢琴家的话。"但是，钢琴家确实犯了错误，并且一直没有改正。"对于专家们超凡的复原能力来说，模式和熟悉的结构至关重要。同样地，当研究人员对艺术类的专家进行类似测试时——给他们快速看一些图片，并要求他们重新画出来——专家们复原真实场景的能力，远胜于复原抽象物体。

然而，特雷费特花费了数十年才发现自己的错误——这些专家与波尔加姐妹这样的天才之间的共同点，比他想象的要多得多。他们不仅是简单刻板地重复。他们的成功和波尔加姐妹一样，依靠的是重复的结构和组块，这也是波尔加的技能会被电脑替代的准确原因。

国际象棋程序"阿尔法元"（AlphaZero）取得了长足的进步（由谷歌母公司的人工智能部门所有），也许就连顶级的人机组合在自由式比赛中都不是它的对手。过去的国际象棋程序只是用野蛮粗暴的强大计算能力算出各种可行的步法，然后按照程序员设定的标准来排序，但是阿尔法元截然不同——实际上，它在自学成才。阿尔法元只需要了解规则，然后自己进行无数次的练习，来记录哪些步法有效而哪些无效，并使用这些记录来提高自己。很快，阿尔法元就击败了当时最好的国际象棋程序。其原理和围棋程序"阿尔法狗"（AlphaGo）一样，而围棋的可行步法更多。但是，人机组合的教训犹在：一项任务越是转向拥有宏观战略的开放世界，人类要做的工作就越多。

阿尔法元的程序员自豪地宣称，自己的作品从"白纸一张"变成可以"自学成才"了。但是从竞赛开始可算不上是白纸一张。程序的运行仍然要符合规则，受到限制。即使在电子游戏这种不太受战术模式限制的情景中，电脑也将面临更大的挑战。

人工智能面临的最新游戏挑战来自《星际争霸》（*StarCraft*），这是一款即时战略游戏，不同的虚拟种族为了银河系某个角落的霸权展开争夺。这一游戏所需的决策机制比国际象棋更为复杂。在游戏中，玩家不仅需要对战，还要规划基础设施、侦察敌情、探索未知地点、收集资源，而这些都是相互关联的。2017 年，在纽约大学从事人工智能游戏研究的教授朱利安·图吉利斯（Julian Togelius）告诉我，电脑在《星际争霸》中的获胜较为艰难。虽然电脑在最初的单人对战中获胜，但是人类玩家很快做出调整，依靠"长期适应性战略"扭转战局，开始获胜。"思考有太多层级，"朱利安说，"我们人类在与电脑单打独斗时多少有些势单力薄，但是我们每个人对电脑都有一些大概的应对想法，把这些主意结合到一起，就有了适应性。这似乎就是胜利的诀窍。"

2019 年，在《星际争霸》的一个限定版本中，人工智能第一次战胜了职业玩家。（职业玩家不断适应调整，在连输多次后取得了胜利。）但是，《星际争霸》的战略复杂性又给我们上了一课：游戏的格局越大，人类能贡献的潜能就越特别。作为人类，我们最大的优势正好就是过度专业化的对立面——广泛融合各类知识的能力。曾经把自己的机器学习公司卖给优步（Uber）的心理学家和神经科学家加里·马库斯（Gary Marcus）说："在特别专业化的世界里，人类能发挥的作用极其有限，时效也不会太久。而在结局更加开放的游戏里，人类可以持续发挥更大作用。不仅是在游戏中，当面临现实社会中的问题时，人类依然可以完胜机器。"

在封闭且有规则可循的国际象棋领域，人工智能依靠着即时反馈和无穷无尽的数据，得以飞速发展。在有法规可依但是更加混乱的驾驶领域，人工智能虽取得了长足的进步，但是挑战依然存在。而在一个真正开放的领域——没有严格的规则，也没有大量完备的数据支持的医疗行业，人工智能的表现可以用灾难来形容。IBM 的人工智能代表"沃森"（Watson）在知识竞答节目《危险边缘！》（*Jeopardy!*）中战胜了人类，随后又高调进军医疗行业，被视为癌症治疗的革命——然而，沃森在这一领域登高跌重——许多人工智能专家告诉我，他们担心沃森的名声会拖累与健康相关的其他人工智能研究。一位肿瘤学家这样描述："在《危险边缘！》获胜和治愈所有癌症的区别就是，我们本来就知道《危险边缘！》竞答题目的答案。"面对癌症这一难题时，专家们却还在试图提出正确的问题。

2009 年，权威学术杂志《自然》（*Nature*）刊载了一篇报道，该报道宣称"谷歌流感趋势"（Google Flu Trends）通过分析用户搜索提问模式来预测冬季流感的发展情况，和美国疾病控制和预防中心相比，"谷歌流感趋势"可以做到同样精确，且反应更快。但是好景不长，"谷歌流感趋势"很快就不再可靠——2013 年冬天，"谷歌流感趋势"预测的病例数超过了全美实际病例数的两倍。如今，"谷歌流感趋势"不再发布预测，只保留了一个页面，上面写着此类预测"为时尚早"。马库斯用一个比喻恰当地解释了目前此类专业机器的不足："人工智能系统就像专业学者一样。"它们需要稳定的结构和精专的配置。

当我们对规则和答案了如指掌，而且它们不会随时间推移而变化——比如下国际象棋、打高尔夫球和弹奏古典音乐，那么从学习的第一天开始，我们就可以为这种"学者式"的超专业化练习做出论断。但这些都是人类想学习的大部分东西中的糟糕案例。

当过度专业化遭遇并不友好的领域时，人类本能地依靠熟悉的模式带来的经验。但这种倾向可能带来灾难性的后果——就像经验丰富的消防员在陌生环境救火时会做出错误的决定一样。耶鲁大学管理学院的创办人之一克里斯·阿吉里斯（Chris Argyris）就注意到了这一点——把充满恶意的诡谲世界误以为善意友好，是非常危险的。他对顶尖商学院的优秀顾问进行了长达十五年的研究，发现他们在解决商学院里提出的问题时表现得非常好，这些问题定义清晰，且得到了快速评估。但是他们的学习方法被阿吉里斯称为"单回路"学习，这种方法推崇的就是第一反应——熟悉的解决方案。只要这些方法遇到问题或发生错误，顾问们通常会展开防御，坚持己见。阿吉里斯发现，顾问们"脆弱的个性"着实让人惊讶，因为"他们工作的本质就是要教其他人如何用不同的方法工作"。

心理学家巴里·施瓦茨（Barry Schwartz）展示了类似的实验结果，证明经验丰富的参与者是如何日趋僵化的。他给大学生们提供了一个逻辑迷宫，参与者需要按顺序接触开关，把灯泡点亮和熄灭，他们可以一遍又一遍地玩。这个迷宫有七十种不同的解法，每次成功之后都有一点点钱作为奖励。参与实验的大学生们并未被告知任何规则，只有靠反复尝试才能赢得挑战。[1] 如果参与的学生发现了一种解决办法，他们就会反复用这种方法获得更多的钱，即使他们并不知道为什么可以这样。随后，大一学生加入了实验，实验人员要求所有参与者发掘出所有的解决方案背后的原理。不可思议的一幕发生了——每一个加入实验的大一学生都发现了所有七十种解法背后的规律，而之前只能发现一种解法并获得奖励的学生中，只有一个人能做到。施瓦茨的论文副标题是《如何教人不去发现规律》，也就是说，通过

---

[1] 在一块透明板上分布着25个灯泡，迷宫从左上角的灯泡亮起开始计数，还装有一个记分牌。参与者被告知，分数增加就会获得奖金，但是他们对分数增加的规则并不知晓。通过实验，参与者就能发现规则——按照一定的顺序按下按钮，最终右下角的灯泡被点亮，这样就能得分赚钱。最核心的规则是，参与者需要从左上角的灯泡一路连续点亮到右下角。——作者注

提供极少的解决方案，对重复的短期成功给予奖励，就能达成这一目的。

对于商界最推崇的学习案例来说，波尔加姐妹、老虎·伍兹，还有在各种体育或竞技中类似的学习模式都算不上良好范例。和高尔夫相比，网球这样的运动更具活力，选手需要时刻调整对策，不仅要应对对手，适应场地，有时还要配合自己的队友。（费德勒也是2008年奥运会网球男子双打的金牌获得者。）但即便如此，网球还是属于学习环境比较友好的类型——如果和医院急诊室里的医生和护士相比，在收治病人后，他们无法自主发现病人的具体情况。医生和护士必须找到实践以外的学习方法，同时吸收经验教训——即使这些教训可能与自己的直接经验完全相反。

这个世界不是打高尔夫球，当然世界上的绝大部分事情也不是打网球。如罗宾·霍格斯所言，这个世界的大部分都是"火星网球"。虽然你能看见选手们拿着网球和球拍出现在球场上，但是没有人告知他们比赛规则。你可以推导规则，但是规则也会悄无声息地改变——当然也不会通知你。

我们一直在利用这些错误的故事。老虎·伍兹和波尔加姐妹的故事，给人们留下了错误的印象——人类学习技能的环境是极其友好的。如果真是如此，尽早开始专业化练习，兼顾精准与技巧，理应有良好效果。但是在大部分体育项目中，这样做都行不通。

尽早开始在某个狭隘领域进行专业化练习——如果这种练习的数量是革命性表现的关键，那么专业练习者就会在他们接触的每个领域都出类拔萃，而神童们也可以延续自己的辉煌，在成年后继续保持卓越。埃伦·温纳（Ellen Winner）是研究天才儿童最为权威的心理学家之一，她发现，没有任何一个专业练习者能够成为自己所在领域的"变革者"。

不仅国际象棋领域，其他的领域也存在大量专业化的精确练习就可以培养出大师的直觉。比如，高尔夫球手和外科医生可以通过反复练习同一步骤来取得进步；会计师和桥牌选手可以靠重复积累经验来培养出准确的直觉。前文提到的心理学家卡尼曼就指出，这些领域都存在"稳定的统计学规律"。但是，当规则稍有变动——哪怕只是非常轻微的变化，这些专家们的灵活性就不复存在，只剩下狭隘的技能本身。在一项关于桥牌的研究中，研究人员更改了叫牌的顺序，专业选手却比非专业选手花了更长时间来适应新规则。而在另一项针对会计师的研究中，研究人员用一项新的税款减免法则代替原有的法律条文，经验丰富的会计师在使用新规时，表现还不及会计新手。莱斯大学组织行为学教授埃里克·戴恩（Erik Dane）将这种现象称为"认知壁垒"。想要避免"认知壁垒"的出现，埃里克·戴恩的建议和"一万小时定律"的思路南辕北辙：在特定的某一领域中去尝试应对各种完全不同的挑战，之后的研究者这样描述——坚持"把一只脚踏出你的世界"。

科学家和普罗大众拥有艺术类爱好的可能性大致相同，但能够进入国家最高科学院的科学家更有可能拥有职业以外的业余爱好，而那些诺贝尔奖获得者拥有业余爱好的概率就更高了。和其他科学家相比，诺贝尔奖获得者作为业余演员、舞者、魔术师或其他类型表演者的概率要高出至少 22 倍。国内知名的科学家比其他科学家更容易成为音乐家、雕塑家、画家、版画家、木工、机械师、电子产品维修师、玻璃吹制师、诗人或者虚构类和非虚构类作家。这些在自身领域最成功的专家学者，也属于更广阔的世界。西班牙的圣地亚哥·拉蒙-卡哈尔（Santiago Ramón y Cajal）是现代神经科学之父，也是诺贝尔奖得主，他曾经说："对于不了解这一点的人来说，科学家们看起来像是在四处挥洒甚至是浪费自己的精力和能量，但事实上，他们是在对其进行引导和加强。"一项耗时数年的针对科学家和工程师的研究表明（这些研究对象都被同行视为真正的专家），那些对自身领域缺乏创造性贡献的人，在自己的狭隘领域之外亦缺乏审美情趣。正如心理学家、著名的创造力研究者迪恩·基思·西蒙顿（Dean Keith Simonton）所观察的那样，有创造力的成功者通常拥有广泛的兴趣，"而不会沉溺于一个狭隘的话题，这种广度所代表的洞察力并不仅仅来源于他们自身特定领域的经验"。

上述发现让人想起了史蒂夫·乔布斯（Steve Jobs）的一次演讲，在这场著名的演讲中，他讲述了书法课程对于他设计美学的重要性。"当我们在设计第一台麦金塔电脑（Macintosh）时，这一切都重回我的脑海，"乔布斯说，"如果我大学时没有听过这门课程，苹果电脑就不会有那么多的字体可供选择，也不会有恰到好处的字体间距。"另一个例子是电子工程师克劳德·香农（Claude Shannon），正因为在密歇根大学期间需要选修的一门哲学课程，他才开启了信息时代。在这门课程中，他接触到了19世纪英国自学成才的逻辑学家乔治·布尔（George Boole）的著作，布尔把真命题赋值为1，把假命题赋值为0，证明了逻辑问题可以像数学方程式一样解决。当时，这一发现没有任何实际意义，直到布尔去世70年后，香农来到美国电话电报公司（AT&T）的贝尔实验室（Bell Labs）开始了自己的暑期实习。正是在贝尔实验室，香农意识到自己可以把电话的路由技术和布尔的逻辑系统结合，任何形式的信息都可以用电子方式进行编码和传输。这一发现也正是计算机赖以生存的基础。"这也是碰巧而已，因为没有其他人同时对这两个领域都熟悉。"香农说。

1979年，克里斯托弗·康诺利（Christopher Connolly）在英国与人合伙创办了一家心理咨询公司，帮助那些取得很高成就的人（起初是运动员，后来还有其他人）发挥最佳状态。多年以来，康诺利开始好奇，为什么有些专业人士在自己狭隘的"一亩三分地"之外，难以取得任何成就；而另外一些人却擅于拓展自己的事业——比如，从在世界级的管弦乐团里演奏，到管理这样一个团体。从业30年后，康诺利重回校园攻读博士，研究的就是这个问题，心理学家和国际象棋大师费尔南德·戈贝特就是他的导师。康诺利的主要发现是，那些可以成功转型的人在职业生涯早期就接受过更广泛的培训，保持多条"职业渠道"畅通，即使他们在追求一个主要的专业时，依然如此。康诺利描述道，他们"在八车道的高速公路上开车"，而不是在单行道上行驶。他们能够跨越能力范围，成为通才。这些成功的适应者可以从一种渠道汲取知识，再极富创造性地把这些知识应用到其他领域，同时擅于避开"认知壁垒"。他们就应用了霍格斯所谓的"断路器"理论——利用外部经验和类比方法，阻断了那些已经不再有用的已知解决方案的倾向。他们的技巧是，避免那些已经非常熟悉的老模式。在这个邪恶的世界里，挑战模糊不清，规则不甚严格，通才可以成为生活的黑客。

假装世界就像打高尔夫球和下国际象棋，这种掩耳盗铃式的想法让人感到安慰。它让原本恶劣的学习环境看起来友好而亲切，也催生了一些极具说服力的畅销书。本书就将从这些书的结尾部分开始，走进这个"未知邪恶"真正流行的世界，接下来先让我们来看看为什么现代社会会变得如此捉摸不定。

第 2 章

抽象思维与概念推理

在新西兰南岛，一座重峦叠嶂的半岛延伸向南太平洋，达尼丁就位于半岛的底部。这座半岛因为黄眼企鹅而闻名，而达尼丁自诩拥有全世界最陡峭的居民区街道。著名的奥塔哥大学也坐落于此，它是新西兰最古老的大学，也是政治学教授詹姆斯·弗林（James Flynn）供职的大学，他改变了心理学家们对于认知的看法。

自1981年起，詹姆斯·弗林开始被一份30年前的报告所吸引。这份报告显示的是参加"一战"和"二战"时美国士兵的智商测试结果——参加"二战"的士兵智商明显比参加"一战"的士兵高出一大截。一位参加"一战"士兵的智力测试结果正好位于所有同期士兵的中间——得分正好是测试总分的50%——而这个成绩只是"二战"中间水平士兵得分的22%。弗林感到好奇，是不是人类也经历了类似的进步。"我想，如果智商的进步在任何一地已经发生，"弗林告诉我，"也许在每个地方都会发生。"如果弗林是对的，那么心理学家正对眼前重要的东西视而不见。

弗林写信给其他国家的研究人员询问相关数据。在1984年11月一个寻常的星期六，他在大学信箱里发现了一封信。这是一份来自荷兰研究人员的研究报告，其中包含了多年来针对荷兰年轻人进行的智商测试的原始数据。这些数据来源于一套名为"瑞文标准推理测验"（Raven's Progressive Matrices）的测试题，题目旨在衡量受试者理解复杂事物的能力。测试中，每个问题各自展示一套抽象的图案，其中有一个图案是缺失的，受试者必须填补缺失的图案来完成这一题目。瑞文标准推理测验被认为是一个典型的"去教育"测试，现实生活以及学校内外所学到的东西，不应影响测试的结果。如果火星人在地球着陆，瑞文标准推理测验应该也能测试他们的智力水平。但是弗林即刻发现，荷兰的年轻人一代比一代聪明。

弗林从测试的参考手册中发现了更多的线索。智商测试都是标准化的，所以平均分总是在 100 分（根据曲线评分，曲线中间正好是 100 分）。弗林注意到，为了将平均分保持在 100 分，测试必须时常进行标准化调整，因为受试者给出的正确答案比过往更多。在弗林收到荷兰来信后的 12 个月内，他陆续又从 14 个国家收集到了数据。无论是儿童还是成人，每个人的智商都有了巨大的进步。弗林说："与先人相比，我们的智力优势可以从摇篮一直保持到坟墓。"

弗林提出的问题非常有意义。世界各地都出现了智商测试分数增加的情况。其他学者之前也偶然发现过同样的数据，但是没有人深入研究过这种情形是不是一种全球趋势，甚至连那些不得不调整测试评分系统以保证平均分是 100 分的专业人士也没有去研究过。弗林告诉我："作为一个局外人，让我真正震惊的是，那些我认为接受过心理测验学训练的学者就这样接受了这一现实。"

弗林效应——在 20 世纪，每一代新出生的人在智商测试中的分数都有所增加——现在已经在 30 多个国家得到了证实。进步是惊人的：每 10 年会增加 3 分。按这种速度，如果现在一个只能得到平均分的成年人和一个世纪前的成年人相比，其成绩位于总分 98% 的智力水平。

1987 年，弗林把自己的发现公开发表，这一发现就像一枚炸弹，投向了研究认知能力的学者群体。美国心理学会（American Psychological Association）为此召开了专门会议，这些认为智商测试数值恒定不变的心理学家给弗林效应罗列了各种各样的解释，从更好的教育到更好的营养条件也许能有所帮助——但这些只是针对"应试经验等因素无法解释测试结果进步"这一异常现象。当评估学校里学到的知识，或者独立阅读或学习有关通识、算数和词汇等方面的内容时，测试结果几乎没有变化。同时，在测试那些没有正式教授过的更抽象的任务时，比如瑞文标准推理测验，或者"找相似"测试——这一测试要求受试者对两件事的相似性进行描述，受试者的成绩突飞猛进。

如今的年轻人被要求描述"黄昏"与"黎明"之间的相似之处时，可能马上就会意识到，这两者都意味着一天当中的时间节点。但是他们给出的答案可能比其祖母层次高出许多：两者都是白天与黑夜的分界线。现在，一个在找相似测试中得到平均分数的孩子，在他祖父母那一代人中可能会排到总分94%的水平。当一组爱沙尼亚研究人员用全国范围内测试的分数来比较20世纪30年代的学生到2006年的学生对于单词的理解时，他们发现在最抽象的单词部分，学生的进步最大。单词越抽象，进步越大。能够直观察觉到的物体类或现象类的单词（"母鸡""吃饭""生病"），2006年的学生的理解能力很难超过他们的祖父母，但他们在不能感知的概念类词汇（"法律""誓言""公民"）上有了很大的进步。

瑞文标准推理测验在世界各地的测试结果都有进步——要知道，变化可是这项测试最不想看到的结果——而更出乎意料的是，进步是巨大的。"瑞文标准推理测验的测试结果有了巨大进步，这说明如今的孩子在没有学过解决方法的情况下，临场解决问题的能力更强。"弗林给出了这样的结论。在没有任何线索和提示的情况下，如今的孩子发现规律和模式的能力更强了。即使是在语文和数学智商测试分数最近都有所下降的国家，瑞文标准推理测验的分数也呈上升趋势。究其原因，似乎是现代社会中某种不可言喻的东西。不仅如此，这种神秘的添加剂还在某种程度上专门增强了现代大脑对于抽象测试的应对能力。弗林好奇，到底是什么方式的改变，使认知进步的效果如此巨大，但又如此有针对性？

从20世纪20年代末到30年代初，苏联边陲地区被迫经历了通常需要几代人才能完成的社会和经济变革。当时的偏远地区，也就是现如今的乌兹别克斯坦，个体农民长期靠种植自己的小菜园来获取食物，即靠种棉花来换取其他一切东西。而附近的山地牧区，也就是现在的吉尔吉斯斯坦，牧民以饲养牲畜为生。那里的人全部都是文盲，严苛的宗教规则捍卫着等级森严的社会结构。社会主义革命几乎在一夜之间颠覆了这里的生活方式。

苏联政府把所有的农田变成大型集体农场，并开始了工业化发展。经济形态很快变得错综复杂。农民必须投身集体劳动战略，提前计划生产，分配各项职能，并且要一直评估工作的成果。偏远的农村开始与遥远的城市交流。在100%文盲的地区，学校网络开始建立，成年人也要学习一套符号与发音匹配的系统。村民们虽然以前使用过数字，但也仅限于实际的交易中。现在，村民们被告知，数字是一种抽象的概念，并不依托实际的物体而存在，甚至不涉及清点牲畜和分配食物。在一些村庄里，女性虽是完全文盲，但在接受短期培训后可以上岗成为幼儿园教师。其他女性则可以进入师范学校，学习的周期也更长。没有接受过任何正规教育的学生也可以接受学前教育和农业科学技术课程。中学和技术学院也很快建立。1931年，在这一场令人难以置信的变革中，一位年轻的优秀心理学家亚历山大·鲁利亚

（Alexander Luria）发现了一个转瞬即逝的"自然实验"机会，这在世界历史上都是独一无二的。他很好奇，改变公民的工作是否也会改变他们的想法。

当鲁利亚到达的时候，最偏远的村庄还没有被飞速重建社会的浪潮波及。这些村庄给他提供了一个对照组场景。他学会了当地的语言，并且请其他心理学家参与其中，和村民们在轻松的社交场合——茶馆或牧场——讨论那些旨在了解他们思考习惯的问题或任务。

有些问题非常简单：研究人员拿出各种颜色的羊毛或丝绸，请受试者描述。集体农场的农民和农场领导，以及女学生，很容易就能说出蓝色、红色和黄色，有时还会描述得更详细，比如深蓝色或浅黄色。而最偏远村庄的村民，还处在"前现代化"时期，给出的描述更加多样化：棉花开花、蛀牙、很多水、天空和开心果。随后他们被要求把这些羊毛或丝绸分组。集体农场的农民，甚至只受过一点正规教育的年轻人，很自然地就按颜色分组，完成得也非常轻松。即使不知道某一种颜色的名字，他们也能轻而易举地把同一种颜色的深浅色调放在同一组里。而另外一边，最偏远村庄的村民拒绝分组，即使是那些以刺绣为生的人。"这是不可能的，"他们说，"它们都不一样，你不能把它们归到一起。"当他们受到强行的逼迫时，并且只有在允许他们能分成许多小组的前提下，有的人才会稍稍配合，但很明显也是随意胡乱分组。而其他一些人似乎只是把羊毛或丝绸按色彩饱和度来分类，而不考虑颜色。

随后进行的几何形状测试情况也是类似。现代化进程越深入，一个人就越有可能掌握"形状"这一抽象概念，并能够按三角形、矩形和圆形来分组，即使他们没有接受过正式教育，也不知道这些形状的名字。然而，偏远村庄的村民们并不觉得实线画的正方形和虚线画的正方形有任何相似之处。阿列娃（Alieva）是一位来自偏远农村的二十六岁女性。对她来说，实线构成的正方形很明显是一幅地图，而虚线构成的正方形是一块钟表。"地图和钟表可是两种东西，怎么能放一起呢？"她满是疑问。另一位来自偏远农村的二十四岁村民哈米德（Khamid）坚持认为，填满的圆形和未填充的圆形不能归为一类，因为一个是硬币，而另一个是月亮。

后续的每一类问题都遇到了同样的情形。当研究人员要求受试者把概念进行分组时——就像智商测试中的相似性题目——偏远村庄的村民们又把来源于直接经验的实际且具象的叙述用于回答问题。还有一类题目是"哪个选项与其他的不属于同一类"，心理学家试图给三十九岁的村民拉克马特（Rakmat）解释这类题目，他们用了一个例子：三位成人和一个孩子，很明显，孩子和其他成人不属于同一类。但是，拉克马特并不这样认为。"这个男孩必须跟其他人待在一起！"他声称，大人们在干活，"如果他们不得不停下手头的工作，不停地跑出去拿东西，这样他们永远也干不完，但这个男孩可以替他们跑腿。"好吧，那一个锤子、一把锯、一把短柄斧和一根木头怎么选？——其中三个是工具。拉克马特却这样回答：这三个不能单独组成一组，因为它们离开了木头就毫无用处。其他村民则认为，锤子或短柄斧不属于同类，因为他们认为锤子或短柄斧对木头来说没什么用，除非用锤子把短柄斧凿进木头里，这样木头就能固定住。那再换一组吧，鸟、步枪、匕首和子弹，哪个和其他的不属于一类？一位偏远山村的村民坚持，哪个都不能挑出去。子弹必须要上膛，步枪才能开枪打鸟，然后"你得有把匕首才能把鸟切开吧，不然你怎么收拾这只鸟呢？"这些只是分类题的一些介绍，是用来解释这个题型的，并不是真正的问题。再多的劝哄、解释或者实例说明，都无法让偏远村庄的村民们使用日常生活之外的推理——他们的推理都是基于生活的具体实践。

而那些开始步入现代社会的农民和学生能够践行一种叫作"教育"的思想，在接收事实或者材料后，他们可以发现背后的规律，即便没有任何指导说明,哪怕他们之前也从未见过这些材料。这正是瑞文标准推理测验的测试内容。那么接下来可以看看,用瑞文标准推理测验中的抽象设计题来测试生活在"前现代化"的村民会出现什么结果。

现代化和集体主义文化带来的一些变革,似乎可以用魔幻来形容。鲁利亚发现,大多数偏远村庄的村民并不像身处工业化社会的居民们那样容易产生视觉错觉,比如艾宾浩斯错觉。下面两幅图中,哪个中间的圆形看起来更大?

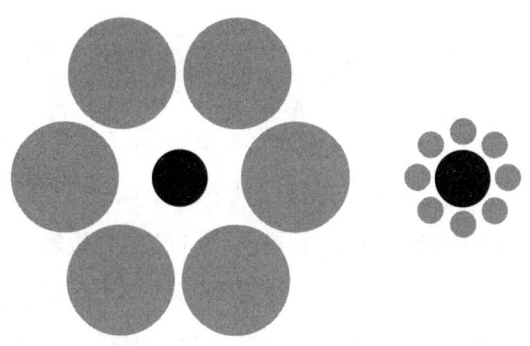

如果你的答案是右图中心的圆形更大,你很可能是一位来自工业化社会的居民。偏远地区的村民一眼就能发现正确答案——两个中心的圆形一样大,而集体农场的农民和师范学校的女性都认为右图中心的圆形更大。这些发现在其他传统社会中也得到了反复验证,科学家们认为这可能反映了一个事实:生活在前现代化的人们对"整体环境"——中心圆和其他各个圆形的关系——不那么感兴趣,所以他们的认知不会被周围的其他圆形左右。用一个通俗的比喻来说,就是前现代化的人只见树木,不见森林,而现代化社会的人只见森林,不见树木。

在鲁利亚深入内陆之后,科学家们在其他文化中复制了他的研究成果。在 20 世纪 70 年代以前,生活在利比里亚的克佩勒人靠种植水稻生存，随着开辟出的道路不断蜿蜒至此，他们开始与城市联系在一起。同样是接受找相似测试，已经开始融入现代社会的青少年能按照抽象概念把物品归类（"所有这些东西都能让我们获得温暖"），相比之下，还处在传统村庄的青少年在分类时就相对随意，即使是再重复一遍相同的测试，他们的答案也时常变化。之所以会有这种不同，是因为被现代化触及的青少年已经构建了有意义且有主题的分组，当后来被要求叙述这些题目时，他们的记忆力表现也要好得多。他们现代化的程度越高，抽象思维就越强大，就越少依赖他们对世界的具体经验来作为参照点。

◆◆◆

按弗林的话说，我们现在是"戴着科学眼镜"来看待这个世界。他的意思是，我们理解现实，不是依靠自己的直接经验，而是通过分层和分类，用抽象概念的不同层级来理解信息之间的关系。我们成长于一个"分类世界"里，而这样的世界对于偏远村民来说是彻底陌生的；我们把一些动物归类为哺乳动物，再根据它们生理和DNA上的相似性，在这一类别中再建立更具体的联系。

曾经只出现在学术界的专有名词在几代人的时间里就被广泛理解。在1900年，"百分比"这个词在书中几乎难觅踪迹。到了2000年，这个单词在每5000个词中就会出现一次。程序员把这些抽象层面逐一堆积（他们在瑞文标准推理测验中表现得很好）。当你在计算机上下载文件时，进度条显示着下载的进度，进度条就是大量抽象意义的集中体现，这些抽象意义从它们的起源——创建它的编程语言是二进制代码的表示，也就是计算机使用的1和0——到心理作用，进

---

① 英文原书这一章约有5500字。——编者注

度条是一种时间的视觉投射，通过估算大量潜在活动的进度，为使用者提供内心的平静。

律师们可能会思考，个人在俄克拉何马州提起的诉讼案件结果，与一家公司在加州提起的另一个案件有何关联。为了准备庭审，律师们可能要提出不同的假设，同时也要换位思考，想象对方会提出怎样的论点。概念是灵活的，能够为各种用途提供信息和思考，并且在各个领域间传递知识。现代社会的工作需要知识的传递：把知识应用于新情境和不同领域的能力。为了适应不断攀升的复杂性，满足对创造新模式的需求，我们最基本的思维过程已经发生了变化，而不再仅仅依赖于熟悉的模式。我们的概念分类法为知识相通提供了框架，让其变得可行而灵活。

学者在针对六个工业化国家的数千名成年人的研究中发现，需要自助解决问题和非重复性挑战的现代工作，与认知灵活性相关。正如弗林所确认的那样，这并不意味着这一代的大脑比上一代的大脑本身就更有潜力，而是功利主义的观点已经被其他观点取而代之——世界是被概念划分的。① 即便是最近，在一些非常传统或者正统的宗教组织内，虽然已经经历了现代化的洗礼，但是女性仍然被禁止参与现代工作，在同一组织内，弗林效应在女性身上的体现就比男性要慢。接触现代化的世界，让我们更好地适应了世界的复杂性，这就是认知灵活性的表现，也深入地影响了我们智力世界的广度。

在每一个认知角度上，生活在前现代化社会的人们都会受到自己眼前具体世界的严重制约。通过研究人员循循善诱的解释，一些人可以理清这个逻辑顺序。比如："棉花在炎热干燥的地方生长良好。英格兰的气候寒冷潮湿。那么可以在英格兰种棉花吗？"他们有种植棉

---

① 直到现在，心理学家仍在激烈地讨论弗林效应的贡献及其影响。哈佛大学的心理学家史蒂芬·平克（Steven Pinker）认为，这种进步不仅仅是思维方式的转变："历史学家在以世纪为单位审视人类历史时都不会忽视这样一个事实——我们现在生活在一个拥有超凡智慧的时代。"——作者注

花的直接经验，所以，其中一些人可以答对（试探性地回答，并且被要求一定要回答），即使他们从未去过这个国家。但是，完全同类但是细节不同的问题却难倒了他们："极北地区被雪覆盖，所有的熊都是白色的。新地岛位于极北，经常下雪。那么，新地岛的熊是什么颜色？"这次，不管研究人员再怎么要求回答，偏远地区的村民们都答不上来。他们只能用原则来解释。"你的问题只有生活在那里的人才能答出来。"一位村民说，虽然他从未去过英格兰，但也刚刚答对了棉花那道题。即使只是接触现代工作的皮毛，回答问题的情况也有所改变。四十五岁的阿布达尔（Abdull）目不识丁，但他是当地一座集体农场的领导，当被问及白熊这道题时，他并没有自信地说出答案，但确实使用了形式逻辑的方法来推导。"按你这么说的话，"阿布达尔说，"那里的熊应该都是白色的。"

这种转变彻底革新了偏远村民的内心世界。当莫斯科来的科学家询问这些村民，他们想知道些什么，比如科学家自身或者科学家的来处，这些偏远地区的农民和牧民通常连一个问句都说不出来。"我从来没见过其他城市的人都在做什么，"其中一位村民说，"那我怎么问？"但是，参加了集体农场的农民就积极响应，对科学家表示好奇。"既然你刚刚提到了白熊，"三十一岁的集体农场农民艾哈迈德然（Akhmetzhan）说，"我不理解这些熊从哪里来。""你还提到了美国。美国是我们的吗？还是其他国家？"十九岁的斯达哈（Siddakh）问道，他在集体农场工作并且已经在学校学习了两年，努力提升自己，他的脑海中充满了富有想象力的问题，内容从个人到本土，再扩展到世界："那么，我怎样做才能让集体农场的农民们变得更好？我们怎样才能获得更好的作物，或者是能长成大树一般茁壮的作物呢？另外，我感兴趣的还有，世界是如何存在的？事物都是从何而来？富人是如何变富的，而穷人为什么会穷？"

生活在前现代化社会的村民，他们的想法被自己的直接经验所限制，而现代社会下人的思考则相对自由。这并不是说一种生活方式就一定比另一种要更好。正如社会学的奠基人之一、阿拉伯历史学家伊本·卡尔敦（Ibn Khaldun）在几个世纪前指出的那样，一位城市居民要穿越沙漠时，肯定要完全依靠游牧人才能活命。只要还生活在沙漠里，游牧民族就是这个领域的天才。

但是毋庸置疑，现代社会需要掌握通识，把相距甚远的领域和想法联系起来。鲁利亚称之为"分类"思维，也就是后来弗林所说的"科学眼镜"。"这种思想通常很灵活，"鲁利亚写道，"主体很容易从一个属性切换到另一个属性，并建立起合适的类别。他们把物体按性质分类（动物、花和工具），按材料分类（木质、金属和玻璃），按规格分类（体积大小），按颜色分类（浅色和深色），或者是按其他属性。自由切换的能力——从一个类别转到另一类别——就是'抽象思维'最重要的特点之一。"

弗林最痛心的是，原本应该开拓人类思维的当代社会，尤其是高等教育，反而倒行逆施地推行专业化，忽略了对概念化和可转化知识的早期教育。

弗林进行了一项研究，他比较了美国一所顶尖州立大学四年级学生的平均绩点（从神经科学专业到英语专业），以及他们在批判性思维测试中的表现。这项测试旨在考察学生们把经济学、社会科学、自然科学和逻辑这些基本抽象概念应用到现实生活常见场景中的能力。弗林对测试结果感到困惑——这种广泛的思维测试与学业绩点之间的相关性大约是 0。用弗林的话说："在大学里取得好成绩，并不代表具备了广义上的批判思维能力。"①

测试一共有 20 道题,每道题都考查了一种可以在现代社会具有广泛用途的概念化思考形式。对于那些不用正式训练就能习得的概念推理题——比如找到循环逻辑——学生们做得很不错。但是,碰到他们本该最为擅长的题目——把逻辑推理技能运用到框架中,他们的成绩让人大跌眼镜。生物专业和英语专业的学生在和他们专业没有直接关联的每个方面都表现得很差。包括心理学专业在内,没有任何一个专业的学生了解社会科学方法。理科学生学会了特定领域的事实知识,却不了解如何运用科学来得出正确的结论;神经科学专业的学生在各个领域都成绩平平;商学院的学生在所有领域都表现得非常糟糕,包括经济学;而经济学专业的学生是总体上表现最好的。经济学本身就是一个范围很广的学科,并且经济学教授也能够把推理出的原理应用在经济学之外的问题上。②化学专业的学生非常聪明,但是在几个题目中,他们很难将科学推理应用到非化学问题上。

在弗林的这次测试中,学生们经常把一些精微的判断错误地当作科学的结论,测试中的一道题目设定在一个棘手的场景中,学生们被要求不要把相关性当作因果关系的证据,结果他们的表现比随机瞎蒙还要差。几乎没有任何一个专业的学生能够自始至终懂得如何把他们在本学科学到的评估真理的方法应用于其他领域。这样看来,这些学生和鲁利亚实验中的偏远地区村民有共通之处——即使是理科专业的学生,也无法把自己领域的研究方法应用于其他领域。弗林的结论是:"没有任何迹象表明,哪个专业试图拓展自己的知识版图,大家都在发展自己领域狭隘的核心竞争力。"

---

① 弗林还告诉我,他曾经去英国的一所精英高中进行测试,这所学校每年为伦敦政治经济学院输送大批学生,弗林同时给伦敦政治经济学院的大三和大四学生做了测试。他的结论是:"他们批判性思考的能力毫无长进,大学毕业时的水平和刚进入大学时相比,并没有进步。"——作者注
② 心理学家罗宾·霍格斯这样描述经济学家:"他们的话语让我震惊的部分是……经济学的术语和推理过程可以进入任何领域。不管是体育、经济现象还是政治,甚至是学术课程。"——作者注

弗林现在已经八十多岁。他下巴的胡须已经全白,因为一生都热爱跑步,风也在他的脸颊留下了痕迹,白色卷发像积云一样波动起伏。他的房子位于达尼丁的一座小山上,绿色的农场如画卷在窗外徐徐展开。

当回忆起在芝加哥大学接受的教育时,弗林提高了音量,他曾经是芝加哥大学越野队的队长。"即使是最顶尖的大学,也没有在培养学生批判性的思维智慧,"他告诉我,"他们没有给学生提供分析现代世界的工具,除了在自己的专业领域。他们的教育方式太过狭隘了。"弗林的意思并不是简单地让每个计算机科学专业的学生都去修一门艺术史课程,而是说每个人都需要跨学科思考的思维习惯。

在把培养跨学科批判性思维作为核心课程这一方面,芝加哥大学一直引以为傲。根据芝加哥大学的说法:"两年的核心课程是为学生们介绍探究各个学科时使用的工具——科学、数学、人文学科和社会科学。这样做的目的不仅仅是传授知识,而是要提出基本的问题,让学生熟悉那些塑造了我们所处的社会的强大思想。"但是弗林认为,即便是在芝加哥大学,他所接受的教育也没有最大程度发挥现代化潜力,即把概念化思维应用在跨学科场景。

弗林告诉我,教授们太过急于分享他们最喜欢的事实,而这些事实就来源于他们经年累月越来越狭隘的研究。他已经从教50年,从康奈尔大学到坎特伯雷大学,他也很快把自己列入这个被批评的行列。当他在讲授道德与政治哲学入门时,也忍不住要讲授他最喜欢的柏拉图、亚里士多德、霍布斯、马克思和尼采的琐事与细枝末节。

弗林在课堂上介绍了众多概念,但是他的讲授过程中这些广义概念也常常会被淹没在专门针对这门课的其他信息中,他努力克服了这个坏习惯。在州立大学的研究让弗林确信,大学里的院系急于把学生固定在狭隘的专业领域发展，不去提高学生思维工具的使用能力，而恰恰是这些思维工具，能够在各个领域帮助学生不断发展。弗林认为，如果学生想利用他们前所未有的抽象思维能力，这种情况就必须被改变。学生们在被灌输应该去思考什么之前，更应该学会如何去思考。学生们"戴着科学眼镜"进入大学，毕业时却没有配备这种技能步入社会。

陆续有教授开始接受这个挑战。华盛顿大学开设了一门课程，名叫"辨别屁话"（用死板的教学语言来说：课程编号 INFO 198/BIOL 106B），这门课主要教授广义的基本原则，用来理解跨学科的世界，批判性地评估每天获取信息的渠道。这门课在2017年第一次开课，一分钟就被选满了。

周以真（Jeannette M. Wing）是哥伦比亚大学计算机科学教授，曾出任微软研究院副总裁，她努力普及广义的"计算思维"，认为这种思维才是精神上的瑞士军刀。周以真认定，"计算思维"会变得像阅读能力一样，成为人类的基本能力，即便对那些与计算机科学或编程毫不相干的人来说也是如此。"当面临一项巨大而复杂的任务时，计算思维是用抽象和分解的方法来解决，"她写道，"是为问题选择一种适当的呈现方式。"

但是，绝大多数情况下，学生们得到的仍是经济学家布莱恩·卡普兰（Bryan Caplan）所说的狭隘的职业培训，而这些职业是极少会有人选择的。3/4 的美国高校毕业生所选择的职业与他们大学所学的专业无关——这是一种趋势，数学和科学专业也包括在内，只是为了掌握单一学科的工具后变得更有竞争力。

在这个纷繁复杂、相互联结又快速变化的世界，一种好工具当然是不够的。正如历史学家和哲学家阿诺德·汤因比在分析处于技术和社会变革中的世界时所说："没有一种工具是万能的。"

弗林的研究激情让我深有同感。在转行从事新闻业之前，我还是一名研究生，在北极的帐篷里研究植物生命的变化如何影响地下的永久冻土。课程内容就是往我的大脑里填鸭式地灌输北极植物生理学的各种细节。直到数年之后，当我作为一名调查记者报道一些差劲的科学研究时才发现，当年让我获得哥伦比亚大学硕士学位的论文中，有一部分的统计方法有误。和许许多多的研究生一样，我的电脑里有一个庞大的数据库，只需按下一个按键，电脑程序就可以进行一次普通的统计分析，但是我从来没有被要求去深入思考（或者根本不去思考）统计分析是如何工作的。统计程序得出了一个所谓"具有统计意义"的数字。糟糕的是，这个数字几乎肯定是"假阳性"的，因为我并不了解这种统计测试在我应用它的环境中的局限性。而那些审阅我论文的科学家也没有发现这一点。就像统计学家道格·阿尔特曼（Doug Altman）所说："每个人都忙着做研究，但是没人有时间停下来想想他们做研究的方法。"我迫不及待地进入了极度专业化的科学研究领域，但是从未学过科学推理（但是随后我又得到了奖励——硕士学位，这让我的学习环境更加恶劣）。虽然听起来太过滞后，但是我确实是在离开科学界多年之后才开始宏观地思考科学应该如何实践。

　　幸运的是，在本科生时期，我的一名化学教授实现了弗林的理想。每一次考试，在常规的化学题目中间都会穿插着这样的问题："纽约市有多少位钢琴调音师？"学生们只能通过推理来估计，试图得到正确的数量。随后，教授向学生解释，此类问题叫"费米问题"，因为恩里克·费米（Enrico Fermi）——这位在芝加哥大学的足球场地下建立了人类第一台核反应堆的"原子能之父"——持续不断地用粗略的估计帮助自己解决问题。① 这个问题的终极奥义是，思考方式比详细的先验知识更加重要。

第一次考试，我全凭直觉来回答（"我没什么头绪，也许有一万名调音师？"）——这个数字太大了。在这门课临近尾声时，我的概念化思考背包里又多了一个新工具，却用已知的少量事实来猜测未知的东西。我已经知道了纽约市的人口总数；住在单房公寓的单身人群很可能没有钢琴，更谈不上调音；而我大部分朋友的父母都有 1~3 个孩子，所以纽约有多少家庭？拥有钢琴的家庭占比多少？钢琴多久需要调一次音？调一次音需要多长时间？一名调音师一天内可以去几个家庭？调音师每年要工作多少天？每一个单独的估算都不必太过准确，最终也能得到合理的结论。身处乌兹别克斯坦偏远地区的村民可能回答不了费米问题，但是在上这门课之前，我对费米问题也毫无头绪，虽然学起来其实很容易。成长于 20 世纪的我已经戴上了"科学眼镜"，我只是需要学习该如何加以利用。这门化学计量学的内容我早就忘得一干二净，但是我经常使用费米的思考方式来分解问题，利用我所知道的一点知识开始研究未知的领域——各种"相似性"问题。

幸运的是，一些研究发现，在广义的思维策略（例如费米式思考）上稍加训练，就能收效颇佳，而且可以跨领域使用。费米问题出现在了"辨别屁话"的课程中，这一点也不奇怪。课堂上用一段假的电视新闻作为案例，展示"费米式思考是如何像热刀切黄油一样揭穿屁话的"。从新闻报道到广告，这种方法让每个人都能快速发现虚假数据。这是一把称手的加热黄油刀。如果我能够学到可以广泛适用的推理工具，而不是更细节化的事实知识，我在任何一个领域都能成为更优秀的研究者，包括北极植物生理学。

---

① 费米参与了第一次原子弹爆炸试验，并在"冲击波通过之前、期间和之后"扔下一些碎纸片，他在当时保密的文件中写道。他用纸片落地的距离来估算爆炸的强度。——作者注

就像国际象棋大师和消防员一样,生活在前现代化社会的村民们依靠的是那些日复一日不会改变的东西——昨天是什么样,明天就也还是那个样。他们对经历过的东西准备得极其充分,对其他未知的东西则毫无准备。他们的思维方式极度狭隘和专业化,而现代世界一直告诉我们,这种思维方式已经越来越过时。他们完全可以从经验中学习,但是当经验缺乏时,他们什么也学不到。快速变化的邪恶世界所需要的正是概念推理技能,能够在不同背景下把新的想法和工作任务结合起来。面对着从未直接经历过的问题,偏远地区的村民彻底迷失了。但这不是我们的选择。一个挑战越是受限、越是重复,它就越有可能被迫自动化;而那些能够从一个问题或者一个领域中获取概念性知识,并且把它应用到一个全新问题或领域的人,将会获得巨大的回报。

能够广泛应用知识的能力来自涉猎广泛的训练。接下来的章节中,在另一个地方和另一个时代,一群拥有特殊技能的表演者把涉猎广泛的训练变成了一种艺术形式。他们的故事更古老,但是比现代社会的国际象棋神童的故事更能说明问题。

第 3 章
可遇不可毁的创造力

如果一名旅行者徜徉在17世纪的威尼斯共和国，只要稍稍侧耳，便能听到一种突破传统的音乐。就连这个音乐时代的名称"巴洛克"也是出自珠宝匠的专业术语，用来形容大到夸张、形状奇特的珍珠。

器乐——这种并不依赖文字的音乐形式——经历了一场天翻地覆的革命。有些乐器是前所未有的新鲜事物，比如钢琴；其他乐器则有所革新——安东尼奥·斯特拉迪瓦里（Antonio Stradivari）制作的小提琴在几个世纪后价值数百万美元。现代音乐中的大调和小调也在那时被创造。音乐大师，也是最早的知名音乐人，也在那时被选定。作曲家充分利用技巧，精心创作独奏曲目，让优秀演奏家们的水平日臻化境。协奏曲就在那时诞生了——来自一位独奏大师与管弦乐队的竞合，而威尼斯作曲家安东尼奥·维瓦尔第（Antonio Vivaldi，因为一头火红的头发被称为"红发神父"）成为毫无争议的"协奏曲之王"。维瓦尔第创作的《四季》（*The Four Seasons*）已经有三百多年历史，绝对是流行金曲。在优兔网站（YouTube）上，一首《四季》与迪士尼电影《冰雪奇缘》（*Frozen*）主题曲的混搭歌曲，播放量有九千万次。

维瓦尔第的创造力得益于一群特殊的音乐家，面对着数量庞大的乐器，她们能够快速习得新的音乐。欧洲各国的皇帝、国王、王子、红衣主教和伯爵夫人们都被她们所吸引，兴致勃勃地欣赏当时最具新意的音乐。这群音乐家全部都是女性，在意大利语中被称为"figlie del coro",字面意思是"唱诗班的女儿们"。在威尼斯这座水上城市,像骑马和户外体育这样的休闲活动实属罕有,所以,音乐成了市民们娱乐活动的全部。小提琴声、笛声、号声和人声从颠簸的平底船上弥散开来,潜入夜色之中。在那样一个因音乐而沸腾的时代和地点,乐团的兴盛持续了一个世纪。

"只有在威尼斯,"一位游客写道,"才能看到这些音乐奇才。"她们既是音乐革命的中心,也是当时的异类。因为在其他地方,她们表演的乐器只有男性才能演奏。"她们像天使一样歌唱,演奏小提琴、长笛、管风琴、双簧管、大提琴和巴松管。"一位法国的政治家感到十分惊讶。而其他人的夸赞就显得颇为直白:"简单地说,没有什么大型乐器是她们演奏不了的。"不过,就此方面也有争议。英国的贵族作家海斯特·施拉尔(Hester Thrale)就曾抱怨:"女孩们拉着倍低音提琴,吹着巴松管的样子,我实在是欣赏不了。"毕竟,"适合女性演奏的乐器"还应是羽管键琴或者杯子演奏之流。

"唱诗班的女儿们"让瑞典皇室肃然起敬。文学史上的著名浪子卡萨诺瓦(Casanova)也被眼前的情景震惊——演出现场人满为患,观众们只能站着观看。一位不苟言笑的法国音乐评论家挑选出了一位特别的小提琴手:"她是女性中第一个挑战伟大艺术家成就的人。"即使是那些没有表现出明显支持的观众也被女子乐团感动了。弗朗西斯科·科利(Francesco Coli)把这些女孩描述为"天使般的塞壬",她们"超越了最空灵的鸟儿",并且"为观众打开了天堂之门"。考虑到科利的职业——威尼斯宗教裁判所的官方书籍审查员——也许这是最令人惊讶的褒奖了。

乐团中最出色的乐手成了驰名欧洲的人物,比如出身皮耶塔慈善福利院的安娜·玛利亚(Anna Maria della Pietà)。一位德国男爵公开称她为"欧洲首屈一指的小提琴家"。勃艮第乐派的议会主席说,即使在巴黎,她也是无人能及。维瓦尔第在1712年的一份支出记录显示,他花了20个金币给16岁的安娜·玛利亚买了一把小提琴,对维瓦尔第来说,这笔钱的数目和订婚戒指的价格不相上下,他用了4个月才赚到这么多钱。维瓦尔第为女子乐团写过数百首协奏曲,其中有28首留存在"安娜·玛利亚的笔记本"里。该笔记本由真皮装订,染成了威尼斯红,用金箔书法体写着安娜·玛利亚的名字。这些协奏曲都是维瓦尔第专门为她写的,只为展示她高超的演奏技艺,其中许多乐章速度奇快,需要同时在多根琴弦上演奏不同音符。1716年,元老院要求安娜·玛利亚和女子乐团增加音乐活动,为那些在科孚岛上与奥斯曼帝国作战的威尼斯军队带来上帝的眷顾。(在那次围攻中,威尼斯的小提琴和一场恰逢其时的风暴,比土耳其的大炮更具威力。)

在18世纪40年代,当让-雅克·卢梭(Jean-Jacques Rousseau)来访时,安娜·玛利亚已经人到中年。卢梭,这位推动法国大革命的叛逆哲学家,同时也是一名作曲家。"我带着法国人对意大利音乐的偏见从巴黎而来。"卢梭写道,但是他宣称,女子乐团所演奏的音乐"和任何音乐都不一样,既不像意大利音乐,也和世界上其他地方的音乐有所不同"。但是卢梭遇到了一个问题,按他当时的说法——"让人陷入绝望"。他无法看到这些女子。她们在教堂高高的阳台上演出,一层薄薄的绉纱挂在熟铁窗格上,把她们和观众隔开。观众可以听到她们的声音,但是只能看到她们的轮廓随着音乐节奏左摇右摆,就像杂耍舞台布景上的皮影戏。"这些窗格对我隐藏了这些美丽的天使,"卢梭这样写道,"对此我十分无语。"

卢梭常常谈及此事,以至于他碰巧与女子乐团的一位重要赞助人交谈时,又提起了一次。"如果你真的那么想见到这些小女孩,"这位赞助人告诉卢梭,"你的愿望其实很容易满足。"

卢梭确实非常想见到她们。卢梭一直缠着这位赞助人,直到他答应带卢梭去和她们见面。而就在那里,卢梭竟变得有些紧张——要知道,卢梭无所畏惧的文章培育了民主的土壤,他的文章屡屡被禁,甚至被烧毁。"沙龙里面都是我一直想见到的美人,当我们走进去时,"卢梭写道,"爱意让我颤抖,我从未有过这种体验。"

赞助人向——卢梭介绍这些女子——这些拥有高超天赋的奇才在整个欧洲迅速成名,势如燎原——但卢梭惊呆了。

有一位名叫索菲亚(Sophia)的姑娘——"长相恐怖",卢梭这样写道。卡迪娜(Cattina)——"她只有一只眼睛";贝蒂娜(Bettina)——"天花让她面目全非","她们当中几乎没有一个人,"按照卢梭的说法,"不是带有那种吓人的缺陷的。"

有一首诗写的就是其中一位最好的歌手:"她的左手没有手指 / 她的左脚也没有脚趾。"由此,一位娴熟的演奏家却是"可怜的跛脚女士"。其他人留下的描述记录就更不委婉了。

和卢梭一样,来自英国的安娜·米勒(Anna Miller)女士也被她们的音乐迷住了,她请求观看这些女性无遮挡的表演。"我的请求被批准了,"米勒写道,"但是当我走进去的时候,我真的忍不住狂笑,我也很奇怪自己没有被赶出去……映入我眼帘的是 12 个或 14 个又老又丑的老太婆……还有一些年轻女孩。"米勒不想再看无遮挡的表演了,"这些人看得多了让我恶心"。

这些通过精湛技艺取悦拥有音乐鉴赏力的听众们的少女和成年女性却无法拥有精致的生活。她们中许多人的母亲都在威尼斯猖獗的色情行业谋生,在怀孕之前就已经感染了梅毒,这些母亲生下孩子后,就把婴儿遗弃在皮耶塔慈善福利院(Ospedale della Pietà)。意大利语"Ospedale della Pietà"的字面意思是"怜悯医院",但其实际功能是慈善福利院,这些女孩就在这里长大,学习音乐。当时威尼斯有四家慈善福利院,旨在改良特定的社会弊病,皮耶塔是其中最大的一家。

这家慈善福利院面对的问题是，这些一出生就没有父亲的孩子（大部分是女孩）——经常被发现溺死在水道中。

她们中多数人都不知道自己的母亲是谁。她们被丢弃在皮耶塔慈善院外墙的格子中——从墙上抠出的几个镂空格子。样子很像在机场常见到的测试手提行李能不能放进去的那种架子，如果弃婴足够小，能够放进这样的格子里，皮耶塔慈善福利院就会收养这个孩子。

伟大的安娜·玛利亚就是一个典型例子。某人，也许是她的母亲，其职业可能就是妓女，把婴儿安娜·玛利亚放在了皮耶塔慈善福利院门口，位置就在威尼斯圣马可湾的岸边，紧临一条热闹的步道。外墙的格子连着一个铃铛，每次有新的弃婴到，工作人员就会听到铃响。格子里除了弃婴，常常会同时附上一块布料、一枚硬币、一枚戒指或者是其他不值钱的小饰品，这些东西被遗弃者当作验证弃婴身份的一种凭信，如果有朝一日能与孩子相认，这些东西就是身份证明。一位母亲曾经留下半张精美的气象图，希望有一天自己可以带着另外半张到福利院接回孩子，但许多凭信和女孩一起永远留在了皮耶塔慈善福利院。和安娜·玛利亚一样，绝大部分的弃儿不会有任何血亲来认领，所以她们的名字都是按她们的来处来起的："Anna Maria della Pietà"——来自皮耶塔的安娜·玛利亚。一份18世纪的花名册记录了安娜·玛利亚实际生活中姐妹的名字：来自皮耶塔的阿德莱德（Adelaide della Pietà）、来自皮耶塔的阿加塔（Agata della Pietà）、来自皮耶塔的安布罗西娜（Ambrosina della Pietà），还有很多很多，她们的名字按字母排序，从字母A开始，一直到来自皮耶塔的维奥莱塔、弗吉尼亚和维多利亚（Violeta, Virginia, and Vittoria della Pietà）。

此类慈善福利院是公私合营的，每家福利院由威尼斯上流社会人士组成的志愿者委员会负责监管。这些慈善机构理论上应该是世俗化的，但实际上它们毗邻教堂，内部的生活方式也就遵照了"准修道院"的标准。福利院里的居民按照年龄和性别被区分开来。每日早餐前都要做弥撒，定期忏悔也是必要的。每个人，甚至包括儿童，都要不停地工作以保证福利院的运转。每年中有一天，女孩们被允许在监护者的陪伴下去乡村旅行。这种一日旅行是一种刻板的存在，但也有好处。

孩子们在福利院被教授阅读、写作、算术以及职业技能。有些人成了福利院的药师，其他人清洗丝绸或者缝纫船帆以用于出售。这些慈善福利院功能完备，自给自足。每个人的劳动都会获得报酬，皮耶塔还有专属的付息银行，以帮助这些未成年人学习理财。男孩们学会一门手艺或者报名参加海军，在青少年时期就离开了皮耶塔福利院。对女孩们来说，结婚就是最理想的解放之路。嫁妆早就准备好了，但是很多女孩还是永远地留在了皮耶塔。

由于慈善福利院大力发展器乐，数十名女孩的教育中也增加了音乐课程，这样她们就可以在附近教堂的宗教仪式上演奏。1630年，肆虐的黑死病带走了威尼斯 1/3 的人口，此后，威尼斯人发现自己陷入了一种特别的"忏悔心态"，一位历史学家这样评价道。音乐家的地位突然变得格外重要。

慈善福利院的管理者注意到，去教堂做礼拜的人越来越多，机构获得的捐款随着女孩们音乐质量的提高而增加。到了 18 世纪，管理者们为筹集资金开始公开推广这些音乐家。每个周六和周日，音乐会便在日落之前开始。教堂里挤满了人，连圣餐都要被挪走。教堂当然欢迎听众们来免费欣赏音乐，但是如果听众想找个座位，福利院的工作人员也很乐意出租椅子。如果室内空间已满，听众便只能挤在窗外，或者把小船停泊在圣马可湾。这些弃儿成了经济发展的引擎，不仅支撑着威尼斯的社会福利系统，还吸引了来自国外的游客。娱乐和忏悔以有趣的方式交织在一起。在教堂内，观众是不允许鼓掌的，所以在最后一个音符之后，观众们只能用咳嗽、清嗓子、摩擦地面和擤鼻涕的方式来表达自己的热爱之情。

慈善福利院委托作曲家创作原创作品。在 6 年的时间里,维瓦尔第专门为皮耶塔福利院创作了 140 首协奏曲。乐团的教学体系逐渐形成,年长的孩子负责教年纪小的,年纪小的又来教初学者。她们身兼数职——安娜·玛利亚同时是教师和抄写员——她们中却一个接一个地诞生出大师级的明星。在安娜·玛利亚之后,接替她的小提琴手是来自皮耶塔的齐亚拉(Chiara della Pietà)——她被誉为全欧洲最伟大的小提琴家。

那么问题来了:这些色情产业留下的孤儿们如果没有慈善福利院的恩惠,早就死在威尼斯的河道里了,那究竟是什么神奇的训练机制,能够把她们转变成世界上最早的国际巨星?

皮耶塔的音乐课程并不因严格而著称。根据皮耶塔福利院的要求,女子乐团的正式课程被安排在每周的周二、周四和周六,其他时间乐团成员可以自由练习。在乐团刚刚起步的时候,工作和家务占据了她们大部分的时间,所以她们每天只被允许学习一个小时的音乐。

乐团最让人称奇的是她们学习的乐器数量。18 世纪的英国作曲家和历史学家查尔斯·本尼(Charles Burney)在牛津大学拿到音乐博士的学位后不久,决定撰写一部权威的现代音乐史,这其中就包括了几次对福利院的访问。本尼不仅是一名旅行作家,也是当时最著名的音乐学者,他对自己在威尼斯的所见所闻感到震惊。在一次福利院之旅中,本尼获得了一次两个小时演出的私下观摩机会,他和乐团之间没有了帘子的阻挡。"我真的很好奇——不管是观看还是聆听这场优秀演出的每个部分,而演奏者全部都是女性——小提琴、双簧管、次中音管、低音管、羽管键琴、法国号,甚至是双低音管。"本尼这样写道。更让本尼好奇的是:"这些年轻女人手里演奏的乐器经常变化。"

女子乐团也学习演唱,同时还要学习慈善福利院拥有的每一种乐器。女孩们学习新技术可以获得报酬,这一点对她们的学习很有帮助。一位名叫玛达莱娜(Maddalena)的音乐家结了婚,远离了福利院的生活,她能胜任小提琴手、羽管键琴手、大提琴手和女高音,从伦敦到圣彼得堡参加巡演。她写道:"我所掌握的这些技能,人们并不希望女性能拥有。"玛达莱娜的名声如此煊赫,以至于她的个人生活被当时的一位八卦作家屡屡报道。

对于那些一生都在慈善福利院度过的人来说,她们的多乐器背景具有实际意义上的重要性。来自皮耶塔的佩莱格里娜(Pelegrina della Pietà)第一次出现在福利院时只有破布裹身,被人遗弃在福利院外墙的格子里。她从低音提琴学起,又学习了小提琴,随后又转向了双簧管,与此同时,她还要从事护士的工作。维瓦尔第专门为她创作了双簧管的乐章,但在她六十多岁时,脱落的牙齿让她的双簧管演奏生涯戛然而止。所以她又重回小提琴的怀抱,直到七十多岁还在登台演出。

皮耶塔的音乐家们都喜欢炫耀自己的全能本领。根据一位法国作家的记录,她们接受的训练"涵盖了各种音乐流派,宗教音乐或世俗音乐都能演奏",能在音乐会上"表演最多种类的声乐和器乐组合"。女子乐团在各类乐器上的全能表现常常是观众们议论的焦点,同时令观众啧啧称奇的还有大师级的歌手在幕间休息时即兴表演的器乐独奏。

除了在音乐会上演奏的乐器,女子乐团还在学习其他乐器——可能是最初用于教学的乐器,或者是实验类的乐器:羽管键琴式的竖式钢琴、室内管风琴、名为海号独弦琴的巨大弦乐器、名为木管号的类似长笛的木质乐器,表面被皮革包裹;还有一种叫维奥尔琴的乐器,它像大提琴一样需要竖直演奏,也需要琴弓,但是弦更多,形状也略有不同，音品也更像吉他。女子乐团不仅演奏技艺上乘，她们还是乐器发明和再发明这一特殊时期的参与者。根据音乐理论家马可·平凯莱（Marc Pincherle）的记载，多才多艺的女子乐团和种类繁多的乐器，让"维瓦尔第拥有了资源无限的音乐实验室"。

女子乐团所掌握的部分乐器太过冷僻，没有人知道这些乐器到底是什么。普鲁登查（Prudenza）是皮耶塔的一位年轻音乐家，她的歌声婉转动听，也是演奏小提琴和"英国大提琴"的好手。音乐学者们一直在争论后者到底是什么，总之，无论哪种乐器，女子乐团成员都可以戴上"音乐手套"——比如芦笛和索尔特里琴——学会演奏它们。

女子乐团也把作曲家的水平提升到了一个前所未有的高度。她们将巴洛克作曲家的音乐传递给古典大师：巴赫（曾经改编维瓦尔第的协奏曲乐谱）、海顿（曾经专门为女子乐团中一位名叫巴切塔的歌手、竖琴演奏家和风琴演奏家作曲），也许还有莫扎特——他随父亲拜访福利院时还是一个小男孩，离开时已经是青少年。女子乐团在各种乐器上的高超演奏技巧让音乐实验得以进行，影响非常深远，为现代管弦乐团奠定了基础。根据音乐学者丹尼斯·阿诺德（Denis Arnold）所言，女子乐团在宗教音乐现代化的过程中具有举足轻重的作用，如果没有威尼斯孤儿院的这些女孩，莫扎特标志性的宗教音乐"可能根本不会写出来"。

但是，她们的故事大部分都被遗忘了，或者名副其实地说，被摒弃了。1797年，当拿破仑的军队来到威尼斯，珍贵的手稿和记录都被扔出了福利院的窗外。两百年后，一幅著名的18世纪画作在华盛顿的美国国家美术馆展出，画中是一群女性在音乐会上演出，这些神秘的女性身披黑衣，在高处的阳台上俯视着观众，没有人能认出她们是谁。

也许，女子乐团被遗忘的原因正是她们是女性——女性在公开的宗教仪式上演奏，这在当时是对教皇权威的公开挑衅。或者因为她们中的许多人既没有家庭，也没有子嗣。这些被遗弃的女孩也没有姓氏，她们所擅长的乐器就变成了她们的名字。那个曾经被遗弃在福利院墙上格子里的女婴，也就是著名的皮耶塔的安娜·玛利亚，在不同阶段有过很多名字——拉小提琴的安娜·玛利亚、弹西奥伯琴的安娜·玛利亚、弹大键琴的安娜·玛利亚、拉大提琴的安娜·玛利亚、弹鲁特琴的安娜·玛利亚、拉中提琴的安娜·玛利亚和拨奏曼陀林的安娜·玛利亚。

试想一下，如果在今天点击一个旅游景点的网站，上面推荐的娱乐项目是全世界知名的管弦乐队表演，乐队成员全部是被遗弃在音乐厅门外石阶上的孤儿。你将会欣赏到大师级的独奏表演，所用的乐器是你知道并且喜欢的，还有一些乐器你可能闻所未闻。音乐家们在演出当中有时还会交换乐器演奏。请在推特上关注我们的账号：@著名弃儿。那么在今天，价值两百金币的嫁妆已经不算什么，她们还会有发言人和专题电影特辑呢。

就像老虎·伍兹两岁时在电视上初次亮相一样，女子乐团也在当时引起了轰动，家长和媒体蜂拥而至，寻找她们成功的秘诀。18世纪的家长们确实付诸了行动。一位历史学家说，贵族人士争前恐后地（还要付费）为自己的女儿们争取一次和"有能力的穷人们"表演的机会。

但是，女子乐团发展音乐的策略恐怕很难被接受。我们现在所理解的擅长某种技能，例如擅长演奏，和女子乐团的宗旨完全背道而驰——她们是大范围地掌握多种乐器的演奏方式。这当然违反了专业化练习的实践框架——只有高度专业化地练习演奏所需的具体技巧，才能叫专业化练习。按这种观点看，掌握多种乐器应该是浪费时间。

在现代励志传记所涉及的类型里，音乐训练与高尔夫并肩站在最高领奖台的顶端，它们都是技术型训练中尽早起步、高度专业化的优秀范例。不管是老虎·伍兹，还是耶鲁大学法学教授"虎妈"，他们的故事都传达了同样的信息：尽早选择、专注精准、从不犹豫。

"虎妈"的真名叫蔡美儿（Amy Chua），在她2011年出版的《虎妈战歌》（*Battle Hymn of the Tiger Mother*）一书中，她发明了"虎妈"这个词。"虎妈"就像字面的老虎一样，强势引领着流行文化。蔡美儿公开了"中国父母如何培养出典型成功孩子"的秘密。

在第1章的第一页上，是大女儿索菲娅（Sophia）和小女儿露露（Lulu）永远不能做的一大长串事情，包括：除了钢琴和小提琴，不许学任何其他乐器（索菲亚学了钢琴，露露学了小提琴）。蔡美儿每天会监督3~4个小时，有时是5个小时的音乐练习。

网站论坛上的家长们都在为给孩子挑选什么样的乐器而苦恼不已，毕竟孩子太小了，还不能自己挑选，如果此时踌躇不前，那么自己的孩子会被其他孩子超过，再也无法补救。"我试着慢慢说服他，演奏音乐有多美妙，"一位两岁半孩子的家长在帖子里这样写道，"我只是不太确定到底哪个乐器最好。"在另一个帖子里，发帖人建议如果孩子在七岁时还没开始学小提琴，那就干脆别学了，因为他已经落下别人太多了。面对这些忧虑和疑问，一位私立音乐学校的主管写下了一篇"如何选择乐器"的帖子，为家长们提供了一些建议——毕竟这种年龄的孩子连每个星期喜欢的颜色都不一样。

当然，成为专业人士的道路有很多种。有些出类拔萃的音乐家也是从非常小的年纪就开始了专业化练习。优秀的大提琴演奏家马友友（Yo-Yo Ma）就是一个著名的例子。但其实很少有人知道，马友友是从小提琴开始练习的，随后又练过钢琴，最后才选择了大提琴，因为他确实非常不喜欢前两种乐器。他只是比一般孩子更快地完成了测试样本的周期。

虎爸虎妈们却想完全跳过这个样本测试的过程。这让我想起了我和伊恩·耶茨（Ian Yates）的一番对话。伊恩·耶茨是英国的体育科学家和教练，他为许多运动项目培养了未来的职业运动员。他告诉我，越来越多的家长找到他，希望自己的孩子能够从事奥运选手现在正在做的事，而不是奥运选手在十二三岁时所做的事。而正是这些十二三岁时经历的各种活动，总体上开拓了他们的运动潜能，也允许他们在专注于某个特定运动技术之前不断探寻自己的天赋和兴趣所在。对于表现优秀的人来说，样本测试的过程并非偶然，而是自我发展的重要组成部分——但对于那些急于赢在起跑线的人来说，这个过程他们恨不得赶紧跳过。

约翰·斯洛博达（John Sloboda）无疑是音乐心理学领域最有影响力的研究者之一。他在1985年出版的著作《音乐思维》（*The Musical Mind*）从音乐的起源讲起，并且介绍了演奏技巧的习得，书中设定的研究议程被沿用至今。在整个20世纪90年代，斯洛博达和他的同事们都在研究如何提高音乐水平。毫不意外，练习是成为音乐家的关键。但是具体的细节并非如此简单。

一项针对8~18岁音乐学习者的研究显示，不管是初学者，还是已经在门槛极高的音乐学校深造的学生，当他们刚开始练习的时候，从最不熟练的学生到最熟练的学生，他们的训练量没有差别。那些走向成功的学生只是在确定了他们想专注学习的某样乐器之后才开始增加训练量，原因无外乎两个：他们更擅长这种乐器，或者他们只是更喜欢这种乐器。这样看来，是乐器在驱使着练习，而非相反。

在另一项针对1200名年轻音乐家的研究中，那些曾经放弃过某些乐器的人认为"自己真正想学习的乐器和实际演奏的乐器并不一致。"蔡美儿认为自己的女儿露露是"天生的音乐家"。蔡美儿的歌唱家朋友也说露露是"出类拔萃",她的天赋"无人能及"。露露在小提琴上的进步神速,但遗憾的是,她很快对她的妈妈说:"是你选择的小提琴,不是我。"十三岁时,露露放弃了她大部分的小提琴课程。蔡美儿在她著作的结尾处坦诚反省,她想知道,如果允许露露选择自己喜欢的乐器,露露是否还会继续演奏生涯。

斯洛博达和一位同事在英国的一所寄宿学校进行了一项研究,这里的学生来自全国各地——录取完全靠面试——令他们惊讶的是,那些被学校视为特别优秀的学生,和没那么优秀的学生相比,他们家庭的音乐活动反而比较少,也没有在年纪特别小时就开始练习。他们在年龄很小时家中也不太可能有乐器,在入学前上的课也不多,到学校之前也很少投入精力去练习——总之,少多了。"这看上去很明晰了,"研究人员说,"上课时间或者是练习时间,并不是衡量优秀与否的正确指标。"而每一个在发展初期就接受大量有组织的课程培训的学生都属于"平均水平"组别,而非优秀组。"这似乎强烈暗示了,"研究人员这样记录道,"在年纪尚小时上太多的课可能并没有帮助。"

"但是,"研究人员补充道,"把精力分配给不同乐器仍旧很重要。被(学校)认为水平优秀且超群的孩子就是那些把精力更为平均地分配给三种乐器的学生。"而那些水平较低的学生更愿意把全部时间都花在他们所选择的第一件乐器上,就好像他们不能丢掉自己"赢在起跑线"的优势一样。优秀学生的发展曲线则更像皮耶塔福利院的女子乐团。"对第三种乐器的适度投资,为这些优秀的孩子带来了丰厚的回报。"研究人员这样总结。

心理学家着重强调了通向卓越的不同道路,但是最常见的还是样本测试过程,在这个过程中,成功者极少接触有组织的课程训练,而是尽可能多地接触各种乐器,参加各类活动,在接触一段时间后,再选择专门某一项,有组织的课程也逐渐随之增加,训练量也迎来爆发式的增长。这是不是听起来很耳熟？

在斯洛博达实验的 20 年后，又有一项实验。这项实验把那些被竞争激烈的音乐学院录取的年轻音乐家与同样被录取但技能稍差的音乐学生进行了比较。几乎所有水平更高的学生都至少演奏过三种乐器，这个比例远远高于水平较低的学生，超过一半的学生演奏过四种或五种乐器。学习古典乐可以算得上符合"赢在起跑线"狂潮的核心主旨。它拥有宏伟的蓝图；错误可以即刻被发现；需要反复练习完全相同的任务，直到这种行为已经变成自动化，以使偏差达到最小化。尽早选择一种乐器，并开始培训技术，怎么就不是通往成功的标准途径呢？然而，即便是古典音乐也拒绝了简单的老虎·伍兹式故事。

2006 年出版的《剑桥专门技术和专家表现手册》（*The Cambridge Handbook of Expertise and Expert Performance*）可以算得上是畅销书作家、演说家和一万小时培训机构的研究者的圣经了。这本书把论文按章节汇编，每一章都由不同的研究者撰写，他们深入研究了舞蹈、数学、体育、外科手术、写作和国际象棋。很明显，关于音乐这部分的重心都放在古典乐演奏上。这本洋洋洒洒写了 900 多页的大部头，确实是给大手掌人士准备的手册。培养音乐专才的章节介绍了全世界各类音乐专业演奏者的起步期，但是，非古典乐的例子，手册中只有一处明确提及。这本手册很直接地写道：和古典乐演奏者相比，爵士乐、民谣和当代流行乐的音乐家和歌手的技术训练轨迹既不简单也不狭隘，他们"开始得要晚得多"。

杰克·切基尼（Jack Cecchini）之所以能在爵士乐和古典音乐领域兼属世界一流水平的罕有音乐家之一，得感谢他的两次偶然发现，一次是比喻意义上的，另一次是字面意义上的。

第一次是在1950年的芝加哥，当时十三岁的切基尼偶然发现，房东的沙发上躺着一把吉他。他经过沙发时用手拨弄了一下琴弦。房东把吉他拿起来，给切基尼弹了两个和弦，然后立马要求切基尼给他弹伴奏。当然，切基尼做不到。"当到了需要换个和弦的节点时，房东就会摇头，如果我没换，他就要开始骂我了。"切基尼笑着回忆。从此，切基尼的兴趣被激发了，他试着模仿那些在广播里听到的歌曲。到了十六岁，他开始在芝加哥的俱乐部里演奏爵士乐，只不过是在不显眼的后排，因为他的年纪太小了，不符合光顾俱乐部的年龄要求。"那里就像一家工厂一样，"切基尼告诉我，"如果你必须要去厕所，就一定要找个人来替你演奏乐器。但是你每天晚上都可以尝试各种乐器。"单簧管是他唯一能找到的免费音乐课程了，他试着把学到的音乐知识应用到吉他上。"吉他上有800万个地方可以弹出相同的音符，"切基尼说，"我在试着找到问题的解决办法时，别人才开始学习指法。"很快，他开始和弗兰克·辛纳屈（Frank Sinatra）在芝加哥的威尼斯别墅夜总会同台表演，又与米丽娅姆·马凯巴（Miriam Makeba）在纽约的阿波罗剧场同台献艺，而后跟随哈里·贝拉方特（Harry Belafonte）巡回演出，从卡内基音乐厅到拥挤的棒球场，都留下了他的演出足迹。第二次偶然发现就发生在巡演中。

那年，切基尼二十三岁，在跟随哈里·贝拉方特的一次演出中，舞台上的舞者踩到了切基尼弹奏的吉他与扩音器之间的连接线。吉他的声音骤然变小，如同耳语。"哈里当时崩溃了，"切基尼回忆道，"他说：'快把手里那把放下，赶紧拿一把古典吉他！'"找到古典吉他容易，但是切基尼之前一直用拨片弹吉他，古典吉他是不用电传音的乐器，所以他必须学会指弹吉他，困难在于，切基尼必须在巡演的过程中就掌握它。

他很快爱上了古典吉他，到三十一岁时，切基尼已经是一位娴熟的演奏家，他被选为独奏者，与管弦乐团在芝加哥的格兰特公园为一群观众表演协奏曲，而协奏曲的作者不是别人，正是维瓦尔第。第二天，《芝加哥论坛报》的音乐评论家发表了自己的观点："尽管现在越来越多的狂热爱好者不知疲倦地宣传，吉他作为一种古典乐器应该复兴，但是极少有人具备天赋和耐心去掌握古典吉他——在所有乐器中，古典吉他是最美丽但最难学会的乐器之一。"这位评论家继续写道："切基尼证明了自己就是极少数人中的一员。"

尽管起步较晚，学习吉他也完全是出于偶然，切基尼已经成为爵士吉他和古典吉他的双料名师。其他国家的学生慕名而来，专程到美国向切基尼学习，20世纪80年代早期，每当夜幕降临，他开设在芝加哥的吉他学校门口，求学者顺着楼梯一直往下排起长队。切基尼自己所接受过的正式训练当然只有那些免费的单簧管课程。"我必须承认，我所掌握的98%都是靠自学。"切基尼告诉我。他学习不同乐器，通过不断地尝试，找到了自己的道路。这也许听起来有些特别，但是当切基尼谈起他合作过或是欣赏的传奇艺术家时，没有一个人的经历和老虎·伍兹一样。

艾灵顿公爵是少数真正接受过正式音乐教育的音乐家之一，七岁时，他师从声名煊赫的玛丽埃塔·克林克斯凯尔斯（Marietta Clinkscales）。但是他马上就失去了兴趣，在学习识谱之前就彻底放弃了音乐课，专注于棒球。在学校，他的兴趣是画画（之后他还拒绝了一所大学艺术系提供的奖学金）。十四岁时，他听到了拉格泰姆（ragtime）①，在离开钢琴七年后，艾灵顿第一次坐在琴凳上，试着弹奏他听到的旋律。"我和音乐之间没有任何联结，直到我开始自己瞎弹，"他回忆着当时的情景，"不管是谁教我弹钢琴，条条框框都太多了……只要是我能坐下来弹奏想弹的东西，那就没问题。"即使后来成了美国最优秀的作曲家，艾灵顿依然需要誊写员把他的音乐速记转

---

① 产生于19世纪末，美国的流行音乐形式之一，是美国历史上第一个真正的黑人音乐形式。——译者注

换成传统的乐谱。

约翰尼·史密斯（Johnny Smith）绝对是切基尼最崇拜的偶像。史密斯在亚拉巴马州一个猎枪小屋[①]里长大。邻居们总是聚在一起弹奏各种乐器，小约翰尼就把邻居们留在角落里过夜的各种乐器摆弄一番。"约翰尼什么乐器都会。"他的哥哥本（Ben）回忆道。这让他得以参与当地任何一种乐器的比赛，而奖品就是各种食品杂货。有一次，他靠拉小提琴赢得了一包5磅[②]重的砂糖——但其实，他并不是特别喜欢小提琴。约翰尼·史密斯说，他愿意走50英里去上一节吉他课，但是周围根本没有老师，所以他只能自己尝试。

当美国开始参与"二战"时，约翰尼·史密斯报名参军，渴望成为一名飞行员，但是左眼的问题断送了他的飞行梦。他被分配到了军乐团，而吉他手在军乐团里毫无用武之地。那时他还不识谱，但是军乐团要求他自学各种乐器，这样在征兵活动时就可以演奏。广泛的经验让他在战后成为美国全国广播公司（NBC）的音乐编曲人。他学会了该如何自学，掌握多种乐器、熟谙多种音乐流派让他名声大噪，但偶尔也会给他带来一些挑战。

一个星期五的晚上，约翰尼正要下班离开全国广播公司，同事把他拦在电梯里，要求他学习一段新的吉他谱。公司雇来的古典吉他手无法胜任这一段的演奏。那是一场纪念作曲家阿诺德·勋伯格（Arnold Schoenberg）75周岁诞辰的现场音乐会，勋伯格有一些无调的音乐作品，在这次音乐会上就要演奏其中一曲，而这一曲已经有25年没有被人弹奏过了。约翰尼·史密斯只有4天时间。周五的晚上，他在公司继续练习，直到凌晨5点才回到家，随后又在7点参与了一场紧急彩排。周三就是音乐会，他演奏得非常完美，以至于所有观众

[①] 猎枪小屋（Shotgun house）是美国南部的一种窄小房屋，通常约宽12英尺。——译者注
[②] 1磅≈454克。——编者注

都要求返场，请他把全部 7 个乐章再演奏一遍。1998 年，约翰尼·史密斯与埃德蒙·希拉里爵士（Sir Edmund Hillary）一起——后者曾与丹增·诺盖（Tenzing Norgay）一同登顶珠峰，这是人类史上的第一次登峰成功——获得了美国史密森学会两百周年的纪念奖章，以表彰他们在文化上的杰出贡献。

同时获奖的还有钢琴家戴夫·布鲁贝克（Dave Brubeck）。他的歌《休息五分钟》(*Take Five*) 被美国国家公共广播（NPR）的听众评选为有史以来最具代表性的爵士乐。布鲁贝克的母亲试着教过他弹钢琴，但是他拒绝听从母亲的教导。由于眼睛天生对视，儿时的他拒绝学习弹琴也与看不清乐谱有一定关系。母亲放弃了，但是布鲁贝克听着母亲是如何教其他人的，然后自己试着模仿。当他从太平洋学院兽医预科班退学，穿过草坪来到音乐系时，他还是读不了乐谱，但是他是一个娴熟的伪装者。他逃避学钢琴，转而练习那些更容易让他在练习中即兴发挥的乐器。到了大学四年级，他藏不住了。"我的钢琴老师当然很内行，"布鲁贝克回忆道，"他在 5 分钟之内就看出来我不识谱。"系主任通知布鲁贝克，他不仅无法毕业，而且是音乐系的耻辱。另一位老师注意到了布鲁贝克的创造力，坚持要把他留下来，最后系主任同意了一桩交易——布鲁贝克被允许毕业，条件是他保证决不会让这段经历使学校难堪。20 年过去了，学校明显感觉可以避开尴尬了，授予了布鲁贝克荣誉博士学位。

也许最伟大的即兴表演大师都不认识乐段——无论是字还是乐谱。1910 年，姜戈·莱恩哈特（Django Reinhardt）出生在比利时一辆吉卜赛人的大篷车里。他儿时的天赋是偷鸡和给鳟鱼挠痒痒——沿着河岸摸鱼，摩擦它们的腹部，直到它们放松下来，再把鱼抛到岸上。姜戈从小在巴黎郊外长大，每天晚上，负责清理粪坑的保洁员都会把垃圾倒在这片区域。他的母亲内格罗斯（Négros）忙于生计，用她从"一战"战场上收集来的废弃炮弹壳制作手镯，无暇顾及任何人的音乐实践。姜戈想上学就去上，但是大部分时间他都不想。他强闯电影院，流连台球厅，每天都被音乐所包围。只要有吉卜赛人的地方，就肯定有班卓琴、竖琴、钢琴，最特别的当属小提琴。

因为方便携带，小提琴成了吉卜赛人最经典的乐器，虽然姜戈的音乐之路从小提琴开始，但是他并不喜欢它。他通过"应答轮唱"式学习弹奏。先由一位成人演奏一段音乐，姜戈再试着模仿。到了十二岁时，一位熟人给了他一把特别的琴，这是一把班卓琴和吉他的混合体。姜戈终于找到了自己真正喜欢的乐器，并开始沉迷其中。当疲劳的手指需要休息时，姜戈用各种东西当作拨片：勺子、缝纫用的顶针、硬币乃至一块鲸须。他与一位名叫拉加代尔（Lagardère）的驼背班卓琴演奏者组队，在巴黎的大街小巷游荡，四处卖艺，表演即兴二重奏。

在青少年时期，姜戈来到了巴黎的一家餐馆，这里聚集着许多手风琴演奏家。他被要求为其他的音乐家登台表演，就用他的这把"班卓吉他"来演奏。姜戈选择了一首波尔卡，这是手风琴家公认的可以证明演奏者技巧之作，因为波尔卡的演奏难度极大。在中规中矩地演奏完传统形式的波尔卡之后，姜戈并没有停下，而是开始了一系列闪电般的即兴发挥，把这首曲子做了天马行空的改编，在场的音乐家可都是老江湖，可是这种改编后的曲子他们闻所未闻。用行话说，姜戈仿佛是"用一把抽出来的刀"在演奏。他原本想改编这一曲神圣的舞会曲调来"引战"，但是他的原创性太强了，所以侥幸逃脱了惩罚。他的创造力不受束缚，自由无羁。"我怀疑，在他年轻的时候，"姜戈的一位音乐伙伴说，"他甚至都不知道有印刷出来的乐谱这种东西的存在。"姜戈之前学过的各种技能很快都派上了用场。

姜戈十八岁时，他马车上的一根蜡烛点燃了一批赛璐珞做的假花，那是他的妻子贝拉（Bella）为一场葬礼准备的。被燃爆的马车如同炼狱一般。姜戈身体的一半都被烧伤，卧床一年半。左手是吉他手用来按压音品的，但大火夺走了姜戈左手的无名指和小指，此后的一生中，他左手无名指和小指的位置只剩下两节短短的肉在晃荡，无法按弦。姜戈习惯于即兴表演。就像女子乐团的佩莱格里娜在失去牙齿后所做的选择一样，姜戈也找到了自己的办法。他自学成才，只需用大拇指和另外两根手指就能弹奏和弦。他的左手不得不在吉他的琴颈上快速上下翻飞，食指和中指像蟑螂一样在琴弦上极速掠过。以这种弹吉他的方式，他成功复出，创造力也格外爆发了。

姜戈与一位法国小提琴家合作，把舞会曲调与爵士乐结合，创造出一种新的即兴音乐形式，这种新的形式无法被简单归类，所以干脆就被命名为"吉卜赛爵士乐"。有些他即兴发挥的作曲变成了"标准"，出现在其他音乐家的即兴演出中。他重新定义了我们现在已经非常熟悉的大师级的吉他独奏，并且深入影响了下一代的音乐，从吉米·亨德里克斯（Jimi Hendrix）到王子（Prince）都是如此。吉米·亨德里克斯始终珍藏着姜戈的专辑，并且把自己的一支乐队就命名为"吉卜赛乐团"（Band of Gypsys）；王子也是自学成才，在首张专辑中就演奏了超过六种乐器。在吉米·亨德里克斯把美国国歌《星条旗永不落》改编成自己的绝妙版本之前，姜戈早就改编过法国的国歌《马赛曲》。

虽然姜戈从未学过识谱（或者认字——一位合作的音乐家必须要学会怎么给乐迷签名），姜戈却创作了一部交响乐，用吉他弹奏着他想在合奏团体中出现的每一种乐器的声音，而另一位音乐家在一边努力地转录乐谱。

姜戈四十三岁时死于脑出血，但他在将近一个世纪前所创作的音乐一直持续活跃在流行文化中，比如《黑客帝国》（The Matrix）和《飞行家》（The Aviator）这样的好莱坞大片，还有知名游戏《生化奇兵》（BioShock）。《爵士乐的诞生》（The Making of Jazz）一书的作者认为，既不识谱又不会传统指法的姜戈，"毫无疑问，就是爵士乐历史上最伟大的吉他手"。

◆◆◆

切基尼脸上毛发浓密,当他说到兴奋之处时,胡子会迅速分开和闭合,就像高高的灌木丛一样。就像现在:谈起姜戈,切基尼可是其狂热的粉丝。他还曾经养过一条贵宾犬,名字就叫"姜戈"。他在优兔网站上打开了一段色调阴沉的视频,神神秘秘地对我说:"看看这个。"

画面上正是姜戈,他打着领结,蓄着铅笔式的八字胡,留着大背头。左手那两根没用的手指蜷曲成爪。突然,这只手顺着琴颈一路向上,然后又快速下来,飞快地弹奏出一连串音符。"这太神奇了!"切基尼说,"姜戈左右手的同步太惊人了。"

严格的刻意练习派认为,只有有意识地专注于纠正错误,才算是有用的训练。但是,杜克大学的教授保罗·伯利纳(Paul Berliner)对即兴表演这一形式的发展做了最全面的研究,他把专业人士的童年描述为"一种潜移默化",而不是正式的教学。"大多数人探索了乐队排练室里的各种乐器,把这当作选择一种乐器开始专门练习的前奏,"伯利纳写道,"年轻人发展各种乐器的情况并不罕见。"他还补充说,有抱负的即兴音乐家,"自身的教育背景让他们从基础阶段依赖老师,但之后他们必须采用新的学习途径"。不少音乐家向伯利纳讲述了自身与布鲁贝克相似的情景,当老师发现他们根本看不懂乐谱时,他们已经足够熟练,能够模仿和即兴创作,"自己只是假装跟着乐谱走"。伯利纳把专业音乐家的忠告转告给一位年轻的即兴演奏学习者:"别总想着弹奏——你只要弹就行了。"

当我和切基尼坐在一起的时候,他行云流水般地即兴弹奏了一段,令人印象深刻。我请他再弹一遍,这样我就可以录下来。"就算你拿枪指着我的头，我也弹不出来跟刚才一样的曲子。"切基尼说。查尔斯·林普（Charles Limb）是一位音乐家，也是一位听觉专家，同时是加州大学旧金山分校的听力外科医生。他设计了一款不含金属的键盘，这样音乐家可以在即兴演奏的同时接受核磁共振扫描。林普发现，当音乐家在进行创作时，大脑中与注意力集中、约束和自我审查相关的区域被抑制了。"这几乎就像是大脑把自我批评的功能关闭了。"他告诉《国家地理》杂志。在即兴创作时，音乐家的所作所为几乎与有意识地识别错误并停下来纠正错误完全相反。

即兴大师们的学习方法与婴儿别无二致：全力投入并开始模仿，先即兴发挥，随后再学习正式的规则。"当你还是个婴儿时，你的妈妈不可能给你一本书，对你说：'这个是名词，这个是代词，这个是悬垂分词。'"切基尼向我解释，"你得先学会读音，然后才能学习语法。"

有一次，姜戈·莱恩哈特与莱斯·保罗（Les Paul）一起坐在出租车上。莱斯·保罗是实心电吉他的发明者，也是一位自学成才的音乐家，还是唯一一位同时入选摇滚名人堂和美国国家发明家名人堂的大师。莱恩哈特轻轻敲了敲保罗的肩膀，问他是否识谱。"我说不，我不识谱，"保罗回忆道，"然后他发出大笑，笑得连连尖叫，随后说：'好吧，我也不识谱。我都不知道谱子上的C是什么意思；我只管弹奏就完。'"

切基尼告诉我，当他要求优秀的爵士乐表演者在台上弹奏特定曲调时，这些音乐家甚至不懂他在说什么，这让切基尼时常感到震惊。"有一个关于爵士音乐家的很老的笑话，"切基尼说，"如果你问爵士乐音乐家：'你识谱吗？'他会回答：'还没到能破坏我演奏的程度。'"虽然是笑话，但这是真实的。切基尼曾经教过一些音乐家，他们曾经是芝加哥交响乐团的专业演奏家。芝加哥交响乐团在2015年被音乐评论家评为美国最好的交响乐团，全世界排名第五。"爵士乐手演奏古典乐比古典乐手演奏爵士乐要容易得多，"切基尼说，"爵士乐音乐家都是创造型艺术家，而古典乐音乐家都是再创造型艺术家。"

在姜戈·莱恩哈特的即兴表演点燃了夜总会的音乐现场后，接受过古典乐训练的音乐家开始尝试向爵士乐转型。迈克尔·德莱格尼（Michael Dregni）有多本著作，专门介绍当时的音乐，他认为，即兴创作是"与音乐学校的教育完全对立的概念……在接受了多年严格的音乐学校训练后，有些人根本不可能转型。"莱昂·弗莱舍（Leon Fleisher）被誉为20世纪最伟大的古典钢琴演奏家，他在2010年出版的回忆录中对合著者说，自己"最大的愿望"就是能够即兴演奏。尽管莱昂·弗莱舍总是能把乐谱上的音符进行大师级的演绎，但是他说："我根本不会即兴演奏。"

切基尼把学习音乐比作婴儿学语言，这种类比并不罕见。甚至在公众认知中被等同于早期训练的铃木教学法，也是发明者铃木镇一（Shinichi Suzuki）模仿自然语言习得并设计出来的。铃木镇一从小在父亲的小提琴工厂附近长大，但是在他眼里，小提琴不过是一件玩具。当他和兄弟姐妹们一起玩耍时，他们都会拿着小提琴互相打闹。他之前从来没有任何想学习小提琴的念头，直到十七岁那年，他被一曲《万福玛利亚》（Ave Maria）的录音触动。铃木镇一从工厂带了一把小提琴回家，试图通过反复聆听来模仿这一经典曲目。"我的自我学习经历可以说就是来回擦啊蹭啊的，"他这样描述自己与小提琴的第一次接触，"但是不管怎样我最终找到了门道，所以我可以拉出这首曲子了。"在此之后，铃木镇一才参加了专门的演奏课程，成为小提琴演奏家和教育家。根据美国铃木教育协会的描述："儿童不需要反复练习去学习说话……儿童应在说话能力建立起来之后再去学习如何阅读。"

总的来说，以上情况与一项经典研究的结果是一致的，这一研究结果并非专门针对音乐：训练的广度预示着转型的广度。也就是说，学习者学到的背景内容越多，其创造的抽象模型就越多，他们对特定具体例子的依赖就越少。这样一来，学习者可以更好地把自己的知识应用在前所未见的情形——这就是创造力的核心。

与虎妈育儿经里的众多条条框框相比，一本以创造性成就为导向的育儿手册里开篇的规矩要少得多。心理学家亚当·格兰特（Adam Grant）在给家长们提出建议时曾经强调，创造力可能是很难培养的，但是打压创造力却很容易。他指出，一项研究发现，普通孩子平均有六条家规需要遵守，而孩子极具创造力的家庭只有一条家规。后者的父母在孩子做了他们不喜欢的事情后，才会让孩子知道他们的意见，他们没有事先禁止它。这些家庭极少在事前就约束孩子。

在我们某一次数个小时漫长讨论的结尾，切基尼告诉我："有些伟大的音乐家是自学成才，或者从来没有学过识谱，这确实很奇怪。我不是说这样做就是最好的，但是现在我的很多学生来自教授爵士乐的学校，可他们的演奏听起来都一样平淡。他们似乎找不到自己的声音。我认为，当你在自学时，如果做更多不同的尝试，试着在不同的地方找到相同的声音，你就能学会如何解决问题。"

切基尼不再讲话，他停下来，靠在椅子上，盯着天花板。过了一会儿，他说："别人在指板上胡乱摸索好几年的东西，我在两分钟内就可以弹出来，因为我也经历过胡乱摸索的那个过程。你不知道什么是对的，什么是错的。你脑子里没有这种概念，只是想找到一个解决问题的方法，而在我活了五十载光阴之后，这些东西才开始慢慢积累。这是一个缓慢的过程，但与此同时，这也是一种学习的方式。"

第 4 章
学习,快与慢

"准备好了吗？假设你们将要到现场去看一场费城老鹰队的比赛。"魅力四射的数学老师对自己的八年级学生说道。她很注意去利用能激发学生兴趣的场景。"那里有卖热狗的，"老师继续说，"热狗非常好吃，顺便说一下，是在费城的哦。"学生们咯咯笑起来。有一位同学插嘴："牛肉奶酪三明治也不赖。"

老师把话题又带回到课堂——简单的代数表达式："费城老鹰队比赛场馆的热狗售价是3美元一个。那么，N个热狗的总价是多少？我想请你们给我一个变量表达式。"学生们需要在这堂课学习字母代表一个待定数值时的意义。学生们想要在数学上有所进步，这就是一个必须要掌握的抽象概念，但是解释起来并不是特别容易。

一位叫马库斯的同学主动回答："N除以3。"

"不是分子分母的关系，"老师回应道，"因为分数是在做除法。"她告诉学生们正确的表达式："3N。3N的意思就是，不管我买几个热狗，每个热狗我都得给3块钱，对吗？"另一个同学面露疑惑，"N从哪里来？"他问道。

"N就是热狗的个数，"老师解释道，"我用它来指代变量。"一位名叫珍的同学提问，这样是否就意味着是在做乘法？"说得对，所以，如果我买了2个热狗，我花了多少钱？"

是6美元，珍的回答完全正确。

"对的，3乘2。回答得很好，珍。"

又有同学举手提问。"请说出你的问题。"老师说。

"那么这个字母是哪个都行吗?"米歇尔很想知道。"是的,哪个字母都可以。"

"但这不是很混乱吗?"布兰登提问。

老师解释说,这个字母可以是N,也可以是其他任何一个字母。然后就进入当天课程的第二部分了:求表达式的值。

"我刚才所举的3美元热狗的例子就是'计算表达式'。"老师给同学们讲解。她指着黑板上的"7H"问大家,如果你每小时可以赚7美元,每周工作2小时,那么你一周可以挣多少钱?14美元,瑞恩的回答完全正确。那么,如果你工作10个小时呢?约什说,那就是70美元。老师发现,学生们在逐渐领会这个新知识点,虽然他们根本没有真正明白什么是表达式。他们也很快发现,只要老师说出两个数字,他们在做乘法后喊出来就行。

"米歇尔,我们刚刚是代入了工作的时长,还干什么了?"老师提问。"然后就乘以7。"米歇尔回答。这话是没错,但是老师说,他们刚刚真正做的事情是把工作时长代入表达式里,也就是H的意义。"这就是计算,"老师补充道,"用具体的数字代替变量。"

现在,另一个女孩又表示出困惑。她问:"所以,刚刚那个热狗的例子,N可以是2吗?""是的,我们用2代替了N,"老师回答道,"我们把这个例子计算出了具体的数值。"随后,女孩追问,那为什么不能随便写一个热狗的单价,然后再乘以2?如果N就是2,为什么非要用N来代替2?

学生们提的问题越来越多,情况也慢慢清晰——他们所认为的变量是任何一个例子中给出的特定的单独数值,而根本没有理解变量这一抽象概念。当老师试图把学生带回到一个具体的情景中时——"社会研究课的时长是数学课的3倍"——他们也是完全理解不了。"我觉得第五节最长?"一位同学插话说。当老师要求学生们把句子改写成带变量的表达式时，他们开始瞎猜。

"如果我说'比这个数值少 6'，应该怎么表达？米歇尔回答一下？"老师提问。

"6 减去 N。"米歇尔回答。这个答案不正确。

奥布里说："N 减去 6。"既然刚才的答案不对，现在只有这一种可能了，答案正确。

孩子们重复着这种形式的多项选择题。如果我们实时观察孩子们的表现的话，看起来他们已经理解了学习内容。

"如果我给出 15 减去 B，请告诉我文字该怎么表达？"老师向全班提问。又到了选择题时间。"比 B 少 15？"帕特里克说。这次老师没有马上回应，所以帕特里克又尝试另一个选项。"那就是比 15 少 B。"这回老师立马给出了回应，帕特里克的答案是对的。然而情况又开始重复了。老师提了新的问题：金比她的妈妈矮 6 英寸^①，该如何表达？"6 减去 N。"史蒂夫给出了答案。老师说，不对。"那就是 N 减去 6。"这回对了。下一题，迈克比吉尔大三岁，老师请瑞恩回答。"3 乘以 X。"瑞恩说。不对，这不该是乘法，老师回答。"那就是 3+X。"这次对了。

马库斯现在发现了获得正确答案的万无一失的方法。他举起手来，准备回答下一个问题。3 被 W 除，应该怎么表达？老师请马库斯回答。"W 除以 3，或者 3 除以 W。"他给出了两个答案。3 除以 W 是对的，这个答案没错。

尽管老师的举例很巧妙，但是很明显，学生们并不明白这些数字和字母除了在作业纸上出现之外，还能有什么别的意义。当老师问学生变量表达式在生活中的用途时，帕特里克回答说：用在需要解决数学问题的时候。不过，学生们倒是发现了题目的正确答案该从哪儿

---

① 1 英寸 = 2.54 厘米。——编者注

找：巧妙地试探老师的反应。

老师把这种多项选择游戏误解为学生真的掌握了这些知识，以为学生们已经可以举一反三。有时，学生们会联合在一起，断断续续地猜答案。"K除以8。"一位同学说。"8除以K。"另一位同学说。"我觉得还是K除以8。"第三位同学回答。老师始终保持着耐心，鼓励孩子们，即便他们没有说出正确的答案。"没关系，"老师说，"你们这是在思考。"但是，问题就在于他们思考的方式。

这是千千万万所美国、亚洲和欧洲学校的课堂缩影，这一教学片段被录制下来，用于分析和理解"怎样教数学才有效"。毋庸赘言，世界各地的课堂大不相同。在荷兰，学生们不会太早分班，而是花大量的时间来自己解决问题；在中国香港，课堂的情况和美国非常类似：老师的讲解占了大部分的时间，每个学生的独立学习和思考时间则不多。有些国家大量使用现实生活中的情景，而其他国家则使用抽象方式来教数学；有些课堂要求孩子们坐在座位上不动，其他课堂则要求孩子们都到黑板前面来；有些老师充满激情，有些则相对古板。这些差异不胜枚举，但与各国学生成绩的差异并无关联。当然各国的课堂也有很多的相同点。在每个国家的每个教室里，老师们主要依靠两类提问巩固知识。

更常见的一类提问是"使用过程"：简单地说，就是练习刚刚学到的东西。例如多边形的内角和公式——180度×（多边形的边数−2），然后用这个公式来做练习题；另一类问题是"建立联系"，这种提问不仅让学生掌握一个简单的过程，还要与更广泛的概念相联系。例如老师问学生，为什么这个公式是对的，或者让学生研究公式是不是可以应用于所有的多边形，从三角形到八边形都可以试验。这两种类型的提问都是有用的，而且在研究涉及的每个国家的每个教室里都有老师在问这两类问题。但是，一个重要的区别在于，在问了一个"建立联系"的问题后老师都做了什么。

老师并没有让学生去解决困惑，而是经常以给出线索的方式回应学生的恳求——把"建立联系"的提问变成了"使用过程"的提问。这就是本章开头那位充满魅力的美国老师在课堂的表现。林塞·里奇兰（Lindsey Richland）是芝加哥大学专门研究学习的教授，我和她一起看了这段美国老师的课堂视频。里奇兰告诉我，当视频里的学生在做多项选择题时，"他们实际上是在寻找规律"。学生们试着把自己并不能理解的概念问题转化成一个流程，他们只要照做就可以。"作为人类，我们很擅长在完成一项任务时，把不得不做的工作压缩到最少。"里奇兰这样说。向老师询问解答问题的线索，这样做很聪明，也是一种权宜之计。问题是，当涉及那些可以推而广之的概念时，这种权宜之计可能会适得其反。

在美国，大约有 1/5 的提问在最初还是"建立联系"。但是，随着学生不断向老师询问线索来解决问题，最终没有一个提问还能保持"建立联系"的性质。"建立联系"这一类的问题在师生互动中无法续存。

每个国家的老师都会不时陷入相同的陷阱之中，但在表现较好的国家，许多"建立联系"类提问仍然可以存续下来，因为学生们在一起努力解决问题。在日本，老师提出的所有问题中，"建立联系"问题占了一半多一点，而其中一半可以在解决问题的过程中保持原本的性质。一节完整的课可能只是由许多部分组成的一个问题。当学生提出了如何解决问题的想法时，老师的选择是让他们到黑板前，在想法旁边放一块写有他们名字的磁铁，而不是让学生做多项选择题。到下课的时候，一整面墙那么大的黑板上记录了全班同学的集体智慧之旅，不管这些想法是走得通，还是走不通。起初，里奇兰试着给每个教学录像带都备注标签，注明当天所学的单一话题。"但是对于日本的课程录像，我们不能这样做，"她说，"因为你可以用到非常多的内容来解决问题。"（有一个专门的日语词被用来描述在黑板上的粉笔板书，它记录了集体解决问题过程中的概念联系：ばんしょう，发音为bansho。）

和高尔夫球一样，过程练习在数学中同样重要。但是，如果在数学训练的整个过程中都使用这一策略，就会出现问题。"学生们无法把数学看作一个系统。"里奇兰和她的同事们记录道。学生们仅仅把数学看作一套流程。结果就像前文中老师问帕特里克那个问题：变量表达式如何与现实社会联系在一起？帕特里克的回答是：可以用来在数学课上回答问题。

在里奇兰和同事们的研究中，有一个数字十分惊人——在接受调查的美国社区大学本科生中，41%的学生依赖于运算法则。当被问及 a/5 和 a/8 两个数字哪个大时，53%的学生回答正确，这一数字也就比瞎蒙好不了多少。当学生们被要求解释自己的答案时，他们的回答常常指向一些记忆中的算法。学生们记得他们应该关注分母的大小，但是很多人回忆起来的却是分母大，数字就大，所以 a/8 比 a/5 要大。另一些人回忆，在这种比大小问题时应该把分母统一之后再比较，但是也想不起来为什么要这样做。有些学生条件反射地把两个分数交叉相乘，因为他们觉得这就是看到分数时要做的运算，即使它与手头的问题无关。只有15%的学生能够用广义的概念化推理——如果你把一样东西分成5份，每一份肯定比分成8份后要大。每个能这样想的同学都得到了正确答案。

有些大学生似乎并不具备连大部分孩子都有的数字概念。比如，把两个数字加在一起得到第三个数字，而这第三个数字就是前两个数字组成的。一位学生被要求验证一个算式：462 + 253=715，那么用715 减去 253 就能得到 462。当这位同学被要求用另一种方式验证时，他无法给出 715 − 462 = 253 这个算式,因为他学到的规则是只能用算"和减去加号右边的数字"的方式来验证。

当年纪更小的学生把"建立联系"问题带回家当家庭作业时,里奇兰告诉我:"家长们总是这样——'来,我告诉你,有一个更快、更简单的办法。'"即便老师还没有把"建立联系"问题转化成"使用过程"问题,这些好心的家长也会促成这种转化。家长们看到孩子面露困惑就觉得浑身难受,他们想让孩子赶紧理解,越快速越简单则越好。但是,学习既应持久(需要坚持)又宜灵活(需要将知识应用于更广阔的领域),追求快速和简单正是问题症结所在。

"一些人认为,美国学生在国际范围的高中知识评估中表现不佳的部分原因是,他们在课堂上表现得太好了,"威廉姆斯学院的认知心理学家内特·科内尔(Nate Kornell)告诉我,"也就是说,课堂减弱了解决困难问题的难度。"

科内尔解释了什么叫"合意难度"——在学习过程中,总会遇到一些阻碍,从短期来看,这些阻碍让学习更有挑战性,让学习进程更慢,也让学习者垂头丧气;但是从长远来看,是有益处的。例如,我们在本章开头看到的八年级数学课上,老师过多地给学生线索,其实适得其反;过多地给出线索可以让学生立即提升表现,但是从长远来看,这种做法影响了学生的进步。在各种被强烈赞同的提升学习效果的教学法中,在课堂上设置一些"合意难度"就包含其中,而那位在八年级数学课堂上魅力四射的老师,为了让学生们取得眼下的明显进步,出于好意,把这些"合意难度"全部扫清了。

在"合意难度"中,有一类名为"生成效应"。学习者为了给出答案,即便是一个错误答案,也必须要靠自己继续学习。当苏格拉底强行要求学生们回答问题而不是给他们答案时,他显然已明白这个道理。学习者为了未来的利益需要牺牲当前的表现。

科内尔和心理学家珍妮特·梅特卡夫（Janet Metcalfe）在布朗克斯南部测试了六年级学生的词汇学习情况,并且改变了他们的学习方式,以探索"生成效应"。测试者给了学生们一些单词,同时配以单词的解释。比如,协商——为了达成一致意见而进行的讨论；而另一部分单词只有解释,并且学生们只有一点点时间来思考这些解释所对应的正确单词,在揭晓答案之前,学生们不会获得任何提示。在随后的测试中,只有单词解释的这一组学生表现更好。随后,测试者来到哥伦比亚大学做了同样的实验,实验用的词汇更换成了含义更加模糊的词语（以傲慢的蔑视为特点：自大的、目空一切的）,得到的结果是一样的。当被要求给出答案时,学生们会持续努力学习,就算给出的答案是错误的。即便是错得离谱,这种做法也对学生有所帮助。梅特卡夫和同事们反复展示了一种"矫枉过正现象"。学习者对自己的错误答案越有信心,当他们随后学到正确答案时,正确的信息就越牢固。容忍大错误可以创造最好的学习机会。①

科内尔的研究表明,在学习过程中犯错的长期益处可以延伸到灵长类动物身上,与哥伦比亚大学的学生相比,灵长类动物的学习能力只是稍微差一点点。具体到实验中,名叫奥比隆和迈克达夫的两只猴子通过不断的试错来学习几个图片排列。在这个令人惊叹的实验中,科内尔与一位动物认知专家合作,他们给奥比隆和迈克达夫一些随机图片,让它们按照特定的顺序去记忆（例如：一朵郁金香、一群鱼、一只红衣凤头鸟、哈利·贝瑞和一只乌鸦）。这些图片是同时出现在

---

① 这是另一个从体育运动领域推及其他领域时可能会引起误解的例子。在运动技能的学习过程中,一些坏习惯一旦养成就很难改掉。优秀的教练会花费大量的精力来改变运动员多年前形成的错误运动习惯——后者在孩童时期就被过度训练,这些习惯一时难以改正。在体育界之外,只要最终给出了正确的答案,重复错误的答案反而可以帮助学习。——作者注

屏幕上的。通过触摸图片来试错的方式,猴子必须学会测试者所要求的顺序,然后反复练习。但练习列表的形式并不始终如一。

在第一个列表练习中,奥比隆(整体更聪明一些)和迈克达夫在每次尝试中都会获得自动提示,显示列表中的下一张图片;在第二组列表中,当它们卡住并希望显示下一个项目时,它们可以主动触摸屏幕上的提示框;对于第三组列表,他们可以要求对一半的练习给出提示。而针对最后一组列表,没有任何提示。

在要求给出提示就能获得提示的练习环节中,猴子们的行为很像人类。它们几乎总是在有线索的时候就要求提示线索,因此得到了很多正确的列表顺序。总体来说,它们学习每个列表大约需要 250 次试验。

经过三天的练习,科学家们撤掉了所有的辅助。从第四天开始,努力记忆列表的猴子们必须把各种训练条件下的列表自己重复一遍,其间不会有任何的提示。这次的表现可谓灾难。奥比隆的正确率大概只有 1/3;迈克达夫的正确率不及 1/5。但是,只有一项例外:就是那个没有任何提示的列表。

对于没有任何提示的列表,两只猴子在第一天训练时的表现非常糟糕。它们就是在乱摁按钮。但是随后的每一天,它们的表现都稳中有升。在测试日当天,面对训练时没有任何提示的这个列表,奥比隆正确指出了列表中 3/4 的顺序,迈克达夫做对了大约一半。

实验的总体结果是这样的:在训练期间,可获得的提示越多,猴子们在训练早期的表现就越好,在测试日的表现就越差。在三个训练日里,迈克达夫练习的带自动提示的列表,在测试当天,它一个也没答对。测试的结果就好像两只猴子从来没学过那些带提示的列表一样。这项研究的结论也很直接:"带有提示的训练无法产出任何持久的学习成果。"

不带提示的训练进展缓慢,充斥着错误与不顺利。从本质上说,它应是我们通常所认为的测试，是以学习为目的，而不是以评估表现为目的——但是"测试"现如今已经变成了一个恐怖的词。八年级的数学老师的本意是测试自己的学生，但是她让学生轻轻松松就立即获得了答案。

测试，包括自测，在用于学习的时候，属于"非常合意难度"。即使是在学习之前的测试，即便当时给出的答案是错误的，测试也是有用的。在科内尔的一项实验中，受试者被要求学习多组单词，随后测试他们的记忆程度。在测试时，受试者得分最好的是他们通过测验学到的单词，即使他们在测验中的答案有些错误。大费周章地在脑海中检索信息可以让大脑为后续的学习做好准备，即使检索不太成功也没关系。这种努力是真实的，也是真正有效的。"就像在生活中，"科内尔和他的团队总结道，"检索就是生活之旅的全部。"

如果那个八年级课堂按照典型的教学计划来安排整个学年的话，这种做法正好和科学家们推荐的"持久性学习"背道而驰——某一主题有可能被压缩到一周内讲完，然后下周再讲另一个课题。就像很多专业的学习过程一样，学生会短暂攻克每个特定的概念或技巧，然后再继续学习下一项，永不回头。这种学习方法虽然直观，但是却阻碍了另一个重要的"合意难度"："间隔期"，或者叫分散式练习。

所谓"间隔期"，顾名思义，就是在学习同样内容时，特意把每次练习的时间隔开。你可以称之为穿插在许多次"刻意练习"中的"刻意不练习"。"这个等待时间也是有限度的，"科内尔告诉我，"但是，时间肯定比人们想象的要长。学习的内容可以是任何东西，学习外语词汇，或者学习驾驶飞机，学习的内容越困难，你学到的东西就越多。"不同练习中穿插的间隔期提升了学习的难度，从而提升了学习效果。有这样一项研究，接受测试的西班牙语学习者被分为了两组——第一组学习了一些西班牙语单词，当天就接受测试；第二组学习了同样的单词，但是一个月后才接受测试。八年之后，两组学习者重新接受测试，在此期间他们都没有继续学习西班牙语，第二组比第一组多掌握了250%的单词。面对实验者给出的西班牙语学习任务，"间隔期"通过增加难度，让学习者更加高产。

当然，"间隔期"的效果不是非要那么久才能显现。艾奥瓦州的研究人员给受试者念了一组单词，受试者被分为三组：第一组受试者被要求马上背诵刚刚听到的词汇；第二组有15秒的复习时间；第三组受试者被要求做50秒的简单数学题，没有练习的时间。听完就立即复述的第一组表现最好。有15秒练习时间的受试者表现排名第二。因为做数学题而没时间练习的一组表现最差。随后，当所有人都以为测试已经结束时，突如其来的临时测试让大家目瞪口呆：请回忆刚刚听到的每一个单词，然后在纸上写下来。临时测试的结果反转了，刚刚还是表现最差的一组这次表现得最好。短期的练习只能回报短期的益处。因为做数学题而没时间练习的受试者在脑海中努力搜寻并回忆信息，这一过程帮助他们把短期记忆转化为长期记忆。而那些立即复述单词和有时间复习的受试者，在最后的临时测验里几乎什么也想不起来。研究证明，努力调动大脑比简单重复要重要得多。

当然，在学习的过程中找到正确答案并不是坏事，只是进步不应该那么神速，除非学习者想和奥比隆（或者更糟一点，像迈克达夫）一样，在最需要知识的时候，知识却如海市蜃楼般消失得无影无踪。一些心理学家认为，老师给予学生过多提示后，"这种对知识即时且高水平的掌握让学习者产生误解，而随着时间流逝，学习者短暂的学习成果将不复存在"。面对同样数量的学习任务，短期成果看起来效率低下也不要紧，从长远来看，这一学习过程才是真正的高效率。当你在自我测试时，如果你表现得过于优异，一个简单的办法就是隔上一段时间后再做同样的测试,这时的测试对你来说难度会加大。在学习过程中垂头丧气,这不代表你没有学习;相反,如果你感到过程很轻松,这才是没有学习。

在媒体(Medium)和领英(LinkedIn)这样的平台上,各类新鲜的、博人眼球却毫无科学依据的介绍学习技巧的文章被大肆传播——从特殊餐食补充剂,到"大脑训练"手机应用程序,再到能够改变脑电波的音频提示——它们都宣称能够使人获得"极速进步"。2007年,美国教育部发表了一份报告,六位科学家和一位优秀教师应邀参与了撰写。这份报告的主题是:明确那些真正有科学依据的学习策略。间隔期、测试和使用"建立联系"问题这三项出现在了这份极短的名单上。这三点都会影响学习者在短期内的表现。

正如里奇兰所研究的"建立联系"问题一样,学习者很难接受这一点:最好的学习之路"道阻且长",不仅进度缓慢,而且在眼下也可能表现不佳,而这些困难正是为了让人在之后表现得更好。这一现实严重违背了直觉——不仅蒙蔽了学习者自己,也让他们对自己的进步和老师的教学技巧产生怀疑。想要证明这一点需要一项非常特殊的研究,这一场景只有在美国空军学院能够实现。

美国空军学院的学员们都拥有全额奖学金,作为回报,学员们必须在毕业后至少当八年的军官。① 他们将接受严格且高度结构化的学术训练,课程以科学和工程为重点。每个学生至少要学习三门数学课。

学校每年会使用算法,随机安排新同学进入微积分(一)的课

---

① 其中五年必须在部队服役。——作者注

程，每个班约有二十名学生。为了检验教授们的教学成果，两位经济学家收集了一万多名学员的数据，这些学员在过去十年中曾被随机分配到近一百名教授的微积分课堂里。每位教授使用的都是完全相同的教学大纲、考试题目和课后评估表（用于评价教授，由学员填写）。

在学完微积分（一）后，学生们又被随机分配到了微积分（二）的班级继续学习，每个班还是使用同样的教学大纲、同样的考试内容；在完成了微积分（二）后，学生们继续学习更高阶的数学、科学和工程课程，学院还是坚持随机分班的原则不变。经济学家确认，每个随机班级的学生考试成绩标准分和高中成绩都是一样的，所以每个班级的老师面对的挑战也都一样。学院甚至把打分程序也进行了标准化，所以每个学生都是在同样的规则下接受评估。"那些潜在的'同情心泛滥的'教授无权提高分数。"经济学家写道。这一点很重要，因为他们想看看每个教师的不同点到底在哪里。

不出所料，一些微积分（一）教授的授课极大幅度地提高了所在班级的考试成绩，在由学生填写的教师评分中，这些教授表现颇佳。而另外一些教授一直没有让学生的成绩有太大提高，所以这些学生在评价教授时给出的分数也更加苛刻。但是，还有其他长期潜在性的教师评价指标——这些学生在后续的数学和工程科目中的表现——微积分（一）正是这些科目的基础，当经济学家们研究这一评价指标时，结果令人震惊。从长远看，那些擅长提升自己学生成绩的微积分（一）的教授对学生并没有帮助。经济学家总结："平均来看，那些擅于提升全班同学成绩的教授会降低自己学生在后续高阶课程中的表现。"看似已抢占到先机，实则优势已经消失殆尽。

经济学家认为，那些让学生们短期痛苦但是长远获益的教授，正是通过"建立联系"的提问方式实现了"深度学习"过程。这些教授"扩展了课程内容，让学生更加深刻地理解了教学材料"。但这种做法让课程难度更大，学生也觉得更受打击，不仅体现在惨淡的成绩上，也体现在学生对老师的苛刻评价上。在经济学家研究的近百位微积分老师中,有一位老师在"深度学习"一项中排名垫底。也就是说,他的学生在后续的课程中表现不佳——这位老师在"学生评价"中排名第六,而学生们那个学期的成绩则排名第七。学生是根据眼下的考试成绩来给老师打分的——即便老师为学生的后续发展打下了良好的基础,但是这种评价方式仍很不科学——因为学生为那些给予他们最短期利益的老师打出最高的分数。经济学家的结论是,学生的所作所为其实是在惩罚那些给予他们最长远利益的老师。值得注意的是,在微积分(一)课程中,资历更浅、教学经验更欠缺的教师教出的学生,在这门课上成绩更好;而拥有更多经验和更深资历的老师教出的学生,虽然在微积分(一)课程里"苦苦挣扎",但是他们在后续的课程中表现更好。

在意大利的博科尼大学也有类似的实验——1200名新入学的学生被随机分配到管理学、经济学或者法学的入门课程,随后按照既定的课程顺序继续四年的学习。此次实验结果与前文的实验结果如出一辙。那些指导学生获得好成绩的老师也获得了学生给出的高分,却阻碍了学生们的长远发展。

1994年,心理学家罗伯特·比约克(Robert Bjork)第一次使用了"合意难度"这个词。过了20年后,他与合著者在其著作的一个章节中这样总结了如何科学地学习:"纵观整个学习过程,最重要的一点是,教师和学生一定要避免把眼下的表现当作学习本身。在学习过程中,一次考试的好成绩可以说明对知识的掌握,但是学生和老师都必须警惕,这样的成绩也意味着快速但转瞬即逝的进步。"

◆◆◆

当然,好事也在发生:在过去的40年中,越来越多的美国人在接受调查时声称,现在的学生接受的教育跟自己当学生时比起来要差很多,而这种说法被有力回击了。美国全国教育进展评估(National Assessment of Educational Progress)的数据,也就是"国家报告卡",自20世纪70年代以来一直稳中有升。毋庸置疑,现在的学生对于基础知识技巧的掌握水平比过去的学生更高。学校并没有变得更糟。教育的目的也变得更崇高了。

教育经济学家格雷格·邓肯(Greg Duncan)是全世界最具影响力的教育学教授之一,他记录下了这一趋势。40年前,社会上出现了大量"程序型任务"工种,例如打字、文档归类和流水线上的装配工作,这些工作报酬中等,而专注"使用过程"问题的教育方式正好契合了这些工作的要求。邓肯说:"越来越多的高薪工作要求雇员有能力去解决意料之外的问题,并且需要团队合作……于是劳动力需求的变化又对学校教育提出了更严格的新要求。"

下面是马萨诸塞州在20世纪80年代早期针对所有公立学校六年级学生的基础知识测试题:

卡罗尔每小时可以骑行10英里。如果卡罗尔要骑自行车去商店,需要花多长时间?

要回答这个问题,你需要知道:

A. 卡罗尔与商店的距离

B. 卡罗尔的自行车是哪一种

C. 卡罗尔何时出发

D. 卡罗尔需要花多少钱

下面是2011年马萨诸塞州六年级学生的考题:

佩吉、罗西和谢里尔每个人都在小吃店花了9美元:

- 佩吉买了 3 包花生
- 罗西买了 2 包花生和 2 包椒盐脆饼
- 谢里尔买了 1 包花生、1 包椒盐脆饼和 1 杯奶昔

A. 每包花生的价格是多少美元？请写下你的答案和解法。

B. 每包椒盐脆饼的价格是多少美元？请写下你的答案和解法。

C. 买一杯奶昔的钱可以买几包椒盐脆饼？请写下你的答案和解法。

面对第一个问题或者类似的任何问题，学生只要把简单的公式"距离 = 速度 × 时间"背下来套上去就能回答。而第二个问题涉及了多个概念，学生需要把多个概念联系起来，再应用于一个新的情景。如今，身处教学岗位的老师在自己的学生时期所接受的教学策略已经明显落伍。知识不仅越来越需要持久性，也更需要灵活性——学习者可以牢牢掌握知识，也能把知识应用到更广阔的场景中。

再回到我和林赛·里奇兰一起观看的八年级数学课堂录像，课堂上的学生完成的作业被心理学家称为"封闭练习"。也就是说，把同样的事情重复多次，每个问题的解法都是用同样的程序和步骤。这种练习可以让学生立即拥有漂亮的成绩单，但是，想灵活地掌握知识，必须要在各种不同的情境下学习，这种方法被称为变化练习或混合练习，或者按研究者的说法，叫"交叉练习"。

"交叉练习"被证实可以提高归纳推理能力。当面对混合在一起的不同例子时，学生们可以学会抽象概括，把已经学到的知识应用于从未接触过的领域。举个例子，如果你想去参观博物馆，并且想在参观时分辨出画作的作者（塞尚、毕加索或者雷诺阿），但是你又从未见过他们的画作。在去参观之前，不要先看一堆印有塞尚画作的学习卡片，再看一堆毕加索的，最后再看一堆雷诺阿的；你应该把三种卡

片放在一起，打乱顺序，这时所有的卡片都混淆在一起。在这种情境下练习肯定更费力（而且很可能自信心会下降），但是当你走进博物馆辨别画作时，即使面对那些卡片上没有的画，你的准备也会更加充分。

另一项研究选择的是大学数学问题，那些偏好封闭学习的学生——他们学习了特定的知识之后，立刻练习同一类型的问题——比起那些学习了相同知识但是接受了交叉练习的学生，考试成绩差了一大截。那些封闭练习的学生通过不断地重复，学会的是单一类型问题的解决流程。而交叉练习的学生学会的是如何区分不同类型的问题。

从辨别蝴蝶类型的研究者，到诊断心理障碍的医生，同样的情况发生在各个领域的学习者身上。一项针对海军防空模拟练习的研究显示，在训练期间，参与了"高度混合训练"的练习者的表现不如参与封闭式训练的练习者，因为在整个训练过程中，后者已经对潜在的威胁场景逐渐熟悉。一旦到了考试时间，每个练习者面对的都是崭新的情景，这一次，高度混合训练的练习者完胜。

然而，交叉练习总会蒙蔽学习者的双眼——他们体会不到自己的进步。在科内尔和比约克关于交叉练习的一项研究中，80%的学生坚信，自己使用封闭练习的学习效果比使用交叉练习的更好，但是他们的表现却颠覆了自己的想法。事实证明，学习的感觉是建立在眼前可见的进步上，而深度学习则不会带来这种感觉。科内尔告诉我："当你的直觉告诉你这是封闭练习时，你就应该尝试交叉练习。"

交叉练习也是一种"合意难度"，常常需要学习者付出体力和脑力的双重技巧。有一个有关动作技巧的例子：一项实验要求学习钢琴的学生们在0.2秒内用左手横跨15个琴键，每个人有190次练习机会。有些学生用全部的190次机会练习15键跨越，而其他人交替练习横跨8键、12键、15键和22键。练习结束，学生们被请回来参加测试，那些做了交叉练习的学生比只练习横跨15键这一动作的学生花的时间更短，弹奏也更精确。"合意难度"这一概念的创造者罗伯特·比约克曾经评论篮球巨星沙奎尔·奥尼尔（Shaquille O'Neal）的"万年罚球难"——奥尼尔应该停止在罚球线上练习罚球，而是站在罚球线前1英尺或后1英尺，学习如何调节自己的动作。

不管面对的是体力任务还是脑力任务，交叉练习提高的是匹配正确解决策略的能力。这也是专家解决问题的标志。无论是化学家、物理学家还是政治学家，那些最成功的问题解决者都是先花费精力确认他们面临的到底是哪一类的问题，然后再找到相对应的解决策略，而不是直接跳进那些已经烂熟于心的程序或步骤里。这样看来，这种"先辨识，再解决"的方法和那些成长于友好型学习环境的人的做法截然相反，比如国际象棋大师，他们的行为严重依赖直觉。来自友好型学习环境的人会先选择策略，再评估问题；而来自重复性较低的学习环境的人，会先评估问题，然后再选择适当的策略。

像测试和隔离期这样的"合意难度"，可以让知识长久地停留在脑海中，这些知识会变得持久。而像建立联系和交叉练习这样的"合意难度"，可以让知识更加灵活，当学习者面对着训练中从未出现过的问题时，这种灵活性大有裨益。短期来看，这两类合意难度都让学习进度趋于缓慢，也影响了眼前的表现。这就是问题所在——因为我们就像美国空军学院的学员一样，总是条件反射地通过眼下的表现评估自己的进步。我们也和学员们一样，经常犯错。

2017年，教育经济学家格雷格·邓肯与心理学家德鲁·贝利（Drew Bailey）及其同事一起研究了67个旨在提升学业表现的儿童早教项目。像"赢在起跑线"这样的项目确实让孩子赢在了起跑线，但是也仅仅是占据了学业上的"先机"。研究人员在这些孩子身上发现了一种"凋零"的普遍现象——学习成绩暂时领先的优势很快会被消解，而且常常消失得无影无踪。在一个看似奇怪的图表中，那些通过尽早开始刻意练习来占得先机的运动员，很快被那些未来的精英运动员追上。

研究人员总结了上述现象的原因：面向儿童的早期教育项目教授的都是"封闭"技能，也就是那些通过反复练习一定步骤就能快速掌握的技能，但这些技能每个人早晚都能学会。"凋零"现象并不是说技能消失了，而是其他的人迎头赶上来了。就好比让一个孩子更早一点学会走路，因为每个人都得学走路，虽然早学会走路让人看起来与众不同，但是没有证据证明，早学会有什么重要之处。

如果这些项目想赋予学习者学业上的优势，研究团队的建议是放弃那些"封闭"技能，转而专注于"开放"技能的教学，只有"开放"技能才能支撑后续的知识学习。教会孩子早点阅读不是长期优势；教孩子如何在上下文寻找线索并联系在一起，从而理解阅读材料，这才是长期优势。那么问题来了，深度学习具备所有的合意难度，但是抢占先机的效果来得快，而深度学习的进程慢。"最缓慢的进步"，研究人员写道，发生在"最复杂的技能习得中"。

邓肯做客《今日秀》(Today) 节目时介绍了自己团队的研究成果。在节目中，家长和一位早教老师提出了与邓肯相反的观点——他们都看见了孩子的进步。这一点的确毫无争议。真正的问题在于，他们如何衡量早教对孩子未来学习的影响，而证据显示，就像前文的空军学员一样，这种眼前的进步对孩子的未来并无裨益。①

着重眼下的进步加深了我们的直觉，让我们一直重复完成同样的

---

① 两个最著名的高强度早教项目都发现，在一些认知评估指标中，"凋零"现象明显，而这些指标正是用来评估学生进步与否的。但是从长远角度看，早期教育项目能为社会带来益处，例如监禁率的下降。即使原本预期的学业上的优势已经不复存在，但是成人与儿童之间的良性互动得以保存下来。我认为，青少年体育项目应该注意这一点：通过抢先练习"封闭"技巧而获得的领先优势是转瞬即逝的，但教练和运动员之间的互动可以长久存在。——作者注

程序，但是就像第 1 章中提到的伤寒病医生一样，这种做法带来的是错误的教训。深度学习意味着缓慢学习。"赢在起跑线"的狂热辜负了学习者的目标追求。

那些长久有效的知识肯定是高度灵活的，其中包括能够应用于新问题中各类思维模式。模拟防空演习中的海军军官和那些学习数学的学生本质上是一样的，他们都在用交叉练习来学习如何识别各类问题的深层次的结构共性。他们不能依赖反复出现的同一类问题，所以他们必须识别出模拟战场上威胁场景背后的潜在概念联结，或者是在他们从未真正见过的数学问题中建立联系。而后，他们就可以针对每一个新问题选择适当的策略。当某种知识的结构已经足够灵活，可以将其有效应用到新领域或者前所未有的新场景时，这种情形就叫作"远迁移"。

有一种特殊的思考方式可以促进"远迁移"——这是亚历山大·鲁利亚研究中乌兹别克斯坦村民无法掌握的一种思考方式——这种思维方式之所以略显困难，正是因为知识迁移的范围限制。这种模式其实就是广泛地思考，但是我们没有一个人能充分利用这种模式。

第 5 章

跳出经验外，思在新境中

17世纪即将到来。当时的人们普遍认为,宇宙中的天体依靠某些难以名状的特殊精神力量,围绕着静止的地球运动。波兰天文学家尼古拉·哥白尼(Nicolaus Copernicus)曾经提出,行星实际上围绕着太阳运动,这种观点在当时被视为离经叛道。意大利哲学家乔尔丹诺·布鲁诺(Giordano Bruno)还因为讲授这种"异端邪说"被教廷强烈谴责,布鲁诺坚信,宇宙中还有其他的太阳被其他行星所围绕,最终他也因此被教廷以异端之名处以火刑。

虽然有"神秘力量"为天体运行提供动力,但是行星还是要搭载某种工具来实现运转。所以当时的天文学家假设,所有的行星各自身处巨大的"水晶球"中,而我们在地球上是无法看到水晶球的。水晶球相互连接,如同钟表内部的齿轮相互咬合运行,从而持续恒速输出动力,直至永远。柏拉图和亚里士多德为这一模型奠定了理论基础,此后的两千年中,这一模型理论都在天文学界占据着主流地位。德国天文学家约翰尼斯·开普勒(Johannes Kepler)最初也认可并继承了这个钟表机械式的模型理论。

当仙后座突然出现一颗新星时(实际上是一颗超新星,即恒星生命末期的剧烈爆炸,亮度极强),开普勒意识到,天体永久不变的理论可能并不正确。数年后,一颗彗星划过欧洲的天空。开普勒好奇,这颗彗星岂不是偏离了既定轨道,撞破了其他水晶球?他不禁开始怀疑起这个延续了两千多年的理论模型。

1596年，二十五岁的开普勒认同了哥白尼的日心说模型，同时又提出了另一个深奥的问题：为什么离太阳越远的天体运动越慢？也许离太阳越远，天体的神秘力量越弱。可是为什么会这样呢？只是巧合吗？开普勒认为，比起众多的神秘力量，也许还存在一种太阳内部的力量，因为某种原因，对离它越近的行星影响越大。开普勒彻底跳出了此前的想法，因为在这个新领域，光凭之前的理论经验，他根本无迹可寻。开普勒不得不用类比法来推导。

　　我们可以预见的是，气味和热量可以从源头发散至很远，所以这种为天体提供运行动力的神秘力量很有可能就来自太阳。但是，气味和热量在传播路径上都可以被发现，而太阳的"神秘力量"，开普勒写道："倾泻到宇宙的各个角落，只要是移动的东西，就有这种力量的存在。"那么能有证据证明，这种"神秘力量"真的存在吗？

　　光"从太阳而来"，开普勒记录下来，但是，在光的来源和被光照亮的物体之间，似乎别无他物。如果光是这样，那么其他的一些物质也可能是这样。他不再使用"神秘力量"和"精神力量"这样的词汇，而是改用"动力"或者"力"来表达。开普勒关于这种"神秘力量"的研究可以说是引力的雏形，这是一次令人震惊的思想飞跃，因为在当时，遍布整个宇宙的物理概念上的"力"还没有出现在科学范畴里。

　　开普勒已经了解到，动力似乎是来自太阳，并且从太阳散发到宇宙的各个角落，那么是不是光或者类似光的力量给天体的运动提供了动力？既然这样，这种动力会不会像光一样被挡住？开普勒继续推理，即使是日食或者月食期间，天体的运行也没有停止，所以这种动力不可能是单纯的光，或者说依赖于光。他需要一个新的类比方式。

　　开普勒阅读了一篇新出版的关于磁力的文献，继续思考这一问题：也许众多的天体就像一块块磁铁，每个星球都有两极。他发现，每个天体在自己的轨道运行时，距离太阳越远，运动的速度就越慢，所以天体和太阳很有可能是因为各自的两极位置而相互吸引和相互排斥。这倒是可以解释为什么众多天体有时靠近太阳，有时又远离太阳，但是为什么它们都能在自身的轨道内运行呢？太阳的力量似乎也在推动着这些星球运动。开普勒又得换一个类比法。

太阳围绕着自己的轴旋转，从而产生动力的旋涡来裹挟众多的天体，而这些天体就像激流中的一艘艘小船。开普勒喜欢这个类比方法，但是这种类比也存在问题。他发现，这些天体的运行轨道并不是一个完美的圆形，所以太阳产生的到底是什么样的奇怪旋涡？这个旋涡类比法也不够全面，因为其中没有"船夫"的身影。

船夫需要在旋涡中不断调整船的航向，使之垂直于水流。所以开普勒猜测，天体也可以在太阳的旋涡中调整自己。圆形的旋涡可以解释为什么所有的天体运动方向都是一样的，而每个天体为了避免被吸入旋涡中心必须调整自己的运动方向，这就导致了天体运动轨道并不是一个正圆。那么问题来了，谁才是每艘船的船长？这个问题让开普勒又回到了原点，他有些垂头丧气。"开普勒，"他自叹，"你是不是还想给每个星球都装上两只眼睛？"

每次开普勒遇到困难时，他的脑海中都会迸发出一系列的新类比。不仅是光、热、气味、旋涡和船夫，他还想到了光学透镜、天平、扫帚、磁铁、磁力扫帚、注视着人群的演说家等，不一而足。他对每个类比都是无情地刨根问底，每一次都能想到新的问题。

最终，开普勒的结论是天体之间互相吸引，体积越大的天体引力越大。这让他（正确地）宣称，月球可以影响地球潮汐。同样勇敢追求真理的伽利略却嘲笑开普勒的观点——"月球可以管得了地球上的水"——认为这真是荒谬至极。

开普勒的思想漫游之旅令人震惊——从拥有精神力量的天体，到那些围绕着静止地球互相完美咬合的水晶球，再到他阐释的天体运动规律——天体是在椭圆形轨道中运动的，这一点是根据天体与太阳的关系来推算的。

更重要的是,开普勒创立了天体物理学。他并没有继承彼时流行的物理力学。在当时还没有"引力"这一概念,开普勒也不知道到底是什么力量让天体能够保持运动。他手上的工具只有类比法。开普勒意识到,他是发现天体物理因果定律的第一人。"物理学家们,"他在介绍天体运动规律的著作中写道,"把你们的耳朵竖起来吧,我们要入侵你们的领域了。"这部杰作的名字就是《新天文学》,副标题是《基于因果关系的新天文学》(*A New Astronomy Based upon Causes*)。

在当时的社会,人们对于自然现象的理解方法普遍还停留在炼金术。开普勒的发现让人们意识到,原来在自己的周围就存在着看不见的力,而这种看不见的力充溢在宇宙中。更重要的是,开普勒的发现带来了科学革命。每次经历的曲折的思考过程,开普勒都做了认真、详细的记录,这正是头脑经历创造性革新的伟大记录。开普勒摆脱了固有的思维模式,这一点毋庸置疑。不管他在何时陷入了困境,他都能真正地跳出原有的思考领域。他留下了一系列他最喜欢的研究工具,这些工具如明灯般照亮了他的研究之路,让他的眼光不再局限于同侪所认可的那些知识。"我特别热爱类比这种方法,"开普勒写道,"类比是我最忠实的大师,它熟悉大自然的所有秘密……我们应该好好利用这种方法。"

只要提到开普勒的名字,西北大学的心理学家狄德来·根特纳(Dedre Gentner)准会兴奋到手舞足蹈。她会激动得比比画画,连玳瑁框的眼镜都随着动作起起伏伏。根特纳可能是全世界最著名的类比思考专家。当我们面对表面看起来似乎毫无关联的各种领域或场景,想发掘其中概念上的相似性,这就需要深度的类比思考。它是解决棘手问题的强大工具,而开普勒"类比成瘾",所以根特纳自然非常推崇开普勒。当提到一件可能会被现代读者误会的开普勒的琐碎小事时,她都建议最好不要写进书里,她觉得这样会影响开普勒的形象,尽管他已经离开人世将近四百年了。

"在我看来,"根特纳告诉我,"进行关联性思考,是我们人类能主宰地球的原因之一。对于其他物种来说,建立联系是十分困难的。"面对着新事物,类比思考让我们把它们变得熟悉;面对已经熟悉的事物,类比思考赋予我们重新审视这些事物的新角度,进而得以推理那些陌生环境中出现的新问题。它还能让我们理解自己根本看不见的东西。通过类比互相撞击的台球,学生们理解了分子的运动;通过类比水流过管道,我们理解了电的原理;通过类比生物学概念,我们了解了人工智能的前沿进展:"神经网络"——它被认为与大脑神经元类似,可以学习如何从例子中识别图像(比如搜索猫的图片);而"遗传算法"的概念是基于自然选择的进化过程——尝试并评估了各种解决方法之后,更成功的方法把属性传递给下一轮的解决方案,然后无限延伸下去。这是鲁利亚研究中前现代化的村民们无法掌握的思维方式的最广泛延伸,他们解决问题的方法还停留在直接经验。

开普勒面临的问题不仅对他自己来说是全新的,全人类都对这个问题一无所知,没有任何可供借鉴的经验记录。他应该是有史以来第一个提出宇宙中"远距离运动"的人(一种神秘的无形力量,可以穿越宇宙空间到达目标星球)。为了探询这一点,他开始使用类比法(气味、热和光)来确认这种想法在概念上是否可行。随后,他又用一系列类比(磁铁和小船)来思考这个问题。

当然,现在社会中大部分的问题都不是新问题,我们只要从自己的经验中找到根特纳所说的"表面"类比就可以。"多数情况下,如果你能想起表面上相同的东西,他们在关系上也有相似性。"根特纳解释道。你还记得怎么修理旧公寓里堵塞的浴缸吗?当新公寓的厨房水池堵了,你可能就会想起来了。

但是,根特纳解释,用表面类比去解决新问题的想法其实是一种"友好世界"假设。就像友好的学习环境一样,友好世界也是建立在重复模式的基础之上。"这当然很好,"她说,"假设你一生都待在同一个村子里,或者同一片大草原上。"而当今的世界并不是那么友好,依赖于过往经验的思考方式已经不再符合当今世界的要求。就像学数学的学生,面对从未见过的问题,我们需要具备选择解决策略的能力。"在现在的生活中,"根特纳告诉我,"我们需要想起那些具备抽象相似性或者关系上相似的东西。你越想拥有创造力,这一点就越重要。"

在 20 世纪 30 年代,在研究"解决问题"的过程中,卡尔·邓克(Karl Duncker)提出了认知心理学领域最著名的假设问题之一。问题是这样的:

> 假设你是一名医生,你的病人被诊断出了恶性胃部肿瘤。现在的情况不允许开刀动手术,但是如果不杀死肿瘤,病人就会失去生命。有一种射线疗法可以用于消灭肿瘤。如果射线在强度足够高的情况下接触肿瘤,肿瘤必死无疑。但不幸的是,这种强度的射线如果接触到身体的健康组织,也会让原本健康的组织惨遭毁灭。如果降低强度,那么射线就不会影响健康的身体组织,但是也无法消灭肿瘤。你会选择怎样的方法用射线消灭肿瘤,同时避免伤及健康组织呢?

切除肿瘤拯救病人是你的责任,但是射线太强或太弱都不合适。

你该如何解决呢？利用你思考的时间，我来讲一个小故事：曾经，一位将军要从残暴的独裁者手中夺取位于国家中部的堡垒。如果将军可以让他的大军同时到达，拿下堡垒不在话下。堡垒位于中心地带，有很多道路像辐条般从堡垒向四面八方延伸，军队可以选择的道路非常多，但是每条路上都布满了地雷，所以只有士兵人数较少时可以安全通过任意一条路。将军想到了一个计划。他把部队分成了若干小组，每个小组选择不同的道路冲向堡垒。他们同一时间出发，各走各的道路，并且确保在同一时间抵达堡垒。这个计划奏效了。将军占领了要塞，推翻了独裁者。

此时你想出拯救病人的方案了吗？请你继续思考，我再讲最后一个故事：很多年前，一个小镇上的木屋着火了，消防队队长到达现场后，意识到了事态的严重性——如果不马上扑灭，火势会蔓延到邻近的房屋。附近没有消火栓，但是木屋旁边就是湖，所以供水量不成问题。几十位邻居提着水桶来轮流灭火，但是毫无进展。当消防队队长大声喝止并让他们一起去湖里取水时，邻居们都惊呆了。当邻居们回到火灾现场，消防队队长指挥他们围着木屋站成一圈，倒数三声后一起把水泼向火苗。火势立马减小，很快就被扑灭。小镇给消防队队长提高了薪水，奖励他敏捷的思维。

你能拯救得了病人吗？别难过，这个问题基本上无人能解。至少在一开始的时候几乎无人能解，随后就人人能解了。只有10%的人在一开始就能解决"邓克辐射难题"。当听完射线问题和堡垒的故事之后，大概有30%的人可以解决问题，挽救患者的生命。当听过射线问题、堡垒的故事和消防队队长的故事后，一半的人可以解决问题。当听过堡垒的故事和消防队队长的故事，并且要求使用这两个故事的思维方式去解决射线问题时，80%的人都可以拯救病人。

解决的方案是：作为医生的你可以使用多条低强度的射线，从不同角度射向肿瘤，这样健康的组织可以完好无损，而多条射线汇集在病灶处，达到一定强度时便足以杀死肿瘤。想想将军兵分多路最终在堡垒会师，消防队队长指挥邻居们同时向着火的木屋泼水的相同思路。

这些结果来自 20 世纪 80 年代的一系列类比思考研究。如果你没有回答上来，也不必难过。在真正的实验中，你有更多的思考时间，而且不管你能不能给出正确答案，这都无关紧要。真正重要的是实验所体现出的解决问题的思路。来自不同领域的一个单独的类比就让解决射线问题的人数增加到三倍。而两个完全没有交集的领域产生的两个类比，让更多的人解决了问题。其实，单单一个夺取堡垒的故事已经足够有影响了，就好像问题解决者在直截了当地告诉你指导思想："如果你需要较大的力量来达到某种目的，但是又被禁止直接使用这种力量时，从不同角度同时使用较小的力量也可以实现目标。"

从事这项研究的科学家希望这些类比可以为解决问题提供支持，但是他们惊讶地发现，大部分想要解决射线问题的人并没有从堡垒的故事中获得任何线索，直到科学家们引导他们这样思考。科学家认为："参与的受试者可能会以为，这种心理学实验需要把所有的材料联系在一起理解，等着看实验的第一部分和第二部分是怎么联系在一起的。"

面对研究人员所说的"定义不明"的问题，人类的直觉看起来并不能充分利用最理想的工具。我们基于经验的直觉是为了"老虎·伍兹式"的领域准备的，也就是根特纳所说的友好世界——问题和解决方法都会重复出现。

面对着困难的射线问题，最成功的策略从那些表面看起来完全不相干的情境中汲取了灵感，但其实它们具有深层面的相似性。大部分的问题解决者和开普勒不一样。他们停留在眼前这个问题的内部，注意着其中细节，也许还总结了自己的医学知识，因为这个问题从表面看是一个医学问题。他们的直觉不是寻找类比来解决问题。当然，的确应该承认，有些类比从表面上看起来与眼下的问题风马牛不相及。

在一个复杂多变的世界里，依靠单一领域的经验不仅有局限性，而且可能是灾难性的。

◆ ◆ ◆

仅靠使用单一类比来解决问题，尤其是从自己非常熟悉的情境里选择的类比，不能帮助我们摆脱"内部视角"这种自然冲动，这个术语是心理学家丹尼尔·卡尼曼和阿莫斯·特沃斯基（Amos Tversky）创造出来的。我们在狭隘地根据眼前某个特定事物的细节做出判断时，就会采用"内部视角"。

卡尼曼曾经亲历过这种"内部视角"的危险性。他曾经组织了一个团队，准备为一所高中编写科学决策这门课的教程。每周一次的会议持续了一整年后，为了了解每个人认为这个项目需要多长时间，卡尼曼询问了整个团队。团队成员们估计，最短需要一年半，最长则需要两年半。随后，卡尼曼询问了一位名叫西摩尔的团队成员——西摩尔是一名出类拔萃的课程设计专家，曾经在其他团队见证过这样的过程——这次的过程和其他团队比起来如何？

西摩尔思考了一会儿。在几分钟之前，他给出的预计时间是：还需要两年多。面对着卡尼曼的问题，西摩尔说，他从来没有想过去比较这些不同的项目，但是，在他参与过的项目中，大约有40%根本无法完成，而且没有一个项目耗费的时间能少于七年。

在这个有可能会失败的课程项目上，卡尼曼的团队可不想再多花六年的时间了。团队成员们花了几分钟讨论这个新观点，他们决定相信集体智慧——两年左右应该就可以完成项目，并且开始加速完成这一课题。八年之后，他们终于完成了项目，而此时卡尼曼早已不在这个团队中，甚至已经不在这个国家生活了，要求提供课程的机构也早已对其不感兴趣。

采用"内部视角"是我们的自然反应,而这种自然反应可以被下面这种"外部视角"的类比打破。"外部视角"从不同方面探索类比与当前问题的深层面的结构相似性。决策者常常专注于发现事物表面特征,而"外部视角"是非常反直觉的,因为它要求决策者忽略眼下事物的表面特征,而着眼外部,寻找结构上相似的类比。"外部视角"需要把思维模式从狭隘调整到宽广。

2012年,曾经和卡尼曼共同完成过"内部视角"研究的悉尼大学商业策略专业教授丹·洛瓦洛(Dan Lovallo)和另外两位经济学家一起做了一项特别的实验。他们发现,从大量不同领域的类比开始,就像开普勒那样,最终会自然获得"外部视角",从而提升决策水平。他们邀请大型私募股权公司的投资人参与了实验,这些投资人的潜在投资项目涵盖各行各业。研究人员认为,投资人的工作可以自然而然地获得"外部视角"。

这些私募股权公司的投资者被要求去评估一个他们正在经手的真实项目,项目有清晰详尽的实施步骤,然后预测出此项目的投资回报。随后,实验人员要求私募投资者写下他们了解的与眼下项目在概念上具有广义相似性的其他项目——比如,某企业所有者想出售的项目,或者经营具有技术风险产品的初创公司。实验人员也要求投资者对写下的这些项目估计一下投资回报。

结果,私募股权公司的投资者们预测,比起那些概念类似的其他项目,自己手上项目的回报要高出50%。研究人员给了投资人最后的机会来重新思考和修改,他们大幅削减了自己最初的预测数值。洛瓦洛告诉我:"他们都惊呆了,尤其是资深从业者,他们是最惊诧的。"最初,投资者们判断自己项目和其他相似项目的眼光大相径庭,他们对自己的项目了如指掌,而对于那些类似项目,他们只是旁观者。

这是一个普遍存在的现象。如果你被要求预测哪匹马可以赢得比赛或者哪位政治家可以顺利当选,你对任何一个特殊场景的内幕细节了解越多——那匹马的身体素质,或者那位政治家的背景和施政策略——你越有可能认为自己正在调查的这个选项定会胜出。

心理学家已经反复展示过,一个人考量的内部细节越多,其做出的判断就越极端。对于风险投资家来说,在自己经手的项目上了解的细节更多,他们得出的判断是——这个项目会极其成功,而直到他们被迫评估那些和自己的项目在概念上具有广义相似性的其他项目时,他们的观点才发生了变化。在另一个案例中,学生们被要求给大学打分。第一次,学生们被告知了更多的细节——这所大学一些具体的自然科学专业都跻身全国前十名;而第二次的描述相对简单——这所大学的每个自然科学专业都位列全国前十,学生们认为第一次描述中的大学更好。在一项著名的研究中,受试者在判断一个人的死亡原因时,更倾向于选择"死于心脏病、癌症或者其他自然原因",而非"死于自然原因"。狭隘地专注于手头问题的诸多细节,让人感觉像是做了一件无比正确的事情,而实际上它常常是完全错误的。

傅以斌(Bent Flyvbjerg)是牛津大学赛德商学院重大项目管理专业的主任,他发现,全世界大约90%的大型基础设施建设工程都会超出预算(平均超出原预算的28%),部分原因是项目经理太过专注于自己的项目细节,导致他们过于乐观。项目经理变得像卡尼曼的课程编写团队一样自信——因为有专家的加入,自己的团队肯定不会像其他团队一样推迟交付。傅以斌研究了苏格兰的一个有轨电车建造项目,在这个项目中,外部的咨询团队实际上经历了和私募投资者被要求进行的相似的类比过程。他们没有纠结手上这个项目的种种细节,转而关注那些具有结构相似性的其他项目。咨询团队发现,项目组把所有要完成的工作细节进行了严格的分析。但是,通过类比不同的项目,这个咨询团队发现,原本预测的成本3亿2千万英镑(超过4亿美元)可能被大幅低估了。当有轨电车延期3年交付使用时,它的总花费已经接近10亿英镑。在此之后,英国的其他基础设施建设项目开始实施"外部视角"方法,从根本上迫使管理人员将许多过去的外部项目与自己手上的项目进行类比。

在完成了针对私募股权投资者的实验后,研究人员又把目光投向了电影业——电影业是高风险高回报的行业,它的不确定性可是出了名的,对于真实的收入情况有海量的数据可供参考。研究人员想知道,如果迫使电影观众进行类比思考,他们能否为电影票房提供精确的预测。研究人员给数百名观影爱好者提供了影片的基本信息——领衔主演的名字、宣传海报和故事梗概——这些都是为即将上映的电影准备的。当时选择的影片包括:《婚礼傲客》(*Wedding Crashers*)、《神奇四侠》(*Fantastic Four*)、《哈拉猛男秀2:欧洲种马》(*Deuce Bigalow: European Gigolo*)和其他电影。研究人员还给了参与实验的观众们一份清单,里面有40部较早的老电影,请观众们评判每一部老电影能在多大程度上与新电影形成类比关系。研究人员用这些相似性程度的评分(以及电影的少量基本信息,比如是否是续集)来预测这些即将上映的电影的最终票房收入。他们将这些预测与一个数学模型进行对比,这一数学模型包括了1700部上映过的电影和每一部即将上映的电影的信息,涵盖了电影类型、预算、明星演员、上映年份,以及是否是在假期上映。即使没有这些详细信息,使用观影者类比方式得出的预测也比数学模型的预测要准确得多。在19部即将上映的电影中,用观影者类比法预测出更准确的数据的占了15部。《世界之战》(*War of the Worlds*)、《家有仙妻》(*Bewitched*)和《红眼航班》(*Red Eye*)三部电影中,使用观影者类比法得到的有关《世界之战》的票房预测仅比实际票房少4%,而观影者类比法预测的《哈拉猛男秀2:欧洲种马》票房仅比实际票房少了1.7%。

网飞公司(Netflix)在改进"向观众推荐"这一算法时,也得到了类似的结论。把电影的特征逐一解析来发现观众的爱好,其实是非常复杂的,而且准确性还不如把一人和有相似观影历史的其他用户做类比。网飞的算法不再预测你可能喜欢什么，而是检视你是什么样的人，其复杂性就在于此。

有趣的是，如果研究人员使用影迷们选择的与新上映电影最相似的一部影片来预测票房，预测准确度会一落千丈。虽然看起来是最好的一个类比，但是单独用一部电影类比的效果不尽如人意。而使用完整的"参考基数"类比——也就是"外部视角"的核心——得到的数据就会极其准确。

让我们回想一下第 1 章中，加里·克莱恩所研究的友好型学习环境里的直觉型专家，如国际象棋大师和消防员。这些直觉型专家不是在一开始就给出各种选项，而是根据表面的特点识别出模式，直接跳到了决策这一步。如果有时间的话，他们可能会权衡一下自己的决策，但结果常常是保持自己的决定不变。这次的决定很有可能跟上次的一样，所以导致重复狭隘的经验成了习惯。但是，产生新的想法或是面对具有极强不确定性的新问题时，情况完全不同。身处变化巨测的世界里，在直觉主宰你的决定之前，先去评估一系列的选择，这才是上计。

在另一个实验中，洛瓦洛和他的合作者费迪南德·杜宾（Ferdinand Dubin）请 150 名商学院的学生为虚拟的"米老鼠公司"出谋划策，这家公司正在为自己在澳大利亚和中国的鼠标销售业务一筹莫展。在学生们了解了公司的困境之后，研究人员要求他们把想到的所有能帮助米老鼠公司的策略都写下来。

洛瓦洛和杜宾给部分学生讲解了一个或多个类比。（例如："耐克集团和麦当劳集团的概况可以作为你们策略的补充，但是不要局限于这两个案例。"）而其他学生没有获得任何有关类比的讲解。听过一个类比讲解的学生比没听过任何类比的学生写出了更多的策略，而听过多个类比讲解的学生又比只听过一个类比的学生写得更多。研究人员还发现，越是与本案例相去甚远的类比，越有利于创意的产生。耐克和麦当劳的类比看似"隔行如隔山",而苹果和戴尔这种电脑公司的类比相对接近,但了解过跨行业类比的学生比那些只听过同行业类比的学生给出的策略更多。时时记得利用跨界类比,这可以让商学院的学生更有创造力。但事与愿违,商学院的学生们说,如果要用类比法,他们还是相信,专注于同一领域的单一例子才能获得有效的战略选择。就像那些风险投资家一样——他们的第一反应就是使用最少的类比,并且依赖于自己熟悉得不能再熟悉的案例。洛瓦洛告诉我:"不管你采用的是什么类比,这种做法常常是极其错误的。"

好消息是,从直觉的"内部视角"转换到"外部视角"进行类比很容易。波士顿咨询公司(Boston Consulting Group)是全世界最成功的咨询公司之一。2001年,波士顿咨询公司建立了一个内部网站,给咨询顾问们提供大量素材,帮助他们进行广泛的类比思考。这些互动内容按学科(人类学、心理学、历史和其他学科)、概念(变革、物流、生产力等)和战略主题(竞争、合作、联盟等)进行了分类。为刚刚合并后的公司制定整合政策的咨询顾问可以在这些内容中仔细研读一下征服者威廉是如何在11世纪"整合"英格兰和诺曼底公国的。而讲述夏洛克·福尔摩斯观察策略的内容可以帮助我们学习那些资深专家们已经习以为常的细节观察技巧。一位与迅速扩张的初创企业合作的咨询顾问可以从普鲁士军事战略家的著作中获得一些灵感,这位战略家研究的是"在胜利后保持势头"与"过度完成任务而导致失败"之间的脆弱平衡。如果这一切内容听起来都与眼下亟待解决的商业问题相去甚远,就是切中了要害。

狄德来·根特纳很好奇,是否每一个人都能更像开普勒一样,用互不相干的类比来理解问题。所以她设计了一个"模糊分类任务"。

这项任务有二十五张卡片，每一张都描述了一个现实世界中的现象，比如路由器是如何工作的，或者经济泡沫是如何形成的。每一张卡片都具备两个属性，一个是专业领域（经济学、生物学和其他学科），另一个是该现象背后的深层结构。受试者被要求按照类别给卡片分类。

举一个深层结构的例子，你可以把经济泡沫和正在融化的南极冰盖归为一类，因为他们都属于正反馈循环。（经济泡沫出现时，购买股票或房产的消费者都盼望着升值；这种购买行为又导致了股票或房产的价格上涨，从而促使购买行为不断增加；当冰盖融化时，它能反射回太空的阳光就会减少，地球的温度就会上升，从而导致更多的冰盖融化。）或者你可以把出汗和美联储归为一类，因为他们都属于负反馈循环。（出汗让身体感到凉爽，所以就不需要再出汗了；美联储通过降息来刺激经济，如果经济增长过快，美联储就会升息来减缓增长。）由于油价上涨导致的食品价格上涨以及信息一步步通过神经元在大脑中传输，这两个例子都属于因果链条——事件A导致了事件B，事件B又导致了事件C，事件按线性顺序逐步发展。

还有另外一种思路，你可以把美联储的利息调整、经济泡沫和油价变动都归为一类，因为它们都属于同一个领域：经济。你可以把出汗和神经元传导归为一类，因为它们都是生物学的范畴。

根特纳和她的同事们邀请了西北大学不同专业的学生参与了这项"模糊分类任务"，实验的结果是，所有的学生都可以按专业领域把卡片进行分类。然而，只有少数学生能够按因果关系的结构分类。还有一组学生，他们非常善于发现卡片背后深层结构的共同点：他们都上过多个学科的课程，如综合科学课程。

西北大学这门课程的网站上有一段校友对它的描述："这门综合科学，就像把生物、化学、物理和数学辅修课综合在一起，变成一门专业课。这门综合科学的初衷就是让学生尽可能接触所有自然和数学科学,让他们了解到自然科学不同领域之间的共同点……这门综合课程能让你发现不同学科之间的联系。"

我询问了一位教授对于综合科学课程的看法,他告诉我,各个院系对这门课其实并没有太大兴趣。各个院系都希望自己的学生可以上更多本专业的课程。他们都担心自己的学生会掉队,所以迫不及待地让学生开始专业化学习,而不是选择用根特纳所说的"各种基本领域"的知识来武装自己,但正是这些知识可以培养出类比思维和概念联系,进而帮助学生们把眼下的问题进行分类。这也是最擅长解决问题的人的专有才能。

在有史以来被引用最多的一项有关问题解决专家的研究中,由跨学科科学家组成的团队得到了一个相当简单的结论:那些成功的问题解决者在为问题匹配到合适的策略之前,更擅长确定问题的深层结构;而那些不太成功的问题解决者就像"模糊分类任务"中的大部分学生一样——他们只能认识到那些浅显的、过于明显的特点,按照这种表面现象来分类,例如按照不同的专业领域。而对于那些最好的问题解决者,研究者描述道,他们解决问题"从给问题分类开始"。

就像教育学的先驱约翰·杜威(John Dewey)在《逻辑:探究的理论》(*Logic, The Theory of Inquiry*)一书中所说:"问题描述得好,就已经解决了一半的问题了。"

开普勒要重新想象整个宇宙,在他开始这段曲折的类比之旅前,他对自己的任务感到极其迷惑。跟伽利略和牛顿不同,开普勒把自己的困惑都写了下来。他写道:"对我来说,不仅要向读者讲述我的想法,更重要的是,要向他们传达那些促成我的发现的原因、手段和幸运指数。"

当开普勒来到第谷·布拉赫（Tycho Brahe）的天文台开始工作时，他还是一个年轻人——这座天文台在当时可谓全球领先，丹麦花费了整个国家财政预算的1%来建造它。开普勒被分配到的任务根本没人想干：火星及其令人困惑的运行轨道。开普勒被告知，火星运行的轨道肯定是一个圆形，而第谷的观测结果却与之不符，开普勒必须要找到其中的原因。每隔一段时间，火星似乎在空中逆行，转个小圈，然后再回到原本的方向继续运动，这种现象被称为逆行运动。为了解释火星为什么会发生这种现象，并且同时火星还能在相互咬合的水晶球中保持运动，天文学家们提出了复杂的扭曲理论。

和往常一样，开普勒还是不能接受这种扭曲理论。他向自己的同事们求助，但是同事们对开普勒的求助置若罔闻。他的前辈们总是在不推翻整个理论的前提下去解释火星运动的偏差。开普勒短暂的"火星任务"（他起初猜测需要八天来完成）变成了长达五年的计算，他试图描述出在任意指定时刻火星在天空中的位置。当他精确地算出这些结果之后，他却立刻把这些内容扔掉了。

计算的结果已经非常接近，但是并不完美。而这一点不完美可以小到忽略不计。第谷的观测中，有两处与开普勒所计算的火星位置不一样，而相差仅仅有8弧分，这就相当于整个天空中的一个小薄片，又好比小指宽度的1/8与整个小指的长度相比较。开普勒本可以假设自己的模型是正确的，而那两处观测只是轻微偏差；或者，他完全可以放弃这五年的工作。但是开普勒选择丢掉自己的模型。"如果我一定要忽略这8弧分，"开普勒写道，"那我会把我的假设也一并修改。"这项没人愿意做的工作变成了开普勒重新理解宇宙的途径。他来到了一个未知的领域。开普勒认真地进行类比，并且重新定义了天文学。光、热、气味、小船、扫帚和磁铁——类比从让人讨厌且并不吻合的观测结果开始，最终宣告了亚里士多德齿轮宇宙观点的终结。

开普勒当年的思考过程和如今的世界一流研究实验室的特征如

出一辙。心理学家凯文·邓巴（Kevin Dunbar）从20世纪90年代开始记录那些高产的实验室是如何工作的。他发现，这些实验室的工作方式遵循的就是现代版的开普勒思维方式。当获得了意想不到的发现时，这些优秀的实验室没有假设当前的理论就是正确的，观察也没有就此打住，而是把意想不到的发现当作新的冒险机会——类比思维就是他们的"荒野求生指南"。

当邓巴开始这项工作的时候，他只是简单地实时记录实验室各种发现的进程。邓巴重点关注的是分子生物学实验室，因为它们彼时正在开辟新的道路，尤其是在基因和病毒治疗方面——比如艾滋病。在美国，邓巴花了一年的时间追踪四个实验室，在每个实验室里安静地旁观，他每天都坚持造访，这样的工作持续了数月，随后扩展到更多的实验室，足迹遍布美国、加拿大和意大利。他在实验室的存在感日益增加，以至于科学家在开临时会议时都不会忘记通知他。每个实验室从表面看起来不尽相同。有的拥有数十名成员，其他的则人数很少。有一些实验室全员都是男性，有一组全是女性。当然，所有的研究人员都是国际知名的科学家。

每周的实验室例会是最有趣的。每个星期，整个团队都会聚在一起——实验室负责人、研究生、博士后和技术人员——一起讨论实验室成员面临的挑战。我们刻板印象中的科学家都是孤独地做着实验，对着一堆试管埋头苦干，而这些例会上的科学家完全不是这样。邓巴不仅看到了信息的自由流动，还看到了即时的交换。科学家们反复探讨想法、提出新的实验、研究各种困难。"这就是科学研究中最具创造力的时刻了。"邓巴告诉我。所以他把这些场景录了下来。

会议的前15分钟用来"打扫房间"——该轮到谁提供实验室用品，或者谁留下了烂摊子。接下来就进入正题。有人会介绍一项意料之外或是令人迷惑的新发现，就像开普勒的火星轨道一样。科学家都非常谨慎，他们的第一反应是责怪自己——也许是计算出了问题，或者是仪器没有经过仔细校验。如果实验室讨论后，认为这种结果是真实可信的，那么就要开始探讨后续的实验内容及可能会发生的各种情况。每一个小时的实验室会议，邓巴都需要八个小时来转换成文字，再把其中解决问题的行为进行标注，这样他就可以分析科学创造力的产生过程，他发现，这些会议是类比的盛会。

邓巴在现场亲眼见证了重要性的突破，他发现，那些最有可能把意外发现转化为人类新知识的实验室运用了大量的类比，而这些类比来自各种基础学科。实验室所拥有的科学家的背景越多样化，能提供的类比数量就越多，类比类型也越多；当意外发现诞生时，它们取得突破的可能性也越大。这些实验室相当于拥有了一群开普勒。如果实验室成员的经验和兴趣异常广泛，面对着让自己困惑的问题时，他们通常采用自己领域的知识来做类比，由此决定不予理会这个问题或者深入研究下去。

对于那些相对直接的问题，实验室的成员们选择用相似情况的类比来思考。越是不同寻常的困难，就越需要大有不同的类比，相似性也从表面深入到了深层结构。一些实验室的会议上，平均每四分钟就会提出一个新类比，有些类比完全不属于生物学领域。

在一个案例中，邓巴其实发现了两个实验室面临着同样的实验问题，而且发生的时间也相差无几。他们想测量的蛋白质总是粘在过滤器上，这让他们很难进行分析。其中一个实验室里全都是大肠杆菌专家，而另一个实验室有专攻化学、物理、生物学和遗传学各领域的各种科学家，还有医学生。"后者团队中的医学生利用自己的知识做了类比，在会上就得出了解决办法，"邓巴告诉我，"而前者只能利用大肠杆菌的知识来解决每一个问题。在这个问题上，大肠杆菌的知识又没有用，所以他们不得不用好几个星期的实验来解决这个问题。这让我挺尴尬的，因为我在另一个实验室的例会上已经看到了答案。"（他不能分享实验室之间的信息，这是他从事此项研究的条件之一。）

面对着意料之外的情况，可用的类比范围可以帮助确定谁学到了新的东西。在邓巴的研究项目中，只有一个实验室没有任何新发现，团队中的每个人都有相似且高度专业化的背景，而类比几乎从未被使用过。"当实验室的所有成员掌握的知识都一样时，问题一出现，一群想法相近的人跟单独的一个人没有区别，他们无法给出更多的类比。"邓巴这样总结道。

"这有点像股票市场，"他告诉我，"你需要使用一套综合策略。"

西北大学的综合科学课程介绍了广泛的综合策略，但这意味着参与者要放弃某一专业或某一行业的"先机"。这个"牺牲"让这个项目看起来不太吸引人，即使从长远来看它对学习者大有裨益。

不管是林赛·里奇兰研究的"建立联系"，还是弗林测试出的广泛概念推理，抑或是根特纳评估的"远迁移"的深层结构类比推理，在通识或是必须要慢慢学习的知识上，人们往往没有根深蒂固的兴趣。所有机构都一致鼓励先发制人，并且尽早开始狭隘的专业化，即使这是一个糟糕的长期策略。这的确是一个问题，因为另一种知识——也许还是所有知识中最重要的，必须是慢慢获得的——能帮你在第一时间识别真正的挑战并加以应对。

第 6 章

过于坚持，也有问题

男孩的母亲醉心于音乐和美术，但是当男孩试着徒手画出家里的猫时，很明显，他不是画画的料，于是男孩把画撕掉，并拒绝再画。放弃画画的他在荷兰度过了自己的童年，他也会和弟弟玩弹珠或者滑雪橇，但绝大部分时间只是在盯着东西看。一本著名的育儿手册强烈反对无人监护的"闲逛"，因为这会让孩子的想象力涣散，但是男孩自己一晃荡就是好几个小时。深夜里，他在暴风雨中独行。他走了好几英里，只是为了坐上几个小时看鸟巢，或者追随着水虫穿过小溪。他特别喜欢收集甲虫，给每一种甲虫都贴上了拉丁语的名称。

在十三岁时，男孩被一所刚刚建校的学校录取，校址是一处昔日的皇宫，气势恢宏。学校离家太远，男孩只能寄宿在当地的一个家庭。他在上课时总是心不在焉，但是成绩不错，业余时间他都在背诵诗歌。

他的美术老师是全校的名人，也是一位教育先驱者，主张设计才是国家经济引擎的重心。其改革运动非常成功，以至于联邦政府要求每个公立学校都要开设绘画的课程。这位老师不会站在讲台上喋喋不休，而是把学生都聚拢到教室中间，自己像缝衣针一样穿梭在学生当中，给予每个学生单独的指导，他受到了大多数学生的爱戴。但男孩对这位老师毫无印象。当男孩长大成人，他抱怨没有任何一个人给他讲过什么叫美术上的透视，但其实透视是这位老师美术教学的核心教学内容，被写进了推广美术教育的法案中，其重要性不言而喻。

男孩不喜欢与陌生人同住,所以在十四岁之前就离开了学校。接下来的十六个月,他除了在大自然中长时间漫步,几乎什么也没干。这样下去也不是办法,但是他也不知道还能做些什么。幸运的是,他的叔叔是位极为出色的艺术品商人,又刚刚被晋封为爵士,他给男孩在大城市提供了一份工作。艺术课堂没有激发男孩的灵感,但是销售艺术品却做到了这一点。他把观察大自然时的专注程度转移到了石版画和照片上,并把这些艺术品进行分类,就好像他给甲虫分类一样。到了二十岁,他已经能和重要客户打交道,并且为了销售艺术品而走出国门。男孩非常自信,他在给父母的信中说,自己肯定不会再另找工作了。但是他错了。

他是来到大城市的乡下男孩,缺乏左右逢源的社会阅历,也不会处理与老板的分歧,而且他讨厌讨价还价,因为他觉得这就像是在占消费者的便宜。很快,他就被调到了伦敦办公室,不再直接接触客户,到了二十二岁,他又被调走了,这次是去巴黎。当他到达巴黎时,艺术革命正进行得如火如荼。走路去上班时,他会经过很多艺术家的工作室,这些艺术家正前进在成名的道路上。然而,后来给他写传记的两位作家写道:"他其实谁也没记住。"就像当年的美术老师没有给他留下任何印象一样。此时的他沉迷于新的兴趣:宗教。数年之后,当他和自己的弟弟讨论起那些革命性的艺术家时,他的回答是:"绝对一个也没见过。"

当他后来被艺术商店解雇后,他来到英国滨海小镇的一家寄宿学校当助理教师。他每天工作十四个小时,既教法语又教数学,还要监督学生宿舍,带孩子们去教堂,还得当勤杂工。这座学校对所有人来说只是一个商业项目,而他不过是一个廉价劳动力。之后他又找到了另一份教师工作,这回的学校更高级,但几个月后,他决定前往南美洲,当一名传教士。他的父母劝他别去,他应该"停止随心所欲",回到正常的生活中。他的母亲希望他可以做一些真正让他"更快乐、更冷静"的事情。他决定追随父亲的脚步：接受训练，成为一名成熟的牧师。

与此同时，父亲给他安排了一个书店店员的工作。年轻的他热爱书籍，每天从早晨8点一直工作到午夜时分。当洪水来袭时，他不停歇地把一摞又一摞的书转移到安全地点，他惊人的耐力让同事感到惊讶。他的新目标是被大学录取，这样他就可以接受训练，成为一名牧师。他再次释放出不知疲倦的激情。他曾和一位教师共事，借此他把整本教材的正文都手抄了一遍。"只要睁着眼睛，我就必须坐起来。"他这样告诉自己的弟弟。他告诉自己"熟能生巧"，但拉丁语和希腊语还是让他一筹莫展。他搬去与一位叔叔同住，这位叔叔是行事严厉的战斗英雄，他催促侄子的方法也很简单："赶紧继续。"在同学们起床前，他就开始了学习，而当同学们入睡后，他还在继续学习。叔叔发现，自己的侄子凌晨还在读书。

但是，他在学习效果上还是停滞不前。快二十五岁生日时，年轻人听了一次布道，讲述的是经济革命是如何让某些人群——比如他经营艺术品的叔叔——陡然而富、腰缠万贯，而其他人却穷困潦倒、陷入赤贫。他决定放弃大学，以便更快地传播这一布道思想。他选择了一个更短期的课程来读，但是，学校所要求的简洁有力的布道，他却做不到。这个项目也失败了。不过，没有人能阻止他的传教，所以他去了矿区，他觉得那里最需要鼓舞。

年轻人到达矿区后，一抬头便是发黑的天空，他把这种天空比作伦勃朗的阴影。在矿区，他向那些备受压迫的矿工传教，他们把井筒之上的世界形容为"地狱"。他把自己一贯的热情倾注于矿工们的精神世界，捐出自己的衣服和钱，夜以继日地照顾病人和伤员——这样的人太多了。

他到达矿区没多久，一系列的爆炸就导致了121名矿工不幸身亡，地下的气体冲出地表，燃起了巨大的火柱，就像埋在地下的巨大本生灯突然被点亮一样。他努力安抚那些遇难者的家庭，饱经苦难的当地人都对他的坚韧品格感到惊奇。但是，当地人也觉得他很奇怪，那些他教过的孩子也不听他的。很快，这份临时工作又走到了尽头。二十七岁的他垂头丧气。10年前，初为艺术品商人的他是何等意气风发，现在，他一贫如洗，一事无成，失去了人生的方向。

他在给弟弟的书信中倾诉了自己的肺腑之言，后者当时已经是一名受人尊敬的艺术品商人了。他将自己比作笼中之鸟，春天到了，他深深感觉到自己是时候要做一些重要的事情，但是又想不起来是什么事，所以只能"用脑袋猛撞笼子的栏杆，笼子纹丝不动，笼中鸟却因痛苦而疯癫"。不过他也劝慰自己，一个人"不是总能知道自己该干什么，但是直觉告诉我，我总有擅长的东西……我知道，我可以成为与众不同的人！……有一些东西在我心里，所以那究竟是什么！"他曾经是一名学生、艺术品商人、老师、书店店员、未来的牧师以及在各地巡回的教理问答者。每一次经历的开头都充满了希望，但每一次都以失败告终。

弟弟们建议他去尝试一下木工，或者找一份理发师的工作。妹妹觉得他可能会成为一位烘焙专家。因为他痴迷于读书，也许当个图书馆馆员也不错。当他在绝望的深渊里挣扎时，他把自己无处安放的精力都倾注在了他能想到的最后一件事情上——而且可以马上开始。下一封给弟弟的信显得格外简短："我正一边画画一边给你写信，不写了，我得赶紧画画。"从前，他的目标是把真理带给世人，而画画妨碍了他的目标；现在的他开始通过绘画记录自己周遭的生活，寻找真理的所在。儿童时期的他发现自己不是画画的材料，所以就放弃了徒手绘画；这次，他从头开始阅读《基础绘画指南》(*Guide to the ABCs of Drawing*)。

之后的几年中，他非常短暂地参加过几次正式美术课程。他的表姐夫是一名画家，曾经试图教他水彩画。后来，跟随表姐夫学习的经历成为他维基百科条目中教育背景一栏的唯一经历。事实上，水彩画需要的轻柔笔触他又做不到，一个月后，师生关系结束。他第一份工作的老板现在已经是艺术界受人尊敬的潮流引领者，他评价自己这位前任员工的画作为"不值得展出和销售"。前任老板告诉他："有一点我可以肯定，你不是艺术家。"接下来又直截了当地补充了一句，"你开始得太晚了。"

当他快三十三岁时，他被一所艺术学校录取，跟他一起入学的学生都差不多比他小十岁，但是，这次学习经历又仅持续了几个星期。他参加了班上的绘画比赛，评委们强烈建议他去复读初学者课程——跟十岁的孩子们一起。

就像他经常改变的职业选择一样，他对绘画的理念也是跳来跳去。某一天，他觉得真正的艺术家应该只画现实的人物，但是当他发现自己人物画得不好时，第二天他又觉得真正的艺术家应该只描绘风景；今天他追求现实主义，明天又成了印象派的忠实信徒；这周他觉得绘画是宣示宗教信仰的媒介，下周又觉得宗教妨碍了他纯粹的创作；有一年，他觉得所有真正的艺术都是由黑色和灰色的阴影构成的，后来他又觉得明艳的颜色才是艺术贝壳里真正的珍珠。每一次他都全心全意地投入和热爱，随后再同样全心全意地迅速退出。

有一天，他拖着画架和油画颜料——此前他几乎没用过油画颜料，顶着暴风雨来到一个沙丘上。他从避雨的地方跑进跑出，一阵阵狂风把沙粒撒向画布，他用断断续续的笔触拍打和涂抹颜料。必要时，他不得不直接把颜料挤到画布上。黏稠的颜料和在暴风雨中作画必要的速度解放了他的想象力和双手，让他摆脱了在追求完美的现实主义时困扰着他的严重缺陷。一个多世纪后，权威传记作家会记录下这一天，"他有了一个巨大的发现：他会画画。"而且他非常喜欢画画。"我非常享受这种感觉，"他在给弟弟的信中写道，"事实证明，绘画的难度比我想象的要小。"

他继续在各种艺术实验中跳来跳去，先支持后反对。比如，先是直言不讳地批评那些在画作里捕捉阳光的尝试，反过头来又把自己的画布摆在太阳底下。或者先是痴迷于色彩单调的作品中更深、更暗的黑色，然后就在一瞬间永远放弃了这个喜好，转而热爱那些生机勃勃的明艳色彩——他的180度大转弯极其彻底，以至于连描绘夜空时他都不用黑色了。他开始上钢琴课，因为他觉得音调可能会教给他一些色调的知识。

在他短暂一生中的最后几年，他也一直在四处游历，不仅仅是地理上的，也包括艺术上的。他终于放弃了成为绘画大师的目标，一个接一个地抛弃了此前认为极其重要的艺术风格，最后他都失败了。他创造了一种新的美术：即兴、大面积涂抹颜料、各种色彩喷薄而出，除了捕捉某些无限的东西，没有任何形式。① 他想创作出每个人都能懂的艺术，而不是给那些接受过特殊训练的人创作傲慢的作品。他曾经反复尝试了很多年，试图精确还原人物的每一个细节，但是他失败了。现在他完全放弃了这种想法，他画中的人在丛林中行走，面部如同白板，手就像只有拇指能分开的那种连指手套。

他曾经需要活生生的模特在眼前才能绘画，或者用图片来描摹，现在他用的是心灵之眼。一天晚上，他从卧室的窗户向外眺望，看到了远处起伏的山峦，就像小时候观察小鸟和昆虫一样，他就这样看了几个小时的天空。当他拿起画笔，他把附近的小镇想象成一个小村庄，高耸入云的大教堂变成了乡村小教堂。夜空好似在旋转，前景中的深绿色柏树变成了庞然大物，像海藻一样在画布上卷曲着。

此时，距离他在比赛中被评委们贬低为"应该去跟十岁小孩一起学画画"只过去了几年。

在一系列的失败后，他创造了自己的新风格，他画的那幅星夜，

---

① 他在给弟弟的信中用法语写道，真正留下的东西蕴藏在逝去的东西中。——作者注

还有他用新风格创作的大量画作,开启了美术的新时代,并且激发了新的美学观点和表现方式。在他生命的最后两年,他每次花上几个小时就能创作出一幅实验作品,而这些作品日后变得价值连城——不管是文化意义上,还是金钱意义上,都是世界上最宝贵的。

文森特·凡·高(Vincent van Gogh)就这样寂寂无名地去世了,这简直不可思议。在他去世的数月前,一篇评论欣喜若狂地赞美他为革命者,让他成了巴黎热议的话题。印象派的泰斗克劳德·莫奈(Claude Monet)——凡·高曾经忽视过印象派,也为之悲伤过,但启发了印象派的再发展——宣布,凡·高的作品是年度展览的精华。

考虑到通胀的因素,凡·高的四幅画作售价超过了1亿美元,而这些还不是他最有名的作品。现如今,他的作品出现在各种商品上,从袜子到手机壳,还有同名的伏特加品牌。但他的影响已经远远地超出了商业范畴。

"因为凡·高,艺术家们的做法改变了。"艺术家兼作家史蒂芬·奈非(Steven Naifeh)告诉我。根据凡·高博物馆馆长的说法,奈非曾经和格雷戈里·怀特·史密斯(Gregory White Smith)共同撰写了有关凡·高的"最好的传记"。凡·高的画作就像通往现代艺术的桥梁,他的献身精神被广泛传播,没有任何艺术家或者任何一个人能够与之相比。从未参观过博物馆的青少年把他的作品贴在墙上;日本游客把祖先的骨灰留在他的坟墓里。2016年,芝加哥艺术学院把凡·高的代表性画作《卧室》(Bedrooms)三个版本一起展出——按照凡·高的说法,这些画的意义是"让大脑休息,或者更确切地说是让想象力休息"。创纪录的观展人数迫使学院采取了临时客流管制策略,还用上了机场的那种快速通道。

如果凡·高不是在三十七岁而是在三十四岁去世（在他那个年代，荷兰的国民预期寿命是四十岁），他可能都不配拥有历史的脚注。画家保罗·高更（Paul Gauguin）也是如此，他曾短暂地与凡·高同住过一段时间，并且开创了综合主义画派——用粗线条把明亮的颜色隔开，放弃了传统绘画中色彩的微妙渐变。只有极少数艺术家的作品售价能突破1亿美元大关，高更也位列其中。他的职业生涯从一艘商船上起步，这一待就是六年，直到他终于找到了自己的职业：一名股票经纪人。直到1882年市场崩盘后，三十五岁的高更才成为一名全职艺术家。他的转行让人想起了J. K. 罗琳（J. K. Rowling）的人生转变。她曾经说过，自己在二十几岁时遭遇了"史诗级的失败"，不仅是个人生活，还有她的事业。一段短暂的婚姻突然"爆裂"，她变成了单身母亲，失去了教师的工作，只能靠救济金生活。就像当时在矿区的凡·高和市场崩盘后的高更一样，她也因为失败而"重获自由"，可以去尝试更符合自己天赋和兴趣的工作。

尽管上述几位名人都起步较晚，但是他们都获得了成功。要找出起步晚但能克服困难而取得成就的优秀人才的例子很容易。他们没有因为起步晚而成为例外，而起步晚也没有给他们带来不利影响，反而成了他们最终成功的一部分。

"匹配质量"是一个经济学术语，经济学家用它来描述一个人的工作和其本身（包括能力和倾向）的匹配程度。西北大学的经济学家奥弗·马拉穆德（Ofer Malamud）有关"匹配质量"的研究灵感来自自身经验。他出生在以色列，他的父亲在一家航运公司工作。马拉穆德九岁时，全家搬到了中国香港生活，他进入了一所英国学校。英国的教学系统要求每个学生在高中的最后两年选择特定的学术专业方向来学习。"当年你要申请英国的大学时，你必须申请一个具体的专业。"马拉穆德告诉我。既然父亲是工程师，他觉得自己也应该选择工程机械专业。但在最后一刻，他决定不选任何一个专业。他说："我决定申请美国的大学，因为我不知道自己想做什么。"

他的学业从计算机科学开始，但是很快他就意识到自己并不是这块料。所以在确定先学习经济学再学哲学之前，他测试了自己的成长样本。这段经历让他对专业化时机如何影响职业选择产生了长久的好奇。在20世纪60年代末，未来的诺贝尔经济学奖得主西奥多·舒尔茨（Theodore Schultz）表示，在他的研究领域已经充分证明，高等教育提高了工人的生产力。但是经济学家忽视了教育在允许个人推迟专业化上的作用——利用教育，个人可以测试成长样本，即找到自己的角色以及自己适合的专业领域。

马拉穆德不能为了研究专业化时机就随机决定他人的人生轨迹，但是他发现在英国的学校系统中，有一个自然存在的实验。在他上学期间，英格兰和威尔士的学生必须在上大学之前就开始专业化学习，这样他们才能申请专业的，或者说狭隘的大学课程。但是在苏格兰，学生在大学的前两年必须学习不同领域的课程，如果需要，也可以继续自己的样本测试过程。

在每一个国家，学生们在大学里所学的每一门课程都给学生提供了可以用在专门领域的对应技能，还有学生与该领域"匹配质量"的相关信息。如果学生能更早地集中精力，就会积累更多的技巧，从而能为薪资优渥的工作做好准备。如果他们先测试一番样本，晚一点再专注于某个领域，那么当他们进入求职市场时，特定领域的专业技巧就会变少，但是对适合他们能力和爱好的工作类型有了更深刻的认识。马拉穆德的问题是：在这场博弈中，谁通常能获胜？是早早就开始专业化的人，还是晚些开始专业化的人呢？

如果高等教育的好处只是为工作提供技能，那么较早开始专业化的学生在毕业后就不太可能转行到与本专业无关的领域：他们已经积累了很多专业化的职业技术，如果要转行，他们失去的也将更多；而如果大学能提供的关键好处是关于"匹配质量"的相关信息，那么较早开始专业化的学生最终会更频繁地转向与本专业无关的职业领域，因为在找到那个适合他们技能和兴趣的最佳匹配之前，他们没有时间去测试不同的匹配。

马拉穆德分析了以往数千名学生的数据，他发现，英格兰和威尔士的大学毕业生总是比晚些开始专业化的苏格兰毕业生更有可能完全跳出他们的职业领域。苏格兰毕业生尽管因为专业技能略少而导致职业生涯初期的工资有些落后，但是他们很快就能赶上英格兰和威尔士的毕业生。比起苏格兰的大学毕业生，英格兰和威尔士的学生在毕业找到工作后更经常更换工作，即使他们不愿意转行——因为他们一直专注于这个领域。由于测试样本的机会太少，更多的学生在找到理想的道路之前就已经选择了一条狭隘的道路。英格兰和威尔士的大学生过早地开始了自己的专业化之路，所以他们犯的错误也更多。马拉穆德的结论是："匹配质量得到提升……比技能的损失更加重要。"也就是说，了解自己比了解技能更重要。探索不仅仅是教育中异想天开的奢侈，它亦是核心的益处。

更多的苏格兰大学生最终选择的专业是他们高中课程中不存在的领域，例如机械，这一点并不让人意外。在英格兰和威尔士，学生们早在高中就接触过有限的几个学科知识，在申请大学时，也只能在这有限的学科中选择自己的道路。这就像你在十六岁时就要被迫选择是否要跟你的高中恋人结婚一样。这在当时看起来是个好主意，但是当你阅历越丰富，再回头看时就越觉得这个主意糟糕。在英格兰和威尔士，成年人更容易和自己已经投身的事业"分道扬镳"，因为他们定下来得太早了。如果大家都能像对待约会一样考虑自己的职业生涯，那么便没有人会如此快速地确定关系。

对于那些转行的专业人士来说，不管他们是较早还是较晚开始专业化，转行都是一个好机遇。"你会失去一部分自己本来掌握的技能，这的确是一个打击，"马拉穆德说，"但事实上，你在转行之后却拥有了更高的增长效率。"不管专业化出现在什么时间，转行者都能利用经验来识别出更好的匹配结果。

经济学家史蒂芬·列维特（Steven Levitt）是《魔鬼经济学》（Freakonomics）的作者之一，他巧妙地利用了自己的读者群来完成一项实验。在"魔鬼经济学实验"的主页上，他请那些正在考虑改变自己生活方式的读者通过抛硬币做决定，当然，是页面上的虚拟硬币。如果抛硬币的结果是头像那面，就去改变生活；如果是反面，就维持现状。有20 000名志愿者参与了实验，他们正在苦苦思索的问题包罗万象：该不该文身？要不要试着网恋？或者是否要孩子？还有2186人权衡是否该换一份工作。①但是他们真的会相信这种一瞬间的决定就去冒险吗？对于那些抛硬币结果是头像的潜在跳槽者来说，他们的答案是：只要他们想变得更快乐一点，这就值得。六个月后，那些抛到头像面并换了工作的人总体上比那些没跳槽的人更加快乐。②按照列维特的说法，有些研究建议的"一些警示，例如'成功者永不放弃，放弃者永不成功'，虽然是出于好意，但是实际上是极其糟糕的建议"。列维特认为，自己最重要的一项技能就是"愿意放弃"一个项目或者一整个研究领域，从而找到自己更为适合的匹配。

温斯顿·丘吉尔（Winston Churchill）的名言"永不屈服，永不，永不，永不，永不"（Never give in, never, never, never, never）是一个时常被引用的比喻。但是，这句话的后半句总是无人提及："除了那

---

① 这让换工作一时成了最热门的问题。——作者注
② 在一份更详细的分析中，列维特指出，抛硬币的结果确实影响了人们的决策。同样都打算换工作的人，抛到头像面的人比抛到反面的人更容易换工作，当然了，不管抛硬币的结果如何，每个人都可以做自己想做的事情。那些听从了硬币指示的人，抛到头像那面（并换了工作）与他们后来的幸福感存在因果关系。——作者注

些我们坚信的荣耀和理智。"

劳动经济学家基拉博·杰克逊（Kirabo Jackson）的研究表明，即使是令人头痛的管理问题——"教师调整"也体现了转变的价值。他发现，老师在去了新的学校之后，在提升学生成绩上变得更有效率，这一变化与他们去成绩更好的学校无关，也不是因为有了更聪明的学生。"老师们倾向于离开那些与自己不太匹配的学校，"他总结道，"教师调整……实际上可以让我们更近距离观察教师与学校的最佳匹配。"

转变者就是成功者。这似乎和那些关于放弃的陈词滥调完全对立，和现代心理学中的新概念也完全不符。

心理学家安琪拉·达克沃斯（Angela Duckworth）曾经做过一个关于"放弃"的著名实验。她试图预测哪个新生会退出美国陆军军官学院（西点军校）的基本训练和入门课，这个阶段传统上被称为"野兽军营"。

六周半严酷的体能和心理训练旨在把暑假中的少男少女转变成吃苦耐劳的军官。所有学员必须在早上五点半就列队集合，开始跑步或健身操练习。在军营食堂吃早餐时，新入学的学员，或者叫"一年级生"，必须在自己的椅子上端端正正坐直，把食物送进自己嘴里，而不是低头面对餐盘吃饭。高年级的学生会接二连三地向他们提出问题。"奶牛怎么样？"这是"还剩多少牛奶？"的简略表达。一年级生要学着回答："长官，奶牛走路，奶牛说话，奶牛积累了不少东西！这种从雌性牛类身上提取的乳制品非常高产，到了N度！"N代表餐桌上剩余的牛奶盒数量。

剩下的时间，他们要在课堂教学和体能活动中度过，例如在充斥着催泪瓦斯的无窗房间里摘掉面罩，忍受着脸部灼痛的同时还要复述自己的所见所闻。呕吐是孬种的表现，当然也不会被阻拦。每天晚上十点熄灯，这样第二天一早就可以重新开始。对这些新入学的学生士兵来说，这段时间的士气最不稳定。想进入这所学府，所有的学生必须足够优秀，其中很多人还是出色的运动员，大部分人的申请程序中还包括了国会议员的提名。偷懒的人是进不了"野兽军营"的。当然，有些已经入学的人在第一个月还没结束时就离开了学院。

达克沃斯了解了"候选人整体评分系统"，其中包括一堆标准化的考试成绩、高中时期的排名、体测结果以及学生展示出的领导力——领导力这一项在录取时是最重要的一点，但是在预测谁会在完成"野兽军营"挑战前就退学时，这一系统毫无用处。通过与在各个领域都表现很好的人交谈，达克沃斯决定研究激情与坚持，她聪明地把两者的结合称为"恒毅力"。她设计了一套自测表，可以测量到"恒毅力"的两个组成部分。一部分是基本职业道德和适应能力，另一部分是"兴趣的连贯性"——也就是方向，明确地了解自己想要什么。

2004年，在"野兽军营"开始时，达克沃斯给1218名新入学的学生发放了关于"恒毅力"的调查表。调查一共有12项陈述，学生们被要求从5个不同程度中选择出最符合自己状态的一项。有些陈述很明显只和职业道德相关（"我是勤奋的劳动者""我很勤奋"）。其他陈述探讨的是坚持或者专一目标（"我经常设定一个目标，但是之后会选择追求另一个目标""我每年的兴趣都不一样"）。

"候选人整体评分系统"无法正确预测谁会退出"野兽军营"，而"恒毅力表"在这一预测上表现得更好。达克沃斯把这一研究扩展到了其他领域，例如斯克里普斯全国拼字大赛（Scripps National Spelling Bee，又称全美拼字大赛）的决赛。她发现，语言智商测试和恒毅力测试两者都可以预测拼写者在比赛中的成绩，但是两者是分开起作用的。如果既拥有超高的语言智商,又拥有恒毅力,这是最好的,但是,缺乏恒毅力的拼写者可以用较高的语言智商来弥补,而语言智商略低的拼写者可以用恒毅力来挽救。

达克沃斯的趣味实验催生了一项家庭手工业,而且是数量庞大的家庭手工业。体育团队、《财富》(*Fortune*)评选的世界500强公司、特许学校① 网络和美国教育部都开始大肆吹捧恒毅力,并且试图推而广之,甚至开始测试。达克沃斯凭借这一研究获得了麦克阿瑟天才奖,尽管获此殊荣,她还是在《纽约时报》专栏认真地回应了公众对于恒毅力的热情。"我担心,自己无意中支持了我自己极力反对的想法:高风险的性格评估。"她写道。然而,这还只是恒毅力研究被无证据发展或者夸大的部分表现。

实际上,根据西点军校的"候选人整体评分系统"选出学员,这其实是统计学家所说的"全距限制"问题。也就是说,因为学员是"候选人整体评分系统"选出来的,被选中的学员在这一系统的测量结果高度相似,而这些高度相似的人都被抽出来了。在这种情况下,比起已经在选择过程中的变量,那些不属于选择过程的变量会突然变得更加重要。我们拿体育来举个例子,这就好比要研究篮球运动中的成功者,但研究的对象只有NBA(美国职业篮球联赛)球员。研究可能表明,身高不是成功的重要预测指标,但决心是。当然了,NBA已经从更广泛的人口中选出了个子高的人,所以这项研究中的身高范围其实是受到了限制。所以,这种抽样方法让身高这一因素看起来没有那么重要,但是它事实上非常重要。② 同理,把恒毅力和其他特质用在预测西点军校学生和全美拼字大赛参赛者的表现,相比用于预测

---

① 经政府允许,有税款资助,并由教师和家长等管理的学校,但是不一定按照城市或州的规定来办学——译者注。

② 几年后,研究篮球的科学家会发现,如果只把NBA球员当作研究对象,球员身高与得分成反比。如果科学家意识不到NBA之外的人都被过滤掉了,他可能建议家长们都生矮个子孩子,因为他们可以在NBA中得分更多。——作者注

其他限制较少的人群时，结果也有所不同。如果真的用随机抽样来选择高中毕业生，再用西点军校的"候选人整体评分系统"来评估，而不是直接用已经被西点军校录取的学员作为评估对象，那么身体素质、成绩和领导经验可能会更准确地预测他们在"野兽军营"期间的毅力表现，也许比恒毅力测试预测得更准。值得表扬的是，达克沃斯和她的合著者指出了研究中的问题——通过高度预选而获得的实验的群体，"我们必然限制了研究的外部效度"。

不管恒毅力测试的分数如何，绝大部分一年级生都完成了"野兽军营"的训练。达克沃斯研究的第一年中，全部1218名一年级生中有71人退学。2016年，1308名一年级生中有32人退学。更深层的问题是，退学实际上是不是一个正确的决定？校友们告诉我，学员退学有各种各样的原因，有的是在"野兽军营"期间，有的是在此之后。"我觉得，对于那些智力超群但体力欠佳的孩子们来说，这段训练为期很短，他们容易坚持下来，再进入学习学术知识的阶段。对于那些体力条件更佳的孩子，'野兽军营'会成为他们此生最美好的经历之一。"曾在阿富汗担任情报官员的09级校友阿什利·尼古拉斯（Ashley Nicolas）说道。有些学员是在完成了"野兽军营"之后才发现自己的能力和兴趣与西点军校并不匹配。"我记得，在第一学期结束后，有更多的人选择了退学，是因为他们在学业上无法坚持。更早离开的人要么非常想家，要么就是发现自己并不适合这里。后者中的大部分是那些被逼迫进入西点军校的学员，来到这里并非他们自己的意愿。"换句话说，那些在"野兽军营"期间就退学的少数学员，他们中的一些人并不是因为缺少毅力和坚持，而只是回应了匹配质量的结果——他们与学校并不合适。

同样地，有些人开始为了全美拼字大赛背诵词根，随后发现这并不是他们理想的业余活动。这可以算是恒毅力的问题，当然也可以是对匹配质量信息的回应，而这种信息如果没有经过尝试是收集不到的。

罗伯特·A. 米勒（Robert A. Miller）是卡内基梅隆大学经济与统计学教授，他把进入军校的决定当作一次重要的职业选择，并且把职业匹配比作"多臂强盗过程"。老虎机俗称为"单臂强盗"，而"多臂强盗过程"指的是一个假想的情形：赌徒孤身一人面对整排的老虎机，每次拉杆，每台老虎机都有自己的回报率。赌徒的挑战就是测试各台老虎机的回报率，进而找到分配赌资的最佳方式，以获得最多回报。米勒发现，确认匹配质量的过程和"多臂强盗过程"是一样的。一个人起初并无知识，需要尽快通过各种可能的路径来获得信息，逐步筛选出自己的决定，确定精力应该分配到何处。他写道，有一个词叫"年少无知"，描述的就是青年人倾向于选择有风险的工作，但是这根本不是无知，这其实是非常理想的情况。比起年长的劳动者，他们缺乏经验，所以他们选择的第一条路就应该是高风险、高回报的，并且具有较高的信息价值。试图成为一名专业运动员或者专业演员，抑或是创立一个回报颇丰的企业，这些都很难成功，但是这样做的潜在回报是极高的。正因为有了连续不断的反馈和毫不留情的淘汰过程，这些"试水者"很快就会发现他们自己与这份工作是否匹配，至少和那些没有连续反馈的工作比起来还有这点好处。如果他们觉得匹配程度太低，他们会去尝试其他领域，继续获取关于现下选择和自身的更多信息。

赛斯·戈丁（Seth Godin）关于职业选择的作品在全世界都颇具人气，他在一本著作中批评了"放弃者永不成功"这种想法。戈丁认为，所谓的"成功者"——总的来说，就是那些在自己领域达到顶峰的人——退出得很快，而且当他们发现预期计划并不是最佳匹配时，他们也没有因此而郁郁寡欢。他写道，当我们执着于"那些没有勇气去放弃的任务时，这才叫失败"。只因为追求目标有困难就放弃，戈丁很明显是不支持这种做法的。面对困难，努力坚持，这是任何一个想走得长远的旅行者的竞争优势,但是戈丁认为,知道什么时候该放弃是一个巨大的战略优势,每个人在开始冒险之前,都应该列举一下在哪种情况下自己需要放弃。戈丁说,重要的是要适应现实——转行是只因缺乏毅力,还是敏锐地察觉到有更好的匹配在等你。

要研究"多臂强盗"在放弃行为中的应用,"野兽军营"可以说是一个完美的案例。一群优秀的学员,每个人都毫无半点军事经验,可以说,他们是在拉西点军校这台老虎机的"拉杆"。也就是说,他们开始了一项高风险、高回报的项目,从第一周开始,学员们就能获得自己是否适合部队纪律的大量信号。绝大部分学员都坚持下来了,但是想让如此庞大群体中的每一个人都理解自己正在参与什么,这显然不现实。那么,已经退学的人是不是应该坚持完成学业?也许吧,如果他们只是因为一时的畏惧而退学,而不是根据新的信息评估了自己未来的军旅生涯。但如果是后一种情况,很可能会有更多人早早退学。

每位西点军校的学员都必须承诺毕业后在部队服役 5 年,作为回报,每位学员都可以得到由纳税人资助的约 50 万美元的奖学金。这也是 20 世纪 90 年代中期美国军方大为光火的原因——当时,大约一半的毕业生在服役满 5 年之后就离开了部队,也就是说,他们刚刚符合要求,就立即离开了。培养一名训练有素的军官,其成本就需要 5 年的时间。3/4 的学员在服役满 20 年之前离开了部队,如果能够坚持服役满 20 年,那么他们在 40 岁出头就可以享受终身养老金。

美国陆军战略研究所(Army's Strategic Studies Institute)在 2010 年发表了一部专著,警示陆军军官队伍的前景"因一路走低的投资回报率而黯淡,连级军官的留任率暴跌就是明证"。

西点军校的学员通过了"野兽军营"的考验,也完成了颇具挑战性的学业,然后就离开了,这个退出比例是所有军校中最高的——比预备役军官训练营(非军事院校的学生参加的军官训练营)或者候补军官学校(训练那些大学毕业的普通人或应征士兵成为军官)都要高。而最近的研究发现,对军官训练的投资与回报大大相反:候补军官学校的学员服役的时间最长,排名第二的是预备役军官训练营那些没有任何奖学金的学员,随后是预备役军官训练营拿到两年奖学金的学员,再然后是预备役军官训练营拿到三年奖学金的学员,排名末尾的是西点军校毕业生和预备役军官训练营拿到全奖的学员。部队越是觉得某位学员会成为未来的成功军官,就越愿意在其身上花钱,这位学员就越有可能以最快速度离开。部队的目的是培养未来的高级军官,而不仅仅是野兽军营的"幸存者"。从军事角度看,这所有的一切都事与愿违。

西点军校学员的退出比例如此之高,让一位军方高层认为西点军校事实上是在培养"逃兵",他宣称,军队应该减少投资这种"教会学员离开部队的机构"。

不过可以肯定的是,不管是西点军校还是预备役军官训练营,他们都没有教导自己的学员离开军队。那么,是学员们突然失去了让自己通过"野兽军营"考验的恒毅力?也不是。一本专著的作者们——一位少校、一位退役中校和一位上校,他们都曾经或现在是西点军校的教授——查明了真相,问题的本质还是匹配质量问题。军方认为哪一位未来军官的技能越熟练,就越有可能给谁奖学金。随着这些勤奋又有天赋的奖学金获得者不断进步,成为年轻的专家,他们会逐渐意识到自己在军队之外还有更多的职业选择。最终,他们决定告别军营,去尝试其他行业。换句话说,他们在二十几岁的年纪就了解了自我,作为回应,他们做出了关于匹配质量的一系列决定。

在 20 世纪 80 年代,西点军校原本就漏洞百出的军官输送制度开始大面积地暴露问题，而此时正好是美国向知识经济转变的转型期。到了千禧年，漏洞已经变成了激流。军队开始为留任的军官提供奖金——只要下级军官同意再多服役几年，他们就能获得现金收入。这笔开支花费了纳税人5亿美元，结果证明是一笔巨大的浪费——本来就打算留下的军官拿到了奖金，而原本就打定主意要离开的军官也没有为这笔钱而留下来。美国陆军得到了一个惨痛的教训：问题不是出在钱上，而是出在匹配上。

在工业时代，或者是"公司人"时代，正如专著作者们的说法："公司都是高度专业化的。"通常情况下，公司雇员重复处理着同一套挑战。当时的文化——养老金非常好赚，而换工作可能被视为缺乏忠诚度，以及专业化，这些都是劳动者离开公司转向其他事业的阻碍。不仅如此，当雇员们始终面对着友好型学习环境时，他们只要不断重复经验就能获得进步，公司几乎没有从外部招聘的动机。到了20世纪80年代，公司文化开始转变。知识经济创造了"空前的需求……需要那些拥有概念化技能并且会创造知识的雇员"。广泛的概念化技能如今在各种工作中都能发挥作用，并且突然之间控制了职业轨迹的转变——雇主从内部发现晋升途径，而雇员可以放眼外部世界，好发掘大量的机遇和可能性。在私营经济领域，劳动者为了追求匹配质量而寻觅职位，高效率的人才市场很快应运而生。世界已经变化，然而陆军部队的做法还停留在工业时代。

西点军校的教授们解释，陆军部队和许许多多的官僚机构一样，错失了匹配质量市场。他们写道："西点军校没有匹配质量的市场机制。"当下级军官改变了人生方向，离开了部队时，这不代表他失去了动力。这种行为释放出的信号是，个人发展的强烈意愿已经彻底改变了其成为军官的目标。"我还从没见过任何一个离开部队的同学感到后悔的。"前情报官员阿什利·尼古拉斯说。在离开了情报官员的岗位之后，阿什利成了一名数学老师，后来又当上了律师。她补充道，所有离开部队的人都对这一段军旅经历心怀感激，即使军人没有成为他们的终身职业。

个人对高匹配质量的需求飞速增长，私营经济领域已经做出了相应调整，而陆军部队只是一味地砸钱。虽然如此，还是有一些微妙的变化开始出现。部队中的大部分层级都发现了灵活匹配带来的成功。"军官职业满意度计划"旨在帮助那些有奖学金的预备役军官训练营学员和西点军校毕业生更好地掌握自己的职业发展。作为对额外服役三年的回报，这一项目增加了能够选择职业方向（步兵、情报、机械、牙科、金融、兽医、通信技术及其他众多方向）或者自行选择地理位置的军官数量。给下级军官砸钱的策略遭遇惨败，而注重匹配质量的策略获得了成功。在这一项目的前四年，4000名学员同意延长他们的服务承诺，换取了选择的机会。

这只是一小步。2016年，国防部长阿什顿·卡特（Ashton Carter）访问西点军校，在参加学生会议时，他被学生们对未来的担忧所淹没——职业道路僵化死板，并且学校不允许学生根据自身的发展来调整。卡特承诺会彻底重整部队"工业时代"的人事管理方法，从严格的"非升即走"模式转变为允许军官在成长过程中提升自己的匹配质量。

当西点军校的学员还是刚从高中毕业的学生时，他们几乎没有什么技能，也从未接触过海量的职业选择，他们很可能在"恒毅力表"的陈述"我经常设定一个目标，但是之后会选择追求另一个目标"下面轻易地选择"我完全不是这样"的选项。几年之后，学员们更加了解了自己的技能和喜好，放弃了恒毅的路线，决定追求另一个目标，这才是一个明智之举。

◆◆◆

恒毅力研究在直觉上非常吸引我。在"恒毅力"这个词非科学、口语化的语境中，我感觉自己的"恒毅值"还是很高的。在一所规模很大的公立高中练过田径、橄榄球、篮球和棒球之后（我只有5英尺6英寸高）我进入了大学校园，以800米运动员的身份加入了能够参加一级联赛[①]的学校田径队。

在大学一年级，我的800米成绩不是校队里较差的——我就是那个最差的，而且是压倒性的最差。但是我还能一直跟队训练，因为只要没被选中，就不用随着队伍到各地去参赛，自然也就不会产生任何开销，新入队时领到的球鞋也没值几个钱。春假期间，被选中的队伍到南卡罗来纳州去训练了，我没回家，选择留在了安静得有些异常的校园里，心无旁骛地训练。我在田径队坚持了噩梦般的两年——惹人呕吐的练习和伤害自尊的竞赛——优秀的运动员不断退出，新人取而代之。当时有很多个日子（持续了很多星期、整个月或是三个月），我都觉得自己应该退出田径队。但是我逐渐发现了适合自己的训练方式，我的成绩也在提高。在大学四年级的赛季，我的室内赛成绩跻身学校纪录的前十名，两次参加全东部的比赛，在打破全校纪录的接力中，我是其中一棒。我的班上唯一一位保持着全校纪录的同学就是我坚毅的室友，而其他人早已退队。和我们同一年加入田径班的同学几乎都退出了。搞笑的是，我获得了古斯塔夫·A. 耶格尔（Gustave A. Jaeger）纪念奖，这一奖项是表彰那些"面对非同寻常的挑战和困难，还能获得非凡成就的"运动员——而我的"非同寻常的挑战和困难"就是我起初最讨厌的那些东西。在颁奖仪式后，几乎从未和我直接说过话的总教练（我只是个未被选中参赛的普通队员）说，他对我在一

[①] 一级联赛是全美大学体育总会（NCAA）设置的代表大学体育最高水平的比赛——译者注。

年级时只能观看别人训练感到抱歉。

这个故事其实没有什么特别之处——每个团队中都有这种事情发生。但是我觉得，这种情形是我工作方式的象征。尽管如此，我在恒毅力表的得分与美国成年人整体平均分数相比，能排在整体的50%水平。在评估自己是否是一个不惧挫折的勤劳工作者时，我得到了不少分数，但是承认"我每年的兴趣都在变化"，我又丢了不少分。此外，我和许多西点军校的毕业生一样，有时候会"设定了一个目标但是之后会追求另一个目标"。十七岁的我非常乐观，认定自己会进入美国空军学院当飞行员，然后当宇航员，那时的我如果做了恒毅力测试，得分肯定是名列前茅。我大概会一路跑到芝加哥地区的国会议员西德尼·耶茨（Sidney Yates）那里请他同意提名我入学。

但事实是我一项都没做，在最后关头，我改变了主意，决定到其他地方去学习政治学。我上了一门政治学课程，最后从地球与环境科学专业毕业，还辅修了天文学，我很笃定自己会成为一名科学家。在大学期间和毕业后，我一直在实验室埋头工作，但是我发现自己并不是那种终其一生只研究出一两样新鲜事物的人，而是那种希望一直学习新东西并与人分享的类型。于是，我从科学界转到了新闻界。我的第一份工作是在纽约市当夜班记者，专门报道社会新闻。在《纽约每日新闻》上，午夜到早晨10点可没什么好事发生。随着对自我认知的不断深入，我的目标和兴趣也一直在变化，直到我从事了一个以发掘广泛兴趣为本的行业。当我后来在《体育画报》工作时，那些目标坚定的学生可能会问我，想去《体育画报》工作，是念新闻系好还是英语系好。我告诉他们，我也不知道，但是学统计或者学生物也都没问题。

我不觉得自己的激情和适应能力随时间推移而减退，也不认为那些离开西点军校的学员失去了当初把他们带到西点的动力。对于那些试图通过严格的"野兽军营"考验的学员，或者一些要参加拼字比赛的学生或选手，如果用"恒毅力表"来预测他们的表现，是非常有预测价值的，这一点我表示理解。年轻人的目标总是被其他人制定的，或者至少是从有限的目标列表里选出来的，他们最大的挑战其实是，在追逐目标时能否始终保持着激情和适应能力。同理，800米的选手面临的挑战是一样的。体育类目标中最具说服力的部分就是它足够直观，并且容易测量。在2018年冬奥会的最后一周，曾经获得2006年冬奥会花样滑冰亚军的萨沙·科恩（Sasha Cohen）给退役的运动员们写了一篇建议恳切的专栏。"奥林匹克运动员需要明白，生活中的规则和体育中的规则不一样，"她这样写道，"的确，每天为了完成一个首要目标而努力，这说明你拥有坚毅、决心和适应能力。但是，能让自己全身心地从比赛中抽离更是等待着你的全新挑战。所以，在你退役之后，去旅行，去写诗，去开创自己的事业，在外面待久一点，大可花时间去做那些没有清晰的最终目标的事情。"面对更广阔的职业选择，一开始就能找到高匹配质量的目标，这无疑是一个巨大的挑战，而为了坚持而坚持，就会变成阻碍。

最近，盖洛普公司调查了来自150个国家的20多万名劳动者，其中85%的人要么"未投入"地工作，要么"积极地脱离工作"。按照赛斯·戈丁的看法，在这种情形下，退出比随波逐流地混日子需要更多勇气。赛斯·戈丁发现，人们之所以这样做，是因为相信了"沉没成本"这种谬论。我们已经在某些东西上投入了时间或金钱，于是就不愿意离开它，离开就意味着我们浪费了自己的时间或金钱，即使它们已经消失了。玛利亚·康尼科娃（Maria Konnikova）是一位作家，同时也是哲学博士和专业的桥牌玩家，她在《我们为什么会受骗》（*The Confidence Game*）①这本书中解释了沉没成本的思维模式到底有多根深蒂固：连骗子都知道，先让自己的目标帮点小忙或是投

---

① 这本书由后浪出版公司出版。——编者注

点小钱，然后再狮子大开口。只要受骗者开始投入精力或金钱，他就会继续投入，而不是离开这些沉没成本。受骗者的投入越来越多，已经远超自己预想的程度，在理性的旁观者看来，灾难已经近在眼前。"人们投入得越多，甚至损失得越多，"康尼科娃写道，"因此坚信'一切都会好起来'的时间就越长。"

史蒂芬·奈非花费了十年时间来研究凡·高的人生，所以我请他代表凡·高来完成恒毅力测试表。凡·高的职业道德是自己信仰的延伸。他沉迷于父亲多洛斯·凡·高在布道时使用的播种的情景：人必须先耕耘，之后才能有收获。多洛斯·凡·高在布道时说："想想那些被目光短浅的人忽略的领域吧。"凡·高想起了这个情景。奈非和史密斯写道，那是"面对逆境时坚持不懈的完美例子"。文森特·凡·高在做每一份工作时都相信，只要自己比周围的每一个人都努力，自己就会成功。但是后来他都失败了。他的兴趣不断变化。即使后来他决心成为一名画家，他也是把全部精力投入一种风格或媒介上，然后很快就完全放弃。奈非和史密斯给凡·高这种易变的激情起了一个优雅的名字："坚持改变的理念"。在恒毅力表中，"我非常沉浸于某个想法或项目，但只能坚持很短的一段时间，很快我就会失去兴趣"这一描述，就是凡·高的最好写照，他的一生都是如此，直到生命的最后几年里，他确定了自己的独特风格，并使其创造性地爆发。凡·高是匹配质量最优化的典型，是罗伯特·米勒"多臂强盗过程"的真人版。他用疯狂的强度测试各种选项，最大限度地尽快获取他是否适应这一领域的信号，然后再跳转到其他领域，不断地复制这种做法，直到他曲折地走到一个别人从未到过的领域，一个只有他自己擅长的领域。凡·高的恒毅力表测试（按照奈非的评估来填写），在勤奋工作一栏得分很高，但是在坚持某一目标或项目上的得分很低。他的成绩排在总分40%的水平。

自2017年开始,我非常荣幸地受到了帕特·蒂尔曼基金会的邀请,和退伍士兵们一起审核该基金的申请者。引言中提过,该基金会为退伍军人、现役军人和军人家属提供奖学金,我从2015年开始就在基金会发表演讲。有很多申请人正是野心勃勃的西点军校校友。这些申请都写得文采飞扬,启迪人心。几乎每个申请者都谈到了在阿富汗经历的教训,或者是在国内参与飓风救援队,或者是在重压之下担任翻译,或者是作为军属一次又一次地迁徙并帮助其他军属,或者是对军事冲突的某些方面和官僚体系失灵而感到愈发失望。问题的关键是:一些出乎意料的经历带来了意想不到的新目标,或者发掘了他们以往未被发现的才能。

获得了资助的申请者成为蒂尔曼学者团体的一员,他们是成绩斐然的一群人,却因为比同龄人晚一些改变方向而忧心,也正是他们激发了我对于本书的灵感。讨论"晚一步专业化"其实是他们宣泄焦虑的一种方式,他们因为自己做过、学习过的东西而充满感激,却又因为花时间做过、学习过这些东西而充满焦虑。

我想每个头脑正常的人都会看重激情和坚持的作用,也不会认为经历了糟糕的一天就是暗示自己应该放弃。但是,如果认为兴趣的改变,或者关注点的重新调整是缺陷和竞争劣势,这就陷入了简单的、一刀切式的"老虎·伍兹式"故事了:选中了就得坚持下去,越早越好。对于改变人生方向的经历,比如像凡·高习惯性地转变,或者像西点军校的毕业生们从知识经济的曙光初现就一直在做的那样,他们的反应可能不够利落,但是非常重要。这涉及一种特定的行为,它可以帮助你增加找到最佳匹配的可能性,但是乍一看却像是一种糟糕的人生策略:短期规划。

第 7 章
发掘自身更多可能

弗朗西斯·赫塞尔本（Frances Hesselbein）在宾夕法尼亚州西部的山区长大，那里的人们大多在钢厂和煤矿工作。"在约翰斯敦，说5:30就是5:30。"这是她的口头禅。所以，那些在她曼哈顿办公室外排队的执行官、军官、立法机关成员如果想获得时长完整的领导力咨询，最好能够准时到。虽然她已经度过了一百岁的生日，然而每个工作日，她还是出现在办公室，处理那些做不完的工作。赫塞尔本喜欢给来访者介绍自己的四个专业职位，这些职位不是主席就是首席执行官，而且这四个职位都不是她主动申请的。事实上，她试图拒绝过这四个职位中的三个。当她猜测命运会把自己带向何方时，她总是猜错。

高中时期，她梦想成为一名剧作家，过上学究式的生活。中学毕业后，她进入了匹兹堡大学初级学院学习。她喜欢尝试不同的课程，但是在她大学一年级时，父亲一病不起。当时的赫塞尔本十七岁，是三个孩子中的老大。父亲过世时，她轻抚着父亲的面颊，又亲吻了父亲的额头，发誓会照顾好这个家。上完了这个学期，她就辍学了，来到宾夕法尼亚交通公司百货商场做广告员助理。

赫塞尔本很快便结婚了，儿子出生时正好赶上丈夫约翰在为"二战"时的美国海军服务。约翰当时的工作是战斗机组的摄影师，回到家乡后，他建立了自己的工作室。从拍摄高中生肖像到拍摄纪录片，工作室承揽各类业务。赫塞尔本有一项内容多变的工作，就是"给约翰帮忙"。当一位顾客要求狗的照片看起来像一幅油画时,她抄起颜料就开始上色,诸如此类。

赫塞尔本喜欢约翰斯敦多元化的生活,但是这里也有丑恶的一面。作为新成立的宾夕法尼亚州人际关系委员会(Human Relations Commission)的一员,约翰报告了约翰斯敦的种族歧视现象,如理发店拒绝给黑人顾客剪发。"我没有给黑人剪发的合适工具。"理发师这样抱怨。约翰的回应是:"那你就去买合适的工具。"当约翰报告一位老师把两个黑人小朋友踢出操场时,这位老师把约翰叫作"叛徒"。赫塞尔本认定,一个重视包容的社区应该在面对这个问题时回答"是"——"当他们注视我们时,他们能否在我们的眼中找到自己?"

赫塞尔本三十四岁时,社区里一位德高望重的女士来到她家,请她以志愿者身份领导女童子军第十七队。之前的领导者去印度当传教士了,而其他的邻居都拒绝了这一请求。赫塞尔本也拒绝了,而且是连续拒绝了三次。她有一个八岁的儿子,她说自己对教育女孩一无所知。最后,这位女士告诉赫塞尔本,这三十名十岁的女孩来自普通家庭,她们在教堂的地下室聚会,如果没有合适的领导者,这队女童子军会就此解散。赫塞尔本答应临时领导她们六个星期,直到找到真正合适的领导者。

作为准备,她阅读了女童子军的相关资料。她了解到,女童子军组织成立八年后,美国的女性才可以参加投票,组织的创建者告诉女孩们,她们可以成为"医生、律师、飞行员或者热气球手"。赫塞尔本回想了一下自己在二年级时的情景:当她说自己想成为飞行员时,同学们哄堂大笑。所以,她来到了教堂地下室开始了这项为时六周的任务。结果,她在女童子军第十七队一待就是八年,直到她们从高中毕业。

在此之后,赫塞尔本一直在女童子军机构担任各类职务,而这些职务都不是她主动申请或者打算要一直担任的。直到四十多岁,她才第一次出国，去希腊参加国际女童子军的会议。而后她去了更多的地方——印度、泰国和肯尼亚。赫塞尔本发现，她喜欢当志愿者。

她被要求领导当地的联合之路（United Way）①活动，在当时，人们对这样的职位一无所知，就像曾经对女飞行员的工作一无所知一样。这是一份志愿工作，赫塞尔本觉得自己也不会失去什么。但是，当她任命美国钢铁工人联合会在当地的分会会长做她的副主席时，联合之路的主席突然觉得，这不太稳妥，他最好得跟伯利恒钢铁公司确认一下，因为伯利恒钢铁公司正是联合之路的主要赞助者之一。赫塞尔本很快站稳脚跟，并且得到了伯利恒钢铁公司和钢铁工人联合会的支持。那一年，宾夕法尼亚州的小城约翰斯敦是联合之路募捐活动中人均捐款最多的城市。当然，这也是赫塞尔本眼里的临时角色，第二年她就不再担任这一职位了。

1970年，三位约翰斯敦的商业领袖邀请赫塞尔本共进午餐，他们都是女童子军的赞助者。他们告诉她，当地女童子军委员会的新任执行董事已经选好了。上一任执行董事已经离任，留下了陷入严重财政危机的女童子军委员会。

"这真是太好了，谁是新的执行董事？"赫塞尔本问。

"你。"他们回答。

"我不会把这个变成专职工作，"她告诉他们，"我只是一名志愿服务者。"

三位商界精英中，有一位在联合之路的董事会任职，他告诉赫塞尔本，如果她不接受这份工作，改善财政问题，那么联合之路就会停止与女童子军的合作关系。她同意了，但是任期只有六个月，任期结束就会由经验丰富的专业人士来接任。在五十四岁那年，她口中的第

---

① 联合之路是全球最大的非营利性公募慈善组织，通过支持教育、收入和健康来解决社区问题。——译者注。

一份专职工作开始了。她如饥似渴地阅读管理学书籍，一个月后，她意识到这项工作正适合自己，于是她在这个职位又待了四年。

但是，即使她的工作进展顺利，整体组织却深陷危机。20世纪60年代末到70年代初，美国社会经历了翻天覆地的巨变，女童子军却原地踏步。为上大学和走上职场做准备的女孩的数量是前所未有的；在一些复杂棘手的问题上，比如性和毒品，她们需要相关的常识。当时的女童子军组织处在生死存亡的危机中，注册会员的数量呈断崖式下跌。首席执行官的职位已经空缺了几乎一整年。1976年，寻找合适首席执行官的团队邀请赫塞尔本到纽约面试。女童子军的历任首席执行官都拥有令人叹服的领导资历——多萝西·斯特拉顿（Dorothy Stratton）不仅是海军上校，同时是一名心理学教授、大学系主任，还是美国海岸警卫队女子后备队的创始人，而且是国际货币基金组织首位人事主管。最近一位首席执行官是塞西莉·坎南·塞尔比博士（Dr. Cecily Cannan Selby），她十六岁就进入了拉德克利夫学院，随后利用她在麻省理工学院读博时的物理生物学知识将战时的科技应用于细胞研究。塞尔比的国家级组织领导职位横跨工业和教育领域。当时的赫塞尔本只是约翰斯敦当地的女童子军领导者，在美国有355个跟赫塞尔本职位相同的人，她不过是其中之一。她原本也计划在宾夕法尼亚度过自己的一生，所以她礼貌地拒绝了这次面试。

但是她的丈夫约翰接受了。约翰说，她可以拒绝这份工作，但是他会开车送她去纽约，她应该去当面拒绝。因为她对这个职位并无兴趣，所以，当委员会请她描述假设成为首席执行官后的计划时，她表现得非常轻松。赫塞尔本描述了如何彻底转变墨守成规的组织：重新设计活动，保持与社会步调密切相关——重视数学、科学和技术；取消层级制的领导结构，取而代之的是"环形管理方式"——各级别的工作人员不再是梯子上一级一级的阶梯，而是同心圆手链上一颗颗的珠子，每个人都有多种渠道把地方委员会的想法传达给处在中心的国家级决策者；最后，女童子军要具有包容性：当任何背景的女孩看到女童子军时，她们都必须能从中看到自己。

1976年7月4日，赫塞尔本来到纽约，正式就任拥有三百万会员的女童子军组织首席执行官。原本不容置疑的标准手册被取消，取而代之的是四本不同的手册，每一本都针对特定的年龄段而制定。她聘请了艺术家来设计手册，她的要求是：在阿拉斯加的浮冰附近，六岁的土著女孩翻阅手册时，她最好能看到书中穿着女童子军制服的女孩和自己非常相像。赫塞尔本还委托专人进行信息传递方面的研究，旨在邀请所有家庭背景的女孩都参与女童子军。最终，女童子军组织设计了充满诗意的营销海报。其中一幅海报的目标受众是美洲原住民，上面这样写道："你们的名字始终在历史长河上。"

赫塞尔本被告知，多元化是重要的，但是针对其发展变化要有万全准备。要先解决组织的问题，再考虑多元化问题。但是，赫塞尔本认为，多元化是组织的首要问题，所以她决定要进一步采取措施。她组建了一个领导团队来代表她的目标受众，并且把组织的一切都进行了现代化革新，从使命宣言到奖励徽章，都做了重新设计。现在，数学和个人计算机都有了相应的徽章奖励。她做出了一个痛苦的决定：把志愿者们和工作人员从少年时期就喜欢的露营地出售，因为这些露营地的使用率不高。

赫塞尔本在首席执行官的职位上一干就是13年。在她的领导下，少数族裔的会员数量增加了两倍；女童子军增加了25万名成员和超过13万名的新志愿者。女童子军饼干业务每年增长超过3亿美元。

1990年，赫塞尔本从女童子军组织退休。备受尊敬的管理学大师彼得·德鲁克（Peter Drucker）称赞她为全国最优秀的首席执行官。"她可以管理美国的任何一家公司。"德鲁克说。数月之后，通用汽车公司的首席执行官退休了。当《商业周刊》（*Business Week*）询问德鲁克通用汽车下一任首席执行官会是谁时，德鲁克的回答是："我会选择赫塞尔本。"

1990年，就在她退休的第二天早晨，赫塞尔本接到了一通意料之外的电话，电话另一头是美国互助人寿保险公司的主席，询问她何时可以去看看她在第五大道的办公室。她已经是公司董事会的一员了，而且公司已经决定请她到公司任职；她可以随后再决定如何处置这间送给她的办公室。当时的她已经习惯了在没有明确的长期计划下继续前进，因为在她的整个人生过程中，她已经逐步把一切都弄清楚了。

赫塞尔本决定为非营利组织管理成立一个专门的基金会，把那些最好的商业实践引入社会企业。她会在该基金会董事会任职，但是她已经在宾夕法尼亚州购置了一处房产，她计划在那里住上一段时间，写一本书。基金会的创始团队邀请彼得·德鲁克出任荣誉主席。他同意了，条件就是赫塞尔本要担任首席执行官。写书的事情只能暂时搁置了。赫塞尔本曾经掌管着全世界最大的女童和女性组织，在卸任六周后，她成了一个基金会的首席执行官，而这个基金会既没有钱也没有资产，只有一间免费的办公室，不过这已经足够她白手起家。她建立了自己的员工队伍，现在正忙着运营弗朗西斯·赫塞尔本领导力学院。

赫塞尔本连大学都没毕业，但是她办公室里挂满了23个荣誉博士文凭，还有西点军校授予她的一把亮闪闪的军刀，感谢她在西点军校讲授领导力课程；还有总统自由勋章，这是美国政府授予平民的最高奖项。当我在她度过101岁生日后去拜访她时，我给她带了一杯热气腾腾的牛奶——是过来人提醒我这么做的，我迫不及待地问她为了领导力做过哪些训练。这是个错误的问题。"噢，别问我受过什么训练。"她冲我摆了摆手。她解释说，自己只是做了那些看起来能教她点东西的事情，能让自己时时刻刻帮助他人，最终积少成多也就变成了训练。就像史蒂芬·奈非在谈到凡·高生平时所说，因为积累了多种多样的经验，所以出现了一些"无法定义的消化过程"。赫塞尔本告诉我:"我没有意识到自己正在为什么事情做准备,我不是打定主意要成为一个领导者,我只是通过做当时需要做的事情来学习。"

现在回顾一下,赫塞尔本实际上通过亲身经历学习了很多课程,只是她自己并没有意识到。在多元化的约翰斯敦,她见证了包容和排斥各自的力量。在摄影工作室,她堪称一个"万金油",同时也了解了机敏处事的重要性。作为新上任的女童子军领导,她的经验不如下属丰富,她依靠的是共同的领导力。她能够把平时意见不合的利益相关者团结在一起,共同为联合之路的活动做出贡献。在参加女童子军的国际会议之前,她从未出过国,但她学会了迅速与世界各地的同事们找到问题的共同切入点。

在赫塞尔本第一次参加的女童子军培训活动中,她听到另一位新任领导者抱怨,自己从这个课程里什么都没学到。赫塞尔本向一位同样是志愿者的服装厂工人提起此事,这位女士告诉她:"你必须提着一个大篮子才能把东西带回家。"她今天还在重复这句话,意思是一个思想保持开放的人能够从每一次新的经历中获得一些新东西。

面对着可能成为她正式事业的工作面试,六十岁的人想要拒绝也再正常不过了。她没有长期的计划,她的计划只是做好当下感兴趣或者需要的事。"我从未设想过"成了她最著名的开场白。

赫塞尔本的职场生涯从五十多岁才开始,这是非同寻常的。但是她走过的曲折之路,却是常见的。

托德·罗斯(Todd Rose)是哈佛大学"心智、头脑与教育"项目的主任,他与计算机神经科学家奥吉·奥加斯(Ogi Ogas)在准备研究那些异常曲折的职业路径时,撒下了一张大网。他们想找到那些充实而成功的人,而且是经过迂回之路最终到达目标的人。他们找到了许多成功人士，从大师级的侍酒师，到个人组织者，再到驯兽师、钢琴调音师、助产士、建筑师和工程师。"我们猜测，对于每一类创造自己职业路径的职业群体，我们可能要采访五个人作为代表，"奥加斯告诉我，"我们没想过这种会是主流，或者有很多这样的人。"

最后的结果是：几乎每个人都走过不寻常的道路。"更不可思议的是，他们全都觉得这是一种异常现象。"奥加斯说。在前50名受试者中，有45人详细描述了职业道路的艰难和曲折，以至于他们对自己跳来跳去的职业生涯感到有些难堪。"他们还加上了自己的免责声明：'好吧，大部分人都不是这样的，'"奥加斯说道，"他们都曾经被告知，离开自己最初的工作有非常大的风险。但其实我们都应该理解，这没什么好奇怪的，这是正常现象。"所以，这项研究找到了一个合适的名字——"黑马项目"，因为参与者越来越多，绝大部分参与者都认为自己是黑马，与常人相比，走上了一条不同寻常的道路。[①]

"黑马"们寻找着提升匹配质量的机会。"他们不会东张西望然后说：'噢，我可能落后了，这些人都入行比我早，他们的年龄都比我小，会的东西又比我多，'"奥加斯告诉我，"他们关注的是：'在当下，这就是我的角色，这些是我的动力，这些是我发现的自己喜欢做的事情，这些是我愿意学习的东西，同时它们是我的机会。那么眼下哪个是最适合我的匹配呢？也许从现在起的一年之后，我会转行，因为我发现了更好的东西。'"

每一匹黑马都有自己的全新历程，但是策略是共通的。"那就是短期规划，"奥加斯解释，"他们全部都用了短期规划，而不是长期的。"即使是那些看起来拥有远见卓识的人，如果接近他们去细致观察，我们会发现，他们也都是短期计划者。2016年，当耐克公司的

[①] 美国劳工统计局的数据显示，千禧一代的职业流动实际上只是知识经济浪潮的自然延续。50%在婴儿潮后期出生的人（出生于1957—1964年）在18~50岁至少从事过11份不同的工作，不同教育水平的男性和女性差不多都是如此。——作者注

联合创始人菲尔·奈特（Phil Knight）被问及他的长期愿景，以及他在创建公司时是如何知道自己想要什么的时候，他回答说，他其实早就知道自己想成为一名职业运动员。但是因为自己不够优秀，所以他的想法很简单，只是想做点和体育相关的事情。他曾经跟随一名大学教练练习跑步，这名擅于给球鞋小修小补的教练后来就成了耐克的联合创始人。"我为那些从中学二年级就明确自己将来要做什么的人感到遗憾。"菲尔·奈特说。在回忆录中，奈特说自己"不太会设定目标"，而他创立新的制鞋公司只是为了尽快失败，这样就可以为下次创业积累经验。他定下了一个又一个的短期目标，一边执行一边把自己学到的教训应用其中。

奥加斯用"标准化契约"这个简称来代表这一文化概念：用曲折的自我探索之路，换取已经占得先机的刻板目标，这是合理的，因为后者保证了稳定性。"我们所研究的这些有成就感的人确实追求了长期目标，但是，他们是花了一段时间去探索之后，才制定了这个目标，"奥加斯解释，"很明显，获得法学或医学学位，或者博士学位，这没有问题。但是，如果在你还不知道这个选择是否适合你的时候就做出承诺、选定道路，这样做的风险其实更大。而且，不要认为选择了之后就无法更改了。有的人在医学院学到一半才认清自己。"查尔斯·达尔文（Charles Darwin）的经历便可以诠释这个说法。

按照父亲的要求，他原本要当一名医生，可是他觉得医学院的课程是"那种让人无法忍受的无聊"，在医学院上课时，他在一项手术中被要求负责打磨手锯，他径直离开了手术室。"我再也没有参与过，"达尔文写道，"任何诱惑都不能让我重返医学院。"当时的达尔文是遵循圣经的教条主义者，他认为自己会成为一名牧师。他上过各种各样的课，包括一门植物学课程，讲授这门课的教授随后把达尔文推荐到了贝格尔号（HMS Beagle）上免费工作。为了说服父亲，达尔文承诺在这次改行之后不会游手好闲，在叔叔的帮助下，他的父亲答应了。于是，达尔文开始了自己的间隔年之旅，这可能是历史上最具影响力的间隔年了。他父亲的愿望最后也"无疾而终"。数十年后，达尔文回顾了自我发现的过程："当时我还想当一名牧师，这简直是荒唐。"达尔文的父亲行医超过 60 年，看见血就觉得厌恶。"如果我爷爷给过我父亲其他选择，"达尔文写道，"那应该没有任何东西能吸引他学医。"

作家迈克尔·克莱顿（Michael Crichton）也是从医学院起步，因为了解了作家的微薄收入，他决定去学医。学医期间，"我从来不用想自己的工作是否值得。"他写道。但是，几年的工作让他对行医感到幻灭。他从哈佛大学医学院毕业，但还是决定当一名作家。不过，他医学的教育背景也没有完全浪费。他用这些知识创作了世界上最流行的故事——《侏罗纪公园》（*Jurassic Park*）系列小说，以及电视剧《急诊室的故事》（*ER*）。后者获得了 124 项艾美奖提名，创下纪录。当我们对自己更加了解时，再回过头去审视那些曾经觉得安全、稳定的职业目标，看法可能会大有不同，曾经的安稳工作用达尔文的形容词就是"荒唐愚蠢"。我们对于工作和生活的偏好不会一直保持不变，因为我们自身是一直在变化中的。

心理学家丹·吉尔伯特（Dan Gilbert）把这种现象称为"历史终结错觉"。从青少年变成老年人，我们意识到自己的欲望和动机在过去的日子里有了大幅度的变化（比如看看你以前的发型），但是我们又相信，这些欲望和动机在未来不会有太大变化。用吉尔伯特的话说，事情明明还在进行中，却声称已经完成了。

吉尔伯特和同事们记录了 19 000 多名年龄在 18~68 岁的成年人的偏好、价值观和个性。其中一些人被要求预测在下一个十年他们会发生怎样的变化，其他人则被要求回顾自己与上一个十年中的不同。预测者都觉得自己在下一个十年几乎不会有任何变化，而回顾者发现自己确实与上一个十年相比有了显著的变化。核心价值观——快乐、安全感、成功和诚实——有了改变。对于度假、音乐、爱好，甚至朋友的偏好，也有所改变。有意思的是，预测者平均愿意花费129美元去看一场他们现在喜欢的乐队在十年后的演出，而回顾者如今只愿意花80美元看自己十年前喜欢的乐队于现在的表演。此时此刻的你是转瞬即逝的，就好像之前每一个瞬间的你。这似乎是最意外的结果，但是这也是证据最充分的结果。

的确，一个人在儿童时期害羞可能预示着其会成为一个害羞的成年人，但这种相关性没有被完全认定。即便某一个特定的特征没变，其他的特征也会改变。不论是一代人的年龄，还是每个个体的内心，唯一不变的就是变化本身。伊利诺伊大学的心理学家布伦特·W.罗伯茨（Brent W. Roberts）专门研究人类的人格发展。他和另一位心理学家汇总了92个研究，结果显示，有些人格特征确实随时间推移而变化，而这种变化的方向是可以预知的。成年人往往会变得更随和，更认真负责，情绪更稳定，也不再那么神经质，但是对于经验却日趋保守。到了中年，成年人会变得更加专一和小心，好奇心、心态的开放性和创造力却减退了。① 这种变化的影响是众所周知的，例如随着年龄增长，成人暴力犯罪的可能性会降低，以及更擅于建立稳定的关系。人格最重大的变化发生在18~30岁之前，所以，早早就开始专业化，其实是在为一个尚不存在的人格预测匹配质量。这样做可能有用，但是也可能效果更糟。而且，人格变化的速度虽然会减慢，但是

---

① 从统计学角度来看，一个人特定的人格特征在青少年时期和老年时期的相关性大约是0.2~0.3，属于中等程度。（假设没有随机测量误差，相关性为1.0时意味着同同龄人相比，人格没有变化。）"很显然，我们在75岁时和15岁时不是同一个人，"罗伯茨告诉我，但是："有些痕迹应该能够辨认出来。"——作者注

在任何年龄段都不会停止。有时候,其变化只是一瞬间的事。

感谢优兔网站,"棉花糖实验"得以成为全世界最著名的科学实验。"棉花糖实验"从20世纪60年代就开始了,它实际上是由一系列的实验组成的。最初的前提很简单:实验人员把一颗棉花糖(或者一块饼干、一块椒盐脆饼)放在一名幼儿园儿童面前。在离开前,实验人员告诉他们,如果他们能够坚持不吃这颗棉花糖,等到实验人员回来,不仅可以得到这一颗,还能额外获得一颗。如果孩子等不了,就可以把眼前这颗棉花糖吃掉。孩子们没有被告知自己需要等多长时间(事实上是15~20分钟,视孩子的年龄而定),所以为了获得最大化的奖励,他们只能坚持。

心理学家沃尔特·米歇尔(Walter Mischel)和他的研究团队一直在跟踪这些孩子,时间长达数年,他们发现,孩子能等待的时间越长,越有可能在社交、学术和经济上取得成功,而且滥用药物的可能性也更低。

作为一项科学实验,棉花糖实验已经是科学界的明星了,但是当媒体和家长们急不可耐地想预知孩子命运,开始把自制的棉花糖实验发布到网络上时,这一实验俨然成为科学研究中的偶像。这些视频有的非常可爱,有的引人深思。差不多所有的孩子都会等上一段时间。有些孩子会盯着棉花糖看,摸一摸,闻一闻,舔一下又赶紧缩回舌头,好像棉花糖很烫似的。也许他们还把棉花糖放进嘴里又拿出来,假装自己咬了一大口。有的孩子抠下很难被觉察的小小一块尝了尝。在视频的结尾,摸过棉花糖的孩子都把棉花糖吃掉了。那些最终坚持到实验人员回来的孩子用上了各种转移注意力的办法——移开视线、把盘子推到一边、自己蒙住眼睛、转动身体、大声尖叫、唱歌、自言自语、数数、在椅子上翻来覆去,或者(男孩子)打自己的脸。有一个小男孩把时间花在了看每一个方向,除了棉花糖的方向——他太饿了,以至于实验人员回来后给他第二块棉花糖时,他马上把两颗棉花糖全都塞进嘴里。

棉花糖实验似乎像水晶球一般能预知未来,这种诱惑力无法抵挡,但是,实验的原意却被误解了。米歇尔的合著者正田佑一(Yuichi Shoda)反复强调过,有很多吃掉棉花糖的学龄前儿童在长大后的发展也很不错。[①] 正田佑一认为,棉花糖实验最令人兴奋的部分是,儿童可以非常容易地改变某一种特定行为,而这种改变只需要简单的心理策略,例如把棉花糖想象成一朵云,而不是一种食物。在心理学界,关于性格形成过程中先天与后天各自的角色有着极端的争论,而正田佑一的"后棉花糖实验"研究已经成为这一争论中的桥梁。一方极端地认为,人的性格几乎完全是天生的;而另一方则认为,人的个性完全由环境塑造。正田佑一认为,两种所谓的"人—环境"极端观点都是对的,也都是错的。在人生中某一个特定的节点,一个人的天性可以影响其应对特定环境的方式,但是天性在其他环境下的表现可能会有惊人的不同。正田佑一和米歇尔一起开始研究"如果—那么"特征。如果大卫在一个盛大的派对上,他看起来是内向的;但是如果大卫和自己的团队一起工作,他看起来就是外向的。所以,大卫到底是内向还是外向呢?好吧,大卫既内向又外向,而且一直是这样。

奥加斯和罗斯把这种现象称为"环境法则"。2007年,米歇尔记录道:"这些研究成果主要体现了,在家里表现出很强攻击性的孩子,在学校可能就没有那么好斗;求爱被拒绝后表现得非常不友善的人,

---

[①] 一项实验复制了当年的棉花糖实验,其结果于2018年发表。此次实验发现,实验对于被试后期行为的预测能力不如当年的棉花糖实验。——作者注

在工作上被批评后,反而表现得异常宽容;在医生诊室里焦虑不安的人,可能是一个沉着冷静的登山者;敢于冒商业风险的企业家极少承担社会风险。"罗斯给出了更口语化的说法:"如果你今天开车时既认真又神经质,那么我们很容易就能预测你明天开车的状态——还是既认真又神经质。与此同时……当你在本地的酒吧和乐队成员一起翻唱披头士的歌曲时,你可能既不认真,也不神经质。"也许,这也是丹尼尔·卡尼曼和同事们在军队时(见第1章)无法预测谁能在战争中成为领导的原因——他们依靠的是士兵们在障碍训练中表现出的领导水平。当我还是一名大学田径队的运动员时,一些队友在跑道上似乎有无穷无尽的动力和决心,而在教室你几乎看不到他们的身影,反之亦然。与其询问一个人他(她)是否坚毅,我们应该问他(她)什么时候能表现出坚毅。"如果你把一个人代入到其适合的环境里,"奥加斯说,"他们更有可能努力工作,从表面来看也更加坚毅。"

随着时间的推移、经验的增长以及环境的变化,人的性格也随之改变,正因如此,当经历的时间尚短、经验尚浅、体验过的环境范围也极其有限时,我们的水平就不足以设定一个无法更改的长期目标。每一个"我的故事"都在持续发展变化。我们都应该学习《爱丽丝梦游仙境》(Alice's Adventures in Wonderland)的主人公爱丽丝的智慧,当她被仙境中的鹰头狮格里芬要求分享自己的故事时,爱丽丝决定从她开始漫游的当天早晨讲起。"回顾昨天也没有用,"她说,"因为今天的我已经和昨天不一样了。"爱丽丝捕捉到了一些真理,其对于用最佳方法把匹配质量提升到最高程度有着深远的影响。

埃米尼亚·伊贝拉(Herminia Ibarra)是伦敦商学院组织行为学教授,她研究了年轻的咨询师和银行家在"非升即走"型的公司里如何获得晋升（或者不晋升）。在项目结束的数年之后，伊贝拉继续跟踪了这些咨询师和银行家，她发现，那些崭露头角的新星要么早就离开公司去开始新事业，要么正在酝酿逃跑计划。

伊贝拉开始了另一项研究，这次研究的对象增加了，包括互联网企业家、律师、医生、教授和IT专业人士。研究的核心是职业转型。伊贝拉跟踪着这些野心勃勃的专业人士的发展，他们大多数都是三四十岁，工作地点在美国、英国和法国，至少有八年以上的线性职业路径。在这次研究的过程中，伊贝拉目睹了处在职业生涯中期的专业人士从寻求改变的渴望一闪而过，到转型期的不安，再到真正转到一个新职业的整个过程。她偶尔会看到在同一个人身上发生两次这样的完整过程。当伊贝拉在汇总这些发现时，核心前提既简单又深刻：我们只有通过生活才能了解自己是谁，而不是依靠过去。

伊贝拉总结了人一生中能把匹配质量提升到最高的方法：尝试各种不同的活动、社会团体、环境、职位和行业，之后回顾并调整自我描述。然后再重复。这听起来有些敷衍，但是想想那些铺天盖地的营销手段吧——只靠自省就能确保客户找到最佳匹配，而伊贝拉总结的方法恰好站在这些营销手段的对立面。利润丰厚的职业与性格测试，以及相关的咨询行业，就是靠这种营销概念活下来的。

伊贝拉对我说，所有的"自我力量发现"之类的咨询建议，都会让人们将自己或他人归类，却没有考虑到我们成长、进化、成功和发现新事物的程度。"所有那些所谓的优势识别，就好像给人们发了一张执照，有了这个执照，我们就可以把自己和其他人分门别类，但是完全没有考虑到我们成长、进步、发展了多少，以及我们发现了多少新东西，"伊贝拉告诉我，"但是，人们都需要知道答案，所以这种思维框架才有销路。那么比起这种测试和咨询，对大家说：'好，来做几个实验，看看会发生什么。'显然就难得多。"

只要你回答完了测试题目，这些测试就标榜自己能够照亮你的职业道路,帮你选择出最理想的职业,完全无视心理学家记录的那些性格随时间和环境变化的现实。伊贝拉还批评那些传统智慧类的文章,比如刊登在《华尔街日报》(*Wall Street Journal*)上的《转向新职业的无痛苦之路》(*the painless path to a new career*),这篇文章认为,转向新职业可以完全避免任何痛苦,秘诀就是在行动前"清晰地了解自己到底要什么",就这么简单。

伊贝拉告诉我,事实正好相反,"先做再想"才是正确的,这些宣传把这个神圣的公理巧妙地颠倒了。伊贝拉仔细梳理了社会心理学观点,进行了有力的论证——我们每个人都是由无数的可能性组成的。正如她所说:"我们需要通过实践——尝试新的活动、建立新的网络、寻找新的榜样——来发现这些可能性。"我们在实践中了解自己,而不是在理论中。

回想一下弗朗西斯·赫塞尔本的经历:她一次次地假设自己在某个新领域只是浅尝辄止,直到她的同龄人都快退休,她才发现自己的一次次短期计划构成了完整的职业道路。再想想凡·高:他一次次笃信自己找到了最完美的事业,又一次次通过实践发现了自己走错了道路,直到他找到了正确的那一条。

伊贝拉还记录了一些极端的转型案例:三十八岁的皮埃尔是一名精神科医生,同时也是一位畅销书作家,在一次晚宴上,他遇到了一位喇嘛,由此开始了他曲折的自我探究旅程,最终,皮埃尔成了一名僧侣。当然,也有更多相对普通的情况:四十六岁的露西是一名经纪公司的技术经理,她从企业组织发展顾问那里获得了批判性的个人反馈,这让她震惊不已,露西雇用了这位女性顾问来做自己的私人指导。露西很快意识到,自己更喜欢从事管理工作(这是她的软肋,顾问说服她相信了这一点),而非技术岗位。她开始参加课程和会议,逐步拓展自己的个人社交网络,看看自己究竟能干点什么。通过每次完成一点工作,弱项逐渐变成了强项,露西自己变成了一名组织发展顾问。

在转型过程中，问题逐渐显露出来。主人公们开始对眼下的工作缺乏满足感，机缘巧合之下，他们遇到了之前从未见过的世界，这引领他们开始了一系列的短期探索。最初，所有的职业转型者都成了"赢在起跑线"热潮的受害者。他们发现，放弃自己的长期计划，转而选择快速变化的短期计划，这种做法显然不够理智。有时他们会自己劝自己：赶紧放弃短期计划吧。知心朋友也提醒他们不要操之过急；朋友们会劝说，现在先别着急换工作，还是先把这个新的兴趣或才能当成爱好吧。但是，他们越是涉猎这些短期计划，他们就越笃定当下正是改变的时机。一种新的工作身份不会一夜之间就冒出来，但是，可以从暂时性的工作开始，例如赫塞尔本经历的工作类型；或者找到一个新的模式，再根据经验反思，转向下一个短期计划。有些职业转型者变得更加富有，有些则更贫困；所有的转型者都觉得自己暂时落后，但是，在《魔鬼经济学》的抛硬币实验里，所有的人都因为做出改变而更加快乐。

伊贝拉对于短期计划的建议几乎和"黑马项目"研究人员所记录的一模一样。"我到底想成为怎样的人？"面对这个问题，与其盼望获得一个无比权威、不容置疑的先验答案，研究人员的结论是：不如自己当自己的研究者，问自己一些能回答的简单一点的问题——"面对着那么多可能的自我，我应该选择哪个自我开始探索？我怎么样才能实现这种探索？"先去接近可能的自己。[1] 比起庞大的计划，我们应该选择能够更快上手的实验。"先测试，再学习，"伊贝拉告诉我，"而不是先计划，再实践。"

---

[1] 电视剧《实习医生格蕾》（*Grey's Anatomy*）和《丑闻》（*Scandal*）的编剧珊达·瑞姆斯（Shonda Rhimes）在她所谓的"说是的一年"（"Year of Yes"）中表现得近乎极端。她是一个内向的人，对于每一个意料之外的邀请，她都倾向于拒绝。她决定完全颠覆此前的想法，在一整年里对每件事都说"是"。在这一年结束后，她对于自己到底想专注于什么有了深刻的理解。——作者注

保罗·格雷厄姆（Paul Graham）是一名计算机科学家，同时也是著名的创业投资孵化器 Y Combinator 公司的联合创始人——旅游房屋租赁平台爱彼迎（Airbnb）、云存储工具多宝箱（Dropbox）、在线支付服务商条纹（Stripe）和流媒体视频平台老鼠台（Twitch）在初创期都由这家公司投资——他在一篇未发表的高中毕业演讲中概括了伊贝拉的原则：

> 从表面看，没有什么比决定自己的喜好更容易了，但是现实情况是，决定自己的喜好也很困难，部分原因是我们不知道大部分的工作到底是在干什么……在过去的十年中，我做过的那些工作，在我上高中时还都不存在……在这样的世界里，一成不变的计划可不是个好主意。
>
> 但是一到每年五月，全国的演说家们都在毕业典礼上发表标准的毕业演讲，鼓舞毕业生，而演讲的主题就是：不要放弃你的梦想。我明白他们的意思，但是这并不是一个好的表达方式，因为这种说法其实是在暗示你：一定要去完成你很早之前定下的计划。在计算机世界，有一个专门的词来形容这种情况：过早优化……
>
> ……与其先设定目标再工作，不如从有希望的环境开始工作。这是成功人士的最真实经历。
>
> 如果按照毕业演讲的思路，你已经决定了二十年后你想成为怎样的人，然后问自己：我现在能做什么才能实现计划？我的建议是，先不急于投身未来的事情，只关注眼下可能的选项，选择那些能够给予你前途的选项。

伊贝拉所说的"先计划，再实践"模式——第一步，我们需要先制订一个长期计划，然后分毫不差地去执行它。这跟"先测试，再学习"模式相反——后一种模式在关于天才的描述中不可或缺。关于雕塑家米开朗基罗，流传着这样一个传说：他都不用触摸，就能透过一整块大理石看到自己要雕刻的形象，随后，只要简单地把没用的部分凿掉就行，雕塑的形象自然就显露出来。这种说法确实极其玄妙，但并不是事实。艺术史学家威廉·华莱士（William Wallace）证明了米开朗基罗其实是一位"先测试，再学习"的全能艺术家。在创作时，米开朗基罗经常改变主意，修改自己的雕刻计划。他留下 3/5 的未完成作品，这样每次雕刻都可以更有进步。华莱士在分析的第一行写道："米开朗基罗没有阐释过任何一个艺术理论。"他曾经尝试过，然后却和艺术理论渐行渐远。他是雕塑家、画家、建筑大师，还为佛罗伦萨的防御工事做工程设计。在他快三十岁的时候，他甚至把视觉艺术完全丢到一边，徜徉在诗歌的海洋里（其中还包括一首他越来越讨厌画画的诗），这些诗也只完成了一半。

和任何一个急于提升匹配质量的人一样，米开朗基罗也学着了解自己是谁、自己在雕刻谁——这一切都发生在实践中，而不是理论中。他从一个想法开始，先测试，再改变，愿意为一个更适合的项目放弃最初的想法。米开朗基罗可能会在硅谷如鱼得水——他就像一个坚持不懈的迭代器。他按照伊贝拉的新名言在工作："当我看到我在做什么时，我才知道自己是谁。"

解密时间到。在采访了"黑马计划"之后，我也受聘成为研究的一员，因为我曲折的职业道路也是由一个个短期计划组成的。我和这项研究很有共鸣，一部分是因为我自己的经历，更多地是因为它描述了我仰慕的众多人才。

塞巴斯蒂安·荣格尔（Sebastian Junger）是一位纪实作家，也是一位电影制作人。在他二十九岁时,他还是一名棚架工人,他的安全带就系在松树的树冠上。当他用链锯误伤自己的腿时,他决定开始写作,专门记录这些危险的工作。受伤两个月后,他依然跛足难行,此时,在他居住的位于马萨诸塞州的格罗斯特,一艘出海捕鱼的渔船失踪了。商业捕捞成为他的主题,电影《完美风暴》(*The Perfect Storm*)也应运而生。荣格尔坚持把危险的工作当作电影的主题,随后由他担任导演的纪录片《雷斯特雷波》(*Restrepo*)获得了奥斯卡提名。"那次受伤可能是我遇到的最好的事情了,"他告诉我,"它让我得以思考自己的职业生涯。事实上,每件发生在我身上的好事,我都能把源头追溯到一件坏事上。所以,我的感觉是:当事情发生时,你也不知道这到底是好还是坏。你也没办法知道。你只能等待,才能发现。"

我最喜欢的作家可以说是黑马中的黑马。村上春树想当一名音乐家,"但是我弹不好那些乐器。"他这样说。二十九岁时,他在东京经营着一家爵士酒吧。有一天,他去看一场春季的棒球比赛,球棒击球时——"一记漂亮又干脆的二垒安打。"村上春树写道——这给了他启示,他可以写小说。这个念头是怎么来的呢?"我当时不知道,我现在也不知道。"他开始在夜里写作。"写作让我感觉非常新鲜。"村上春树的十四部小说(所有小说都明显和音乐相关)已经被翻译成五十多种语言在全球出版。

奇幻小说作家帕特里克·罗斯福斯(Patrick Rothfuss)在大学时最初的专业是化学工程,这"给我一个启示,就是化学工程无聊透顶"。他花了九年的时间在各个专业跳来跳去,"在校方的恳请下才毕业"。根据他的官方介绍:"帕特里克在大学毕业后进入了研究生学院。但是他丝毫不想提及此事。"与此同时,他开始尝试写小说,进展有些缓慢。这部名为《风之名》(*Name of the Wind*)的小说(其中反复出现了很多与化学相关的内容),在全球卖出数百万本,也是接棒《权力的游戏》(Game of Thrones)的潜在的电视剧素材。

希拉里·乔丹（Hillary Jordan）曾经是我的邻居，当我住在布鲁克林的一处公寓时，她就住在我楼下。她告诉我，在开始写小说之前，她曾经在广告行业工作了十五年。她的第一部小说《泥土之界》(Mudbound)凭借对社会议题的关注，获得了美国社会领头羊小说奖。小说的电影版权被网飞公司买下，在2018年获得了四项奥斯卡提名。

和希拉里·乔丹不同，玛丽亚姆·米尔扎哈尼从小就渴望成为一名小说家。年少的她被学校附近的书店所吸引，写作一直是她的梦想。可是她又必须要上数学课，"我对思考数学问题不感兴趣"，米尔扎哈尼在多年后这样说。最终，她把数学看成一场探险。"这就像是迷失在丛林中，你必须调动自己全部的知识发掘新办法，还需要一些运气，你才能找到出路。"2014年，米尔扎哈尼成为第一位获得菲尔兹奖的女性，这是全世界最著名的数学奖项。

在我供职于《体育画报》期间，我结识了很多运动员，而我最欣赏的一位就是英国铁人三项运动员（也是一位作家和慈善家）克里斯·威灵顿（Chrissie Wellington），她二十七岁才第一次骑上公路自行车。当她在尼泊尔从事污水净化项目时，她发现自己很享受骑行，而且她的骑行速度很快，在喜马拉雅山的高海拔地区能够和夏尔巴人齐头并进。回国两年后，她第一次获得了世界铁人三项赛的冠军，这是她四个世界冠军中的第一个；随后她又参加了一系列铁人三项比赛，获得了十三个冠军头衔，而这项事业她起步得很晚，也只持续了五年时间。"我对这项运动的激情没有减少，"她在退役时这样说，"但是我对新体验和新挑战的渴望之火正在熊熊燃烧。"

我非常喜欢爱尔兰戏剧，最喜欢的演员是赛伦·希德（Ciarán Hinds），他因为出演HBO电视剧中的角色而闻名——《罗马》(Rome)中的尤利乌斯·恺撒和《权力的游戏》的"塞外之王"曼斯·雷德——他还在 AMC 的剧集《极地恶灵》中饰演角色。他的配音经历也很丰富，最著名的就是《冰雪奇缘》（*Frozen*）中的地精爷爷。这本书让我有机会向赛伦·希德询问他的职业道路。他回忆道，自己曾经是一个"轻浮的游荡者"，当他被贝尔法斯特女王大学录取，成为一名法学生时，他对自己未来的方向毫无头绪。他的注意力很快转移，"因为对斯诺克、扑克和实验性舞蹈产生了强烈兴趣。"他这样告诉我。十二岁的赛伦·希德曾经在学校的演出中扮演麦克白夫人，一位老师看到了他的表演，他建议希德放弃法学，申请戏剧学院。"这位老师人非常好，他还去跟我的父母探讨这件事，而我的父母对此感到恐惧，"希德说，"最后我进入英国皇家戏剧学院学习，我的专业戏剧之路从那时才开始。"

史蒂芬·奈非和他已故的合作伙伴格雷戈里·怀特·史密斯合著的凡·高传记，是我读过的所有类别的书中最好的一本。奈非和史密斯在法学院中相识，两个人都意识到自己并不适合法学。他们开始一起写作，从真实的罪案到男士风尚，他们写作的话题包罗万象，连编辑都告诉他们应该选择一个类别固定下来。乐于投身新领域，让他们有了意想不到的收获。另一个出版社的编辑请他们撰写一本如何利用律师服务的指南，这促使他们成立了最佳律师公司（Best Lawyers），也催生了同行推荐类出版物这一庞大产业。"如果我们没有接受（为人们选择律师提供参考）这个主意，也没有把这个主意变成现实，"奈非告诉我，"我们的生活肯定与现在完全不同，这和我们之前做的任何事情都不一样。"他们可能就没有条件和自由去花上十年时间研究关于凡·高的传记，获得普利策奖的关于杰克逊·波洛克（Jackson Pollock）的传记也可能无法问世。

奈非告诉我，波洛克"确实是纽约艺术学生联盟（Art Students League）里最没天分的学生之一"。奈非认为，波洛克和凡·高一样，对于传统的绘画技巧都掌握得不好，所以他创造了自己的艺术创作法则。越来越多的学校提供标准化的艺术道路,"其中的一个问题就是,艺术家都变成了这些学校生产出来的产品。"奈非说。奈非自己也是一名艺术家。

也许正是这种现象激发了所谓"域外艺术"的大爆炸,这些"域外艺术"或"局外人艺术"的参与者一开始并没有踏上这种标准化的艺术道路。当然,通过正式的才能培训系统成为艺术家没有任何问题,但是,如果这是成为艺术家的唯一渠道,有些最耀眼的才能可能会被埋没。"域外艺术家"就像是自学成才的爵士乐大师,只不过领域变成了视觉艺术,而他们作品的原创性令人叹为观止。2018年,美国国家美术馆为自学成才的艺术家们举办了一个专门的完整展览;斯坦福大学、杜克大学、耶鲁大学和芝加哥艺术学院的艺术史项目现在都有关于"域外艺术"的研讨班。2015 年,凯瑟琳·詹特森(Katherine Jentleson)被任命为亚特兰大海氏艺术博物馆自学艺术类的全职策展人,她告诉我,这些自学成才的艺术家基本上都抱着实验的心态开始创作,做自己喜欢的事情,他们同时还有自己的本职工作。"大部分人直到退休之后才认真地开始艺术创作。"詹特森说。

詹特森把我引荐给了朗尼·霍利(Lonnie Holley),他是一名雕塑家和画家,也是著名的自学成才型艺术家。他成长于亚拉巴马州的一个赤贫家庭。1979 年,朗尼·霍利二十九岁,他姐姐的两个孩子在火灾中不幸丧生。这个贫穷的家庭连墓碑都负担不起,所以他只能收集附近铸造厂丢弃的砂石,然后自己雕刻。"我甚至连艺术是什么都不知道!"他说着,眼睛瞪得圆圆的,好像被自己的经历吓了一跳似的。但是这种感觉很好。他为其他的家庭镌刻墓碑,并且开始在他能找到的任何东西上练习雕塑。我和他一起站在亚特兰大一家画廊的门口,那里有他作品的特展,这时,他随手拿起一枚回形针,快速地弯成一张人脸的复杂剪影,前台的一位女士正在用铅笔写字,他把这枚剪影回形针插进铅笔的橡皮头,给铅笔注入了艺术气息。很难想象他在进行艺术创作之前过着怎样的生活,他的双手开始探索现有材料的变化之前,他可能接触不到正式艺术创作所使用的材料。

詹特森指引我来到了位于亚特兰大西北 90 英里的天堂花园,这是已故牧师霍华德·芬斯特(Howard Finster)的资产,里面被画作和雕塑占据。霍华德·芬斯特就是当代艺术领域的赫塞尔本。芬斯特长期在自己的土地上收集各种展品,从各类工具,到各种结满果实的植物,什么都有。1976 年的一天,当时五十九岁的他正在修理自行车,他发现自己拇指上的一块白色斑点很像人脸。"一股暖流涌遍全身。"他回忆道。芬斯特立即开始了艺术创作,数万件艺术品塞满了他的房子,其中有几千幅是用他独特的半卡通风格创作的绘画作品,描绘着各种动物和人物——猫王(Elvis)、乔治·华盛顿(George Washington)和天使——别出心裁地放在灾难式的背景上。很快,他出现在了约翰尼·卡森(Johnny Carson)的《今夜秀》(Tonight Show)节目中,并且为 R.E.M. 乐队和传声乐队(Talking Heads)设计专辑封面。在天堂花园的入口,首先映入眼帘的就是煤渣砖墙上一副巨大的自画像,画中的芬斯特身穿紫红色西装,得意地笑着。在画的底部写着这样的文字:"我从 1976 年 1 月开始画画——没有接受任何训练。这就是我的绘画。除非去尝试,否则一个人不会知道自己能做什么。想要找到自己的才能,答案就是去尝试。"

第 8 章
局外人的优势

阿尔菲斯·宾汉姆（Alpheus Bingham）是第一个承认这一点的：他是超专业化人士，至少从理论上来说他确实是。"我不是化学博士，我是有机化学博士！"他宣称，"严格地说，如果研究内容没有碳元素，那就不是我的领域了。"

在20世纪70年代，宾汉姆还在研究生学院，他和同学们必须要研究出制造特定分子的方法。"这些男生和女生都很聪明，我们是可以生成这些分子的，"他告诉我，"但是，总是有人能想出更聪明的办法。我开始留心观察，我注意到，那些最聪明的法子都不是来源于课堂上的知识。"直到有一天，他也成了最聪明的学生之一。

他想出了一个简单巧妙的办法，可以用短短的四个步骤合成一种分子，而这个办法的核心知识竟然和塔塔酱有关，宾汉姆从小就知道这种烘焙配料。"你可以去找二十个化学家问问塔塔酱是什么，他们大部分人都不知道，"他说，"这种与众不同的解决方案，既不在哪门课程里，也不在某人的简历上。我发现，总有一些偶然的想法能够让解决方案更聪明、更划算、更高效，也更省钱。所以我从这个想法出发，思考问题是如何被解决的，再到'如何建立一个组织，用这种方法解决问题'。"多年以后，当宾汉姆成为礼来公司（Eli Lilly）研发战略副总裁时，他可以有机会建立这个聪明的组织了。

2001年春天，宾汉姆收集了二十一个困扰着礼来公司科学家们的问题，随后询问一名高管，是否可以把这些问题放到网站上，并且设置为任何人可见。这位高管表示，如果麦肯锡咨询公司觉得这是个好主意，那他就同意。"麦肯锡的意见是，"宾汉姆回忆了一下，"'那谁知道呢？你不如先这么干吧，然后告诉我们答案。'"宾汉姆照做了，但是，当那些提出问题的科学家看到问题被发布在网上之后，"每个人都给首席科学家写邮件，他们坚称这些问题不能被公之于众，这都是非常机密的问题：'你觉得除了我们还能有谁能解答这些问题？'"这是科学家们的立场。如果这些接受过最顶级教育、在这一领域最专业、拥有最丰富资源的化学家被技术问题难住了，怎么可能还有其他人能够帮助解决问题？首席科学家把每个问题都从网页上删掉了。

宾汉姆去游说首席科学家。那些绝对不会泄露商业秘密的问题至少是值得一试的吧，如果没人能回答，也不会有什么损失。首席科学家觉得宾汉姆的观点不无道理。于是这个网页又重新上线了，到了秋天，礼来公司收到了很多答案。宾汉姆告诉我，当时的美国正笼罩在炭疽攻击事件的恐慌之中，但他是极少数乐于收到白色粉末的收件人。"我赶紧把粉末放到分光仪下，"他说，"接下来就是：'哇，我们获得了另一种解决办法！'"陌生人发明的物质解决了一直困扰礼来科学家的问题。正如宾汉姆所预计的那样，局外人的知识才是解决问题的关键。"这证实了我们正在进行的假设，但是我还是震惊了，这些知识储备怎么可能被隐藏在其他学科里。我确实没想到会从律师那里收到解决方案。"

一位律师提供了一种分子的合成技术，他的相关知识都来自平时的化学专利案件。这位律师写道，当他想出这个解决办法时，"我想到了催泪瓦斯"。这就像宾汉姆利用塔塔酱一样。"催泪瓦斯和这个问题没有任何关系，"宾汉姆说，"但是他发现，催泪瓦斯和我们需要的分子在化学结构上有相同之处。"

宾汉姆注意到，成功的公司倾向用所谓的"局部寻找"方式来解决问题：请单一领域的专家介入，并且使用那些已经用过的解决方案。与此同时,宾汉姆邀请局外人的方式大获成功,已经可以自立门户,成立一个全新的公司——被命名为"创新中心"(InnoCentive),以"寻找者"的身份面向各行各业,通过付费发布"挑战信息",为外行"解决者"提供奖金。在全部问题中,完全被解决的占了1/3多一点,这已经是一个很高的比例了,毕竟创新中心选择的问题把发布问题的专家们都难住了。在这个过程中,创新中心意识到,自己可以帮助寻找者"优化"一下问题描述,提升获得解决方案的可能性。诀窍就是:重新描述问题,使之可以吸引各种不同行业的解决者。一项挑战不仅受到科学家的关注,同时还能被律师、牙医和机械工程师关注,这才是更受关注的问题,被解决的可能性也更大。

宾汉姆把这种思维方式叫作"请来局外人":远离那些围绕着问题本身的专门训练,从八竿子打不着的其他经验中寻找答案。历史中充斥着用这种方法改变世界的例子。

拿破仑曾经为部队的补给感到焦虑,因为他的军队能携带的补给只够消耗几天。"饥饿比刀剑更加凶残。"公元四世纪的一位罗马军事编年史作者写道。拿破仑是科学和技术的支持者,所以在1795年,他专门为食物保存研究设立了奖金。许多世界知名科学家深入研究这一问题,耗时超过了一个世纪,参与者甚至还包括爱尔兰科学家罗伯特·波义耳(Robert Boyle)——他被誉为"现代化学之父"。这些伟大的科学家失败了,而来自巴黎的食品和甜点商尼古拉·阿佩尔(Nicolas Appert)找到了解决办法。

罐头加工业协会把尼古拉·阿佩尔称为"万事通"。他在味觉的世界里纵情遨游——制作糖果、酿造葡萄酒、担任厨师、生产啤酒、腌制泡菜,他会的可不止这些。他在食品烹饪领域涉猎也异常广泛,在面对食物保存的难题时,他拥有科学家们不具备的优势。"我的日子都是在食品储藏室、酿酒厂、库房、香槟酒窖、商店、制造厂、糖果厂仓库、蒸馏酿酒厂和食杂店度过的,"他在《保存肉类与蔬菜食材的技术》（*Art of Preserving All Kinds of Animal and Vegetable Substances for Several Years*）中这样写道（这个书名也是名副其实），"在我的实验过程中，我充分利用自己的优势，而绝大部分投身食物保存研究的人都不具备这些优势。"他把食物放在厚厚的香槟瓶子里，然后把瓶口封上以保证密封性，再放到开水里煮上几个小时。正是因为阿佩尔的发明创造，才有了罐头食品的诞生。他曾把一整只羊保存在瓦罐里，只为了炫耀一下自己的发明创造。因为阿佩尔的方法成功保存了食物中的营养，水手的噩梦——维生素 C 缺乏症从此不再是致命的诅咒，而是可以避免的麻烦了。这一科学上的重要顿悟——高温可以杀死微生物——比路易斯·巴斯德（Louis Pasteur）的发现还早了 60 年。阿佩尔的方法给公共卫生带来了一场革命，但是对拿破仑来说就不甚幸运了，阿佩尔的方法跨越了英吉利海峡。1815 年，拿破仑在滑铁卢惨败，他携带的补给品都被英军吃掉了。

阿尔菲斯·宾汉姆的批评者认为，聪明的局外人和业余涉猎者确实取得了突破，不过这都是过去的事情了。这些批评者觉得，昔日的突破是一种假象，在当今这个"超专业化"的时代，这些局外人起不到什么作用。没错——我们是国际制药巨头，帮帮我们吧，请思考并创造出一种分子，我们需要这种分子作为基础，再去合成其他分子。这些知识太晦涩了，以至于我们毫不介意公之于众。同时，因为我们在这个问题上遇到困难，外面的人也不知道我们该如何解决。用"请来局外人"的办法来解决困扰专家们的难题，连宾汉姆自己的期望值也很低。"如果美国宇航局（NASA）研究了三十年的问题被局外人解决了，"他告诉我，"那我绝对会非常震惊。"

当时的具体情况是这样：美国宇航局无法预测太阳粒子风暴，太阳喷射出的放射性物质可能会严重伤及宇航员，以及宇航员赖以生存的设备。太阳物理学家对外行人的帮助持怀疑态度，这一点可以理解，但是当这个问题困扰了科学家们三十年之后，也就无所谓了。

2009年，美国宇航局通过创新中心发布了这个问题。问题发布的六个月内，布鲁斯·克莱金（Bruce Cragin）就解决了这个问题。克莱金是一名已退休的工程师，退休前在斯普林特通信公司（Sprint Nextel）工作，目前住在新罕布什尔州的农村地区，他用望远镜接收到的无线电波解决了这个问题。退休前，克莱金曾经和科学家们合作过，他发现，那些专业化的科学家常常囿于细节的泥潭中无法自拔，忽略了实际可行的解决方案。"我认为这种非专业经历能够帮人走出困境，继续前进。"克莱金说。一位美国宇航局的官员委婉地指出，最初克莱金的解决方案"遇到了一些阻力，因为他用的是完全不同的方法论"。

这正是问题的关键。当然，阿佩尔和克莱金多少有一些相关的工作经历。不过，其他的局外人解决者之所以成功，就是因为他们没有任何经验。

1989年，埃克森·瓦尔迪兹号油轮在威廉王子湾附近触礁，装载的原油全部泄漏。这是一次巨大的生态灾难，也是渔业的大灾难。当原油和海水混合在一起时，负责清理溢油的工人把海面上黏稠的物质称为"巧克力慕斯"——在寒冷的海水中，处理溢油的人面对的是像花生酱一样黏稠的物质，想要清除这些溢油极其困难。

埃克森·瓦尔迪兹号漏油事件发生于1989年，近二十年后，依然有32 000加仑的原油无法清除，顽固地附着在阿拉斯加海岸线上。溢油治理的最大难题是：驳船把海上的石油撇去进行回收，接下来该如何把这些油从驳船上抽出？斯科特·佩高（Scott Pegau）是溢油回收研究所的研究项目经理，这个研究所就设在阿拉斯加。2007年，斯科特觉得也应该尝试一下向创新中心咨询。如果有人能把冷冻的"巧克力慕斯"从回收船上抽出来，他愿意提供两万美元的奖励。

许多想法接踵而至，但是绝大部分实践起来都太过昂贵。而约翰·戴维斯（John Davis）的解决方案便宜又简单，佩高一看就笑逐颜开。"每个人看到这个方案的时候都说：'对，这个应该可行。'"佩高说道。

约翰·戴维斯居住在伊利诺伊州，是一位化学家，他在出差等飞机时思考着溢油处理问题。作为一名化学家，他很自然地想到了用化学方式来解决问题，但是后来，他彻底改变了这种想法。"我们想要处理的污染物本身就已经是化学品了，"戴维斯告诉我，"所以应该尽可能避免再使用化学方法。"这样才能避免二次污染。他放弃了自己的专业知识，选择了化学领域以外的其他类比思考。"我把这个问题比作喝冰沙饮料，"他说，"喝到最后，你必须要用吸管在杯里搅一搅才行。那么，怎样做才能毫不费力地把冰沙都弄出来呢？"

冰沙问题让戴维斯想到了关于建造楼梯的一次短暂经历。数年之前，好友请他帮忙参与修建一段混凝土楼梯，把好友的房子和旁边的湖连接在一起。"他们只是需要一个额外的力工，提提水桶或者干点别的无聊的体力活，"戴维斯告诉我，"可我又不是一个超级强壮的人，所以，实话实说，我干得不怎么样。"

混凝土在山顶处被卸下，山脚需要混凝土时，就让其顺着沟槽倾泻而下。戴维斯站在山顶处，他担心，大部分的混凝土还没来得及顺流而下就已经在太阳照射下变硬了。他赶紧提醒了朋友的哥哥。"看我的。"朋友的哥哥对戴维斯说。他拿起一根棍子，在上面绑了一个马达，然后插进混凝土中。"混凝土马上就流动起来了，像液体一样哗哗地流。"戴维斯回忆着当时的场景。这根棍子就是混凝土振动器，就像它的名字一样，它会保持震动，避免混凝土固化在一起。"当我想到这个例子时，那一瞬间我就觉得：找到答案了！"戴维斯说。

他打电话给一家销售混凝土振动器的公司，了解了一些细节问题，然后制作了一个图表来描述振动器如何轻松地和驳船连接，以及振动器如何搅动"巧克力慕斯",就像搅动混凝土一样。算上图表,整个解决方案一共只有三页。

"有时候你只是拍拍脑袋,说一句:'我怎么就没想到呢?'如果业内人士能轻松解决某个问题,那么这个问题早就得到解决了,"佩高说,"我觉得这种情况发生的频率比我们愿意承认的频率要高,因为我们倾向于使用从行业内收集到的所有信息来看待问题,有时候这些信息只会把我们带入死胡同。这样就很难回到最初的起点,再找到另一条路。"佩高的描述基本上概括了定势效应,这是一个心理学术语,它描述的是:问题的解决者总是倾向于使用那些已经熟悉的方法,即使有更好的办法在眼前,他们也不会选择。这之后,戴维斯又通过解决难题获得了一笔现金:这次寻求帮助的是一个脱毛类的产品。戴维斯回忆起了儿时把口香糖粘在腿上的情形,给出了一个解决方案。

我向戴维斯提问:你是否倾向于把问题和不相干的类比联系在一起?这些类比都脱离你的专业,基本上都是生活中随机出现的。戴维斯不得不稍加思考。我又问,那你处理化学问题时是不是也用这种方式?"其实,不是完全这样,"他回答,"因为面对一些问题或者疑问,你必须要跳出圈子来思考。"

创新中心的模式之所以起作用,部分原因就是,现在的专家们越来越狭隘,越来越过度专业化,而所谓的"圈子"就像俄罗斯套娃。按照不同的专业方向,某个领域的专家们被划分为子专业的专家,很快,子专业的专家们再次被划分为"子专业下的子专业"专家。即使他们能够跳出小套娃的圈子,但是他们还是囿于外面那一层圈子——稍大一号的娃娃。克莱金和戴维斯则是完全跳出圈子的"局外人",

他们从头开始，可以直接看到解决办法，而圈子里的局内人看似拥有各种训练和资源上的优势，却苦寻解法而不得。面对着困扰整个公司或行业的难题，局外人给出了答案，这让他们自己也有点困惑。

"我花了三个晚上写完的，"另一位局外人解决者这样告诉《科学》杂志，他成功地回答了强生公司在生产结核病药物时遇到的问题。卡里姆·拉哈尼（Karim Lakhani）说："我觉得，这样一家医药巨头无法解决这种问题，真是太诡异了。"卡里姆是哈佛大学创新科学实验室的联合负责人，他邀请创新中心上的问题解决者回答一个问题：他们解决的问题和自己的专业有多少关联？结果他发现："问题离解决者的专业越遥远，他们解决问题的可能性就越大。"

随着专业的圈子越来越小，而且局外人在网上参与也越来越容易，"对新的解决方案的探索现在逐渐超出了传统公司的界限。"拉哈尼和同事们这样描述道。我们直觉上认为，只有超专业化的专家才能推动现代创新，但是日益狭隘的专业化实际上为局外人创造了新的机会。

正如阿尔菲斯·宾汉姆发现的那样，当遇到难题时，组织倾向于在内部寻求解决方式。他们依赖那些专注单一领域的专家，并且使用那些以前已经用过的办法（回想一下第 5 章那个只有大肠杆菌专家的实验室）。如果这样行不通，那他们就只好卡在那里，动弹不得。对于那些最难解决的问题，"我们的研究发现，从问题自身领域找到的解决方式通常差一些，"拉哈尼表示，"局外人看似离题万里，但是当他们重新分析问题时，往往能取得突破，带来重大的创新。"

在创新中心展示了这一概念之后，其他组织也纷纷觉醒，开始向"请来局外人"解决高度专业化问题这一方向投资。卡格尔公司（Kaggle）和创新中心有些类似，但是卡格尔专门发布机器学习类的挑战——一种不需人类介入，电脑可以自己教自己学习的人工智能方式。

卡格尔网站的贡献者超过四万名，排名第一的问题解决者叫戴树斌（Shubin Dai，音译），他居住在中国长沙。他平时的工作是领导一个为银行处理数据的团队，而卡格尔竞赛给了他涉足机器学习的机会。他最喜欢的问题类型都和人类健康或自然保护有关，比如利用卫星图像来辨别亚马孙热带雨林中人为损失与自然损失的区别，这一解决方案让他获得了三万美元的奖励。在一篇卡格尔的相关博客中，戴树斌接受了采访，当被问及自己的专业领域对于赢得比赛有多重要时，他回答说："说实在的，我觉得我们无法从自己的专业中获得什么好处……只用那些人所共知的方法去赢得比赛是很困难的。我们需要的是更有创造性的解决办法。"

佩德罗·多明戈斯（Pedro Domingos）是一位计算机专业教授，也是机器学习的研究者。他说："在卡格尔网站上赢得健康类比赛的人没有接受过医学训练，也没有学习过生物学，他们甚至也不是真正意义上的机器学习专家。知识就像一把双刃剑，它让你能够完成一些事情，但同时也蒙蔽了你——其他的事情你也可以做到。"

唐·斯旺森（Don Swanson）发现机会来了——机会就是给布鲁斯·克莱金和约翰·戴维斯这样的人准备的——他们是把不同领域知识融合在一起的"局外人"。1952年，斯旺森获得了物理学博士学位，随后担任工业计算机系统的分析师，正是这份工作让他对信息的组织开始着迷。1963年，他来到芝加哥大学图书馆系的研究生院当院长。三十八岁离开私人公司，重返校园任职，斯旺森算是学校里的"另类"。芝加哥大学的任命通知这样写道："斯旺森是全国第一位领导图书馆专业的物理学家。"

斯旺森对越来越狭隘的专业化趋势感到担忧，他担心，这种趋势会导致出版物也变得狭隘——为了极少数的专家学者而出版，这样会压制创意的产生。"人类能理解的知识与现存的知识总量相比，相差悬殊，而这种差距只会持续扩大。"他曾这样说。斯旺森好奇，如果有一天，人们要花上一生的时间才能了解某一个特定的专业领域，那么如何才能推进这个领域的发展？1960年，美国国家医药图书馆需要使用大约100个特定的术语来检索文章。到了2010年，这个数字变成了100 000。斯旺森觉得，如果公共知识的大爆炸持续加速，那么各专业下面的子专业就会如同星系一般，逐渐互相远离，直到再也无法看到对方。由此，他认识到跨学科解决问题的重要性，但这确实是一个难题。

不过，斯旺森在危机中看到了机会。他发现，自己可以把科学文献建立联系：一些子专业领域的文献从未互相引用过，也没有科学家一起工作过，他把其中的信息联系起来，就有了新的发现。例如，通过系统地交叉引用不同学科的文献数据库，他发现了镁缺乏症和偏头痛研究之间的"11个被忽视的联系"，并建议对这些联系进行测试。他所发现的信息都是公开的，只是从未被联系在一起。斯旺森把这些知识命名为"未被发现的公共知识"。2012年，美国头痛学会和美国神经病学学会回顾了所有关于偏头痛预防的研究并得出结论——镁应该被视为一种常见的治疗方法。关于镁的作用，其被证明就像最常见的药物布洛芬一样有力。

斯旺森想说明，从未有过正式交集的各个领域的文献其实充满了宝藏，这些交叉学科的知识亟待我们去探索。为此，他创建了一个名为"Arrowsmith"的计算机系统，帮助其他人实现他的做法——在检索时提供看似遥远但是实际上相关联的科学文献，并且还催生了专门的信息科学，使得不同的知识领域互相连接，来解决专业互相远离的问题。

2012年，斯旺森去世了，所以我联系了他的女儿，政治哲学教授朱迪·斯旺森（Judy Swanson），想问问她是否曾经和父亲讨论过专业化的相关问题。当我见到她时，她正在参加一个会议，"很巧，这个会议就和社会科学领域的过度专业化有关系。"朱迪告诉我。从表面看，朱迪可是非常专业化。在院系的个人主页上，她的论文和著作一共有44项，每一项的题目中都含有"亚里士多德"。所以我问她，对于自己的专业化感觉如何？她似乎很吃惊。她告诉我，和同事们比起来，她觉得自己算不上专业化，部分原因是她要花时间给本科生上课，教学内容可不止亚里士多德。她告诉我："我应该做一些更专业化的事情，这让我觉得有些沮丧。"学校的院系不仅自然地把专业分成了子专业，他们还把狭隘主义奉为圭臬。

这样做其实是适得其反。卡里姆·拉哈尼在研究了创新中心后，得出结论：想要创造性地解决问题，关键是请那些使用不同视角的局外人——"只有这样，问题的'主场'因素才不会限制解决方式。"有时候，问题的"主场"条条框框太多，局外人才是真正唯一能看到解决方式的人。

一天，一封邮件的标题吸引了我的注意："奥运奖牌获得者和肌肉萎缩症患者拥有相同的基因突变。"

我之前写过一本与基因和运动有关的书，所以我觉得邮件可能是自己没读过的一些文献。但是，邮件来自一位肌肉萎缩症患者本人，她叫吉尔·维尔斯（Jill Viles），三十九岁，生活在艾奥瓦州。她精心研究了一种理论，把导致自己肌肉萎缩的基因突变和奥林匹克短跑选手的基因突变联系在一起，邮件中说她还可以提供更多的信息。

我期待收到她的信，或者是一些新闻简报。结果，我收到的是一沓家庭照片的原片、一份详尽的病历，还有一份19页的文件——详实地记录了由特定 DNA 位置变化引发的基因突变。她确实下了很大功夫。

在第 14 页上,有一张吉尔的照片,她身穿蓝色比基尼,一头蓬松的金发,微笑着坐在沙滩上。她的躯干看起来很正常,但是胳膊却细得吓人,就像插在雪人身上的树枝一样。她的下肢看起来无法支撑起身体,大腿还没有膝关节宽。

在吉尔的照片旁边是普丽西拉·洛佩斯–施利普(Priscilla Lopes-Schliep)的照片,她是加拿大历史上最出色的短跑选手之一。在 2008 年北京奥运会上,她获得了 100 米栏的铜牌。这种对比实在太惊人了。照片上的普丽西拉跨着大步,腿上都是肌肉,前臂上血管暴突。她的形象就像是二年级学生可能会画出来的超人。我无法想象外形如此迥异的两位女士会有相同的基因型板。

吉尔在网上看到了普丽西拉的照片,她从自己骨瘦如柴的体型上找到了一些共同点——她们四肢的脂肪全都消失了。吉尔的理论是,她和普丽西拉拥有相同的基因突变,但是普丽西拉没有发生肌肉萎缩——用吉尔的话说,普丽西拉的身体找到了"躲开肌肉萎缩"的办法,并且让她获得了大块的肌肉。吉尔希望,如果自己的理论是正确的,那么科学家可以研究她和普丽西拉,从而帮助那些像自己一样的肌肉萎缩症患者尽可能地拥有肌肉,向普丽西拉的体型靠近。她想让我帮忙说服普丽西拉做一次基因测试。

一位兼职代课老师,使用的"最尖端的医学工具"是谷歌图片,为了自己的所谓"发现"就让职业运动员接受医生的检查,这种想法让我震惊——这简直是天方夜谭,我觉得她疯了。我咨询了一位哈佛大学的遗传学家,他对此表示担忧。"让这两位女士建立联系恐怕不会有好结果,"他这样告诉我,"当人们觉得自己和名人有所关联时,往往会陷入疯狂。"

我之前甚至都没想到这些。我当然不想帮助一个跟踪者,但吉尔花了不少时间让我相信，正因为她特殊的生活经历，她能看到专家们看不到的东西。

吉尔四岁时，学前班的一位老师注意到她走路时有些跌跌撞撞。吉尔告诉妈妈，"女巫的手指"会抓住她的小腿绊倒她，她很害怕。她的儿科医师把一家人带到了梅奥医学中心（Mayo Clinic）①。

血液检测显示，吉尔、吉尔的爸爸和哥哥肌酸激酶比正常水平要高，这是一种损伤的肌肉释放出的酶。医生认为，这个家庭中可能会出现某种肌肉萎缩症，但是通常不会出现在女孩身上，而吉尔的哥哥和爸爸看起来也很好。

"他们说，我们家庭反映的情况极其特殊，"吉尔告诉我，"这在某种程度上是好事，至少他们非常诚实。但是，从另一个角度看，这又很恐怖。"

吉尔每年夏天都回到梅奥医学中心复查，而结果每次都一样。她不再摔倒了，但是当她八岁时，四肢的脂肪开始消失。其他孩子一把攥住她的胳膊，当她腿上的血管暴突时，那些孩子问吉尔：变老的感觉如何？吉尔的妈妈对女儿的社交生活非常担忧，所以她悄悄付钱给另一个女孩，让她陪吉尔一起玩。十二岁时，她在自行车上无法直起身子，必须要扶着旱冰场的栏杆才行。

吉尔开始寻找答案，当然，是以孩子的方式。她在图书馆看那些关于幽灵的书。"这确实吓到我爸爸了，"她告诉我，"他当时的表现是：'你是喜欢这种神秘现象，还是怎样？'其实根本没有那回事。"她只是无法解释发生在自己身上的事情，所以，当读到其他人身上也

---

① 全美排名第一的医院。——译者注

无法解释的遭遇时，"你知道的，我就相信了这些事情。"

在离家上大学时，吉尔 5 英尺 3 英寸高，体重有 87 磅。她来到图书馆，如饥似渴地阅读能找到的任何一篇关于肌肉疾病的科学文献。

在《肌肉与神经》期刊（*Muscle and Nerve*）上，她发现了一篇论文，这篇论文的内容是一种罕见的肌肉萎缩症，名为 EDMD（Emery-Dreifuss muscular dystrophy）的肌营养不良症。吉尔被论文里的照片震惊了。她发现，这就是自己爸爸的胳膊。

吉尔的爸爸很瘦，但是前臂的肌肉却异常清晰。当吉尔还是个小女孩的时候，她管爸爸的胳膊叫"大力水手的手臂"。在另一篇描述 EDMD 病人的论文里，这种"大力水手的手臂"被认为是畸形的。《肌肉与神经》上的一篇论文记录了一位 EDMD 病人的症状："挛缩"影响了关节的活动。

"读到这些，我觉得浑身发冷。"吉尔回忆着当时的情景。描述自己的挛缩症状时，她把自己比作一个芭比娃娃：胳膊总是弯曲的，脖子僵硬，双脚就像穿着高跟鞋一样始终歪斜。研究表明，EDMD 只发生在男性身上，但是吉尔很确定自己患有此病，她感到很害怕。因为 EDMD 同时伴有心脏问题。

大学假期来了，吉尔的书包里塞满了论文，她要把这些论文都带回家去读。有一天，她发现爸爸正在翻阅这些论文。他告诉吉尔，这些症状他全都有。"我知道……胳膊，还有脖子。"吉尔说道。不，她爸爸说：是心脏的症状。

多年来，吉尔的爸爸一直被告知，自己的心率异常是病毒引起的。"当然不是，"吉尔马上告诉爸爸，"我们都有 EDMD，一种肌营养不良症。"她把四十五岁的爸爸带到了艾奥瓦州心脏中心（Iowa Heart Center），坚持让心脏病专家来看一看。护士们要求转诊，但是吉尔非常坚持，护士们最终同意了。心脏病专家给吉尔的爸爸佩戴了监护器，记录他心脏一整天的电活动，在此期间，他的脉搏降到了二十几。出现这种脉搏，不是马上要赢得环法自行车赛冠军就是要死了。他赶紧被送上急诊手术台，安装了心脏起搏器。"可以说，她救了她爸爸的命。"吉尔的母亲玛丽告诉我。

但是，艾奥瓦州心脏中心还是无法确诊这个家庭的问题。在阅读文献时，吉尔发现了一个意大利的研究小组，他们正在寻找患有 EDMD 的家庭。他们希望能找到引发 EDMD 的基因变异的确切位置。

于是，十九岁的吉尔穿上了她最拉风的海军套装，带上论文，来到得梅因拜访一位神经科医生，她认为自己应该和意大利的这个研究项目联系起来。吉尔回忆起当时的情景，"不，你没这个病。"神经科医生严肃地回答。这位医生甚至都没有看一眼论文。毕竟，吉尔当时还处在青少年，她自我诊断患有极其罕见的疾病——这种病只有男性才会得，这的确没有说服力。1995 年，她写信给意大利的研究小组，并且附上了自己的照片。

意大利的遗传生物化学与进化研究所给了吉尔回复，这明显是给一位科学家的回复，上面这样写道：请把全家的 DNA 检测结果都寄过来，"如果你无法提供 DNA 检测结果，只要把你们的血样寄来就行。"吉尔说服了一名护士朋友，偷偷把针管和试管拿到她家。幸运的是，用普通邮件寄出的血液被意大利的研究小组接收了。

数年之后，吉尔才得到了研究小组的回复，而在得到回复前，她已经下定了决心。每年，她都会到梅奥医学中心复查。她不顾妈妈的反对，掏出自己的笔，在医疗问诊记录上写下了"EDMD"。

1999 年，吉尔收到了一封来自意大利研究小组的邮件。她停下来感受这个瞬间，然后打开了邮件。她的 LMNA 基因突变了，俗称核纤层蛋白基因。她爸爸的情况跟她相同，两个哥哥和一个妹妹也是一样。另外四个参与实验的 EDMD 家庭也都是如此。吉尔是正确的。

核纤层蛋白基因携带着一种在每个细胞核构建一团蛋白质的方

法，这种方法可以影响其他基因的开启或关闭，就像开灯和关灯一样，改变身体构建脂肪和肌肉的方式。在吉尔的基因组中，有 30 亿个 G、T、A 和 C 基因，很不幸，其中一个字母的序列发生了错误。

吉尔因为自己帮助发现了一个引发疾病的新变异而高兴。"但是我也不太高兴得起来，这就像一个晦涩、黑暗的笑话，"她说道，"在本该是 G 基因的地方，我的变成了 C。"

◆◆◆

2012 年，吉尔的父亲六十三岁，他的心脏停止了跳动。

那时，吉尔使用小型低座摩托车作为代步工具，结了婚，还生了一个儿子，也结束了她医学侦探的工作。

父亲去世后的几天，吉尔的妹妹给她看了一张网上的照片，照片上是一位肌肉异常发达的奥林匹克短跑选手，但很明显，这位选手也有脂肪缺失的问题。"我看了一眼，马上就……'什么？！咱们没有这种情况。你想说什么？'"吉尔说。她开始感到好奇。

事实上，吉尔已经对脂肪好奇了很长一段时间。跟肌肉一样，脂肪在她的四肢上也明显消失了。十多年前，当她二十五岁时，约翰·霍普金斯大学的一位实验室主任听说了她的故事，他正好想在实验室里招聘一位真正的核纤层蛋白基因突变者，于是他让吉尔来做暑期实习，她的工作是仔细阅读核纤层蛋白基因变异引发的任何情况的相关论文。她读到了一种极其罕见的疾病，名为局部脂肪营养不良综合征，这种病会导致四肢的脂肪消失，皮肤包裹着仅存的血管和肌肉，就像抽真空后的状态。吉尔再次想到了自己的家庭。她有没有可能不仅是患有一种病，而是两种罕见的基因疾病都发生在她身上？在一次医学会议上，她拿着照片，缠着医生们不放。医生们都确定她没有脂肪营养不良症，并且说她患上了更常见的一种病：实习生综合征。"当你给医学生介绍了很多新的疾病时,"吉尔说,"他们总觉得自己也得了这些病。"

所以,当吉尔用谷歌图片搜索到普丽西拉的照片时,过去的一切又如潮水般涌来。不仅仅是普丽西拉在比赛时的照片,还有她在家抱着小女儿的照片——血管突出的胳膊,衬衫袖子因为双臂没有脂肪而塌陷下去,髋部和臀部的肌肉有明显的分界,这个情况吉尔太熟悉了。"我知道,我和她是从同一块布上剪下来的,"吉尔说,"一块非常罕见的布。"

这是吉尔的第三次通过直观视觉产生的判断。第一次判断是她全家都有 EDMD;第二次是她觉得自己有脂肪营养不良症;现在是第三次,她觉得自己和普丽西拉脂肪消失的症状相同。但是,如果她们有相同的脂肪疾病,为什么普丽西拉获得了双倍的肌肉,而吉尔几乎没有肌肉?"它对我来说是氪石①,却是普丽西拉的火箭燃料。"吉尔这样想,"我们就像漫画书里的超级英雄,但是差距简直是天壤之别。我的意思是,她的身体已经找到了避免肌肉流失的办法。"那一整年,她都在苦苦思考怎样说服普丽西拉做一次基因测试,当然,她既不想出现在跑道上,也不想骑着小摩托车追着普丽西拉去做测试。

有一天,我在早间电视节目上谈论运动员和基因,吉尔恰好在电视机旁边观看。"我想:'噢,这就是上帝的旨意。'"吉尔告诉我。她把包裹寄给我,询问我能否联系到普丽西拉。普丽西拉的经纪人克里斯·迈彻西夫(Kris Mychasiw)和我在推特上互相关注,所以我给他发了信息。我试图跟克里斯解释这个不太可能的想法——这两位女士从生物学上看是两个极端,由于我还是被吉尔的努力所感动,他便迁就了我的想法,把这个消息转达给了普丽西拉。

普丽西拉回忆起当时的情景。"他当时说:'有位来自艾奥瓦州

---

① DC 漫画《超人》中的虚构元素,超人一接近氪石就会失去超能力——译者注。

的女士。她说她跟你有一样的基因,她想跟你谈一谈。'我当时回答:'呃,我不知道,克里斯。'"普丽西拉被告知,只要接我的电话就行。

正是因为普丽西拉的外形,一些欧洲媒体公开指控她使用了类固醇。还有人把她在奥运会上奋力冲线的恶搞照片发到网上,在她身上贴了一个男性健美者的头像。"这太糟糕了。"普丽西拉告诉我。2009年的柏林田径世界锦标赛,她获得了银牌,而就在比赛前几分钟,她还被要求做药检。但是严格来说,按照规则,临近比赛时是不能药检的。当我给她打电话时,她迫不及待地要分享自己的照片,证明她在中学时已经异常瘦削,突出的静脉遍布其四肢。一张照片里,她家庭中一位年长的亲戚正在炫耀自己隆起的肱二头肌,粗大的静脉蜿蜒缠绕着她的手肘。在和我通话后,普丽西拉同意与吉尔谈一谈。

在电话里,她们很轻松地就变得熟络起来——回忆儿时都曾被人嘲笑的血管——随后,普丽西拉同意在多伦多的一家酒店大堂与吉尔及其母亲见面。当普丽西拉进门时,"哦,我的天哪,"吉尔觉得,"这就像见到了自己家人一样。"她们走到酒店的走廊尽头,比较着身体的各个部位,虽然尺寸明显不同,但是外表都显示出缺乏脂肪的特征。"这其中真的有值得探究的东西,"普丽西拉回忆道,"我们来研究吧。让我们来找到答案。"

她们花了一年的时间才找到一位愿意分析普丽西拉核纤层蛋白基因的医生。是吉尔跑去参加一个医学会议,找到了最著名的脂肪营养不良专家——得克萨斯大学西南医学中心的阿比曼尤·加格博士(Dr. Abhimanyu Garg)。他同意给她们做测试,并评估脂肪营养不良的情况。

这次吉尔又对了。她和普丽西拉不仅都患有脂肪营养不良,而且分型都是局部脂肪营养不良症的一种子类别,叫作邓尼根型家族性局部脂肪代谢障碍。

普丽西拉和吉尔在同一基因上的变异位置就像两个邻居。但是,细微的位置差别带来了极端的差异：吉尔同时失去了肌肉和脂肪，普丽西拉只失去了脂肪，肌肉却堆积起来。

加格博士马上给普丽西拉打电话，当时她正带着孩子逛商场。"我正想着要吃个鲜嫩多汁的汉堡，再来点薯条。"普丽西拉告诉我。她跟加格博士商量，能不能午饭后再给他打回去。加格博士回答说，不行。"他说：'你只能吃沙拉。不然你的胰腺炎可能会发作。'我当时的反应是：'你说什么？'"

尽管奥林匹克选手有严格的训练计划，但是由于未被发现脂肪营养不良症，普丽西拉血液中的脂肪含量是正常水平的三倍。"这是个严重的问题。"加格告诉我。普丽西拉必须马上彻底改变食谱，开始治疗。

吉尔延长了自己父亲的寿命，现在——通过谷歌图片——她帮助了一名专业运动员，用医疗介入并改变了后者的人生。"你真的救了我，如果没有你，我就要进医院了！"普丽西拉在给吉尔打电话时说。

吉尔的所作所为让加格也感到震惊。在他见过的所有脂肪营养不良患者中，吉尔和普丽西拉是最极端的案例——当然，是相反的两个极端。在通常情况下，吉尔和普丽西拉永远不会出现在同一个医生的诊室里。加格告诉我："我能理解患者的心情，他们想尽可能充分地了解自己所患有的疾病。但是主动联系其他的病人，并且帮助他人找到真正的问题，这是一个了不起的壮举。"

吉尔并没有停下来。她读到了法国生物学家埃蒂安·勒菲（Etienne Lefai）的研究，后者是一位"超专业化"的专家，专门研究一种叫 SREBP1 的蛋白质，这种蛋白质可以帮助细胞决定是立即使用从食物中获取的脂肪，还是先储存起来以后再用。勒菲的研究表明，当这种蛋白质在动物体内聚集时，它要么引发肌肉的极度萎缩，要么就会让肌肉含量疯狂增加。吉尔突然联系了他，她认为勒菲已经发现了让自己和普丽西拉如此迥异的真正的生物学机制：SREBP1 与核纤层蛋白的相互作用。

"是的,这引发了我的思考。这是一个好问题。真的,真的是一个好问题!"勒菲带着浓重的法语口音说道。他开始研究核纤层蛋白基因的变异是否会影响 SREBP1 的调节机制,从而导致肌肉和脂肪同时流失。"在吉尔联系我之前,我不知道自己能对基因疾病做点什么,"他说,"但是现在,我已经改变了团队的研究方向。"

正如唐·斯旺森所说,专家们创造的专业信息越多,好奇的涉猎者能做出的贡献也就越多——他们把广泛存在但是迥然不同的信息整合在一起,这就是那些未被发现的公共知识。人类知识的"图书馆"越庞大,越容易进入,好奇的读者就越有更多机会在前沿建立联系。像创新中心这样的操作,乍一看似乎完全违背直觉,但是随着专业化的加速发展,它会变得更有成效。

但是,不仅是新知识的增加为非专业人士提供了机会。在冲向前沿知识的竞赛中,大量有用的知识完全被抛在了后面,无人在意,任其褪色。这就给无法在前沿工作,或者根本不在前沿工作的人带来了另一种机会。他们可以通过回顾过去的知识,帮助推动前沿的发展;他们也可以发掘旧的知识,再通过新方法来使用这些知识。

第 9 章
用过时的技术横向思考

日本在闭关锁国的两百年间，把花牌（日语はなふだ）也禁止了。花牌分为十二个月份，每个月由不同的花作为代表，所以叫花牌。当时，花牌被认定与赌博有关联，而且还代表着西方"有害"文化的影响。直到19世纪末期，日本重新对外开放，花牌才终获解禁。1889年秋天，一位年轻人在京都开了一家小小的骨牌商店，他在窗外挂出了一块牌匾，上面写着"任天堂（Nintendo）"。

"任天堂"三个字在日语中的确切含义已经无法考证。它的意思可能是"把运气交给上天"，另一种说法更可信一些——是"本公司被允许销售花牌"的诗意化表达。到了1950年，任天堂已经有一百名员工，二十二岁的创始人长孙接手公司，但是问题也来了。随着1964年东京奥运会的临近，日本成年人热衷于小钢珠赌博机（柏青哥，Pachinko），保龄球的风靡也吸纳了不少人的娱乐资金。此时，已经靠花牌生意支撑了七十五年的任天堂不得不选择多样化发展，年轻的社长开始在多个领域投资。食物永远不会过时，所以他尝试将公司转型，专门生产印有卡通人物的即食米饭和餐点（大力水手面汤）。公司运气不佳，投资出租车队血本无归，投资按时收费的"情侣酒店"更是把钱赔了个精光，社长还登上了八卦新闻版面。此时的任天堂负债累累，于是社长决定聘请年轻的顶尖大学毕业生来帮助自己创新。

这种想法根本行不通。任天堂不过是京都的一家小作坊，野心勃勃的日本大学生都渴望到东京的大公司工作。幸好公司的纸牌业务还保留着，利用机器制牌，效益比之前提高许多。1965年，社长决定聘请一位本地的大学生，名叫横井军平（Gunpei Yokoi），虽然这位年轻人通过努力学习拿到了电子专业的文凭，但是去大型的电子产品制造企业应聘却屡屡碰壁。"你在任天堂做什么？"横井军平的同学们非常疑惑。但是他自己毫不担心。"反正我不会离开京都，"他说，"我对工作没有什么具体的设想，这样就挺好的。"① 他的工作是维修和保养生产纸牌的机器。机器总共也没几台，所以横井军平一个人就是一个部门——维修保养部。

横井军平爱好繁多，并且长期保持着较高的热情：弹钢琴、跳交谊舞、参加合唱团、自由潜水、玩火车模型、改装汽车，大部分的爱好都是もの造り——字面意思是"鼓捣东西"。他是个喜欢鼓捣东西的人。在汽车音响出现之前，横井军平把录音机和自己车上的收音机连在一起，这样就可以回放收音机之前的广播内容。在刚到任天堂的头几个月，横井军平实在没什么事可做，所以他开始摆弄公司的设备。有一天，他把一些小木片交叠成好几个十字形，做成了一个简易的伸缩臂，就像他在动画片里见到的那种机器人：肚子突然打开，蹦出来一个拳击手套，类似一个玩偶盒。他在伸缩臂的最外侧装了一个可以夹取的工具，当他挤压把手时，伸缩臂就能伸出去。对于远处那些伸手够不到的东西，他现在可以懒洋洋地通过这个伸缩臂轻松拿到。

社长发现这位新入职的员工拿着个奇怪的装置在公司里无所事事，就把他叫到了办公室。"我以为自己会被社长骂一顿。"横井军平回忆道。结果，当时陷入绝望的社长不仅没有骂他，还请他把这个装

---

① 横井军平的想法和引言出自他自己的作品和采访，包括与他人合著的书《横井军平游戏馆》（横井軍平ゲーム館），但是横井军平的作品没有被翻译成英文，所以本书中的部分想法和引言是直接翻译过来的。——作者注

置做成一个真正的游戏玩具。横井军平给装置加上了一些彩色小球，这样伸缩臂就可以抓起小球，这个名为"超级怪手"的玩具很快走向市场。这是任天堂的第一款玩具，卖出了120万套，公司也借此还清了一大笔债务。横井军平维修保养部的职务终于结束。社长任命他建立任天堂的第一个游戏研发部门。于是，公司曾经用来短暂制作速食米饭的工厂被改造成了玩具工厂。

任天堂后续又推出了更多玩具，它们都取得了成功。但是，发生在第一年的一次彻底的失败给横井军平带来了很大影响。他主导开发了"驾驶游戏"，这是一个在桌面上玩的游戏套装，玩家用方向盘控制塑料小汽车在赛道上行驶，小汽车由电动马达提供动力。这是任天堂第一款需要用电的玩具，却是一次彻底的失败。在那个年代，这款玩具的内部构造实属先进，但是也太过复杂和脆弱，所以生产起来很困难，成本也很高，而且整个套装里漏洞百出。然而，这次惨败为横井军平此后三十年的创作理念打下了基础。

横井军平很清楚自己在机械方面的不足。一位游戏史爱好者评价道："他学习电子专业的时候，该产业的发展日新月异，技术的发展速度比雪在阳光下融化的速度还快。"横井军平也没有欲望（或者能力）和那些电子公司竞争，这些公司正你追我赶地发明各种令人眼花缭乱的新技术。而且，任天堂也无法和日本传统的玩具巨头在其最熟悉的地盘相抗衡，包括万代（Bandai）、Epoch和特佳丽（Takara）。有鉴于此，当然还有"驾驶游戏"的失败，横井军平开始"用过时的技术横向思考"。横向思考是20世纪60年代出现的术语，描述的是重新思考新环境下的各种信息，包括看似毫不相干的概念或领域，给旧想法赋予新用途。横井军平所说的"过时的技术"，指的是那些已经被充分理解且非常容易获取的技术，所以也不需要什么专业知识。这种理念的核心是，把廉价而简单的技术用在别人想不到的地方。横井军平决定，既然自己不能深入地思考新技术，还不如广泛地思考如何应用旧技术。他故意离开了领域最前沿，开始"鼓捣东西"。

他把在商店就能买到的便宜的电流计和一个晶体管连在一起，随后他发现，这个装置可以测量经过同事身上的电流。横井军平觉得，这样可以让男孩子和女孩子握手变得有趣——男女握手在当时的日本被视作有伤风化。① 其实这个"爱情测试仪"就是两个可导电的手柄，在其中间连上一个电流计。两位玩家各自握住一个手柄，然后两人握手，这就形成了一个完整的闭环电路。电流计显示出电流的读数，好像在衡量着两位玩家的"爱情指数"。其实，只要两个人手上出汗越多，导电就越好。"爱情测试仪"受到青少年的热捧，也成了成年人派对上的助兴道具。横井军平备受鼓舞。他继续研究那些已经变得很便宜的技术，甚至是过时的技术，给它们赋予新的用途。

20世纪70年代初，无线遥控玩具车开始流行，但是，好的遥控技术和设备需要花上人们一个月的工资，所以这其实是一项有钱人的爱好。像往常一样，横井军平开始思考如何让遥控玩具走向大众化。这次，他的选择仍旧是让技术倒退。遥控玩具车之所以昂贵，是因为它需要多条无线控制通道。最初的遥控玩具车只有两条控制通道，一条控制引擎输出，另一条控制方向盘。玩具车的功能越多，需要的控制通道就越多，价格也更贵。横井军平直接让遥控玩具车的技术倒退至最原始的状态——只有一条控制通道，且只能让车左转。这个产品名为：Lefty② RX。Lefty RX 的价格还不到市面上遥控玩具车的 1/10，在逆时针的跑道上也正好适合。即使需要通过路障，孩子们也能轻松依靠左转来摆脱麻烦。

1977年的一天，横井军平到东京出差，当乘坐新干线子弹列车返回时，一觉醒来的他发现一位上班族正在摆弄计算器，以打发通勤的

---

① 在20世纪60年代末，这种男女牵手的行为与当时主流的传统社会规范并不相符。"爱情测试仪"还获得了一个昵称："色情盒子"。——作者注

② Lefty 的中文意思是左撇子——译者注。

第 9 章 用过时的技术横向思考 197

无聊时间。当时,玩具行业的风潮是个头越大越好。横井军平陷入沉思:是否可以开发一个体积足够小的游戏机,这样上班族就可以在通勤时轻松打发时间?他一直在考虑这个想法,直到有一天,他临时被派去当社长的司机。社长的专职司机得了流感,多亏横井军平对外国车的浓厚兴趣,任天堂上百名员工中,只有他会开左舵车,比如社长的这辆凯迪拉克。他在前排向社长提出了小型游戏机的想法。"社长一直在点头,"横井军平回忆道,"但是他似乎完全不感兴趣。"

一周之后,制造计算器的夏普公司的高管突然来访,这让横井军平有些意外。横井军平开车把社长送去参加这次会议。会上,任天堂公司的社长向身边的夏普公司领导传达了自己临时司机的想法。在过去的数年中,夏普公司一直和卡西欧公司进行计算器大战。在 20 世纪 70 年代初,计算器的价格动辄数百美元。但是,随着零部件逐渐降价,各个公司拼命争抢市场份额,成本急速下降的同时,市场已经饱和。夏普公司迫切地想给自己的液晶显示屏找到新用途。

当夏普的高管听到横井军平的想法——制作一个电子游戏机,大小和名片夹差不多,可以放在腿上用拇指玩——他们很感兴趣,但是也表示怀疑。任天堂打算使用已经极其便宜的旧的液晶技术实现这个想法,而它到底值不值得合作?夏普公司甚至不相信能做出一块让横井军平的游戏流畅运行的屏幕。横井军平设计的游戏主人公是一个抛接小球的杂耍演员,他的胳膊左右摇摆,随着速度加快,他必须尽量避免让小球落地。尽管如此,夏普的工程师还是按横井军平的要求制造了尺寸合适的液晶屏。随后,他们就遇到了一个大麻烦。受限于设计制定的尺寸,电子元器件紧密排列在电路板上。由于内部空间太过狭窄,液晶屏会碰到电路板,造成视觉上的明暗扭曲,这种现象被称为牛顿环。横井军平需要在液晶屏和电路板之间留出一定的空隙。他从信用卡上汲取了灵感。他把花牌印刷机做了微调,小心翼翼地在屏幕上凸印了几百个点,让电路板和液晶屏可以分开一点点。最后，横井军平请一位同事在游戏机里设置了一个钟表的程序，只用了几小时的时间，这步锦上添花的程序就完工了。这块液晶屏不只是游戏机，还兼具手表的功能。设计组发现，这让成年人又多了一个购买"Game & Watch"的理由。

1980年，任天堂发布了第一代 Game & Watch 游戏机，共有三款。任天堂对这代游戏机寄予厚望，希望可以卖出10万部；而上市的第一年，Game & Watch 就创造了60万部的销量。任天堂的产能已经满足不了国际市场的需求。1982年，任天堂推出了一款装有《大金刚》(*Donkey Kong*)的 Game & Watch 游戏机，这款卖出了800万部。Game & Watch 连续生产了11年，累计销售了4340万部。这其中还包括了横井军平的另一项发明创造：十字键。利用十字键，玩家可以只用拇指就能把自己的角色移动到任何地方，这项发明也被广泛地应用到任天堂的其他产品中。在 Game & Watch 获得巨大成功后，任天堂把十字键应用于"任天堂娱乐系统"[①]的手柄上。这台家用游戏机把街机游戏带到了全世界数千万个家庭中，开启了游戏的新时代。Game & Watch 和红白机两者的成功，也让横井军平的横向思维达到了巅峰，他推出了最新力作——一款掌上游戏机，只要玩家插上卡带，任何游戏都可以玩——名为 Game Boy。

从技术的角度看，即使在1989年，Game Boy 的技术都是非常可笑的。横井军平的团队在每个方面都贪图省力。Game Boy 的处理器的确是尖端产品——不过那是20世纪70年代的尖端产品了。在20世纪80年代中期，家庭游戏机都在拼画质，竞争十分激烈。而 Game Boy 简直是有碍观瞻：小小的屏幕总共只有四阶灰度可供选择，屏幕泛着淡淡的绿色，这种绿色介乎黏液和老苦蒿的颜色之间；当人物快速横向移动时，显示屏上的画面就会有些模糊。更惨的是，Game

---

① Nintendo Entertainment System，也就是"红白机"。——译者注

Boy 还要跟世嘉（SEGA）和雅达利（Atari）旗下的掌上游戏机竞争，这些游戏机在各方面的技术都比 Game Boy 强得多。但是，Game Boy 把这些竞争对手都打垮了。

过时的技术所缺少的东西，Game Boy 靠用户体验来弥补。这样做的成本其实很低。Game Boy 可以装进大口袋里；它的硬件几乎坚不可摧。即便一滴水落在屏幕上——而且是以可怕的方式——一直在滴个不停，Game Boy 还可以照玩不误。如果它被放在背包里又进了洗衣机，只要晾干，几天后又可以开机玩了；竞争对手们使用的彩色显示屏耗电量极大，而 Game Boy 只要靠两节 5 号电池就能玩好几天（或者好几个星期）。不管是任天堂公司的开发者，还是公司之外的开发者，他们对这套过时的硬件系统都极其熟悉，因此学习新技术也没有影响他们的创意和速度，他们就像苹果手机 iPhone 应用程序的早期开发者一样，产出了大量的作品——《俄罗斯方块》（Tetris）、《超级马里奥乐园》（Super Mario Land）、《魔界塔士沙加》（The Final Fantasy Legend），还有很多体育类的游戏，第一年发布的这些游戏都是大热门。利用简单的技术，横井军平的团队躲开了硬件的军备竞赛，并且把游戏编程的团体拉到了自己的阵营里。

在电子游戏领域，Game Boy 就像索尼（Sony）的随身听一样，为了便携性和价格优势，放弃了前沿科技。Game Boy 卖出了 1.187 亿台，是 20 世纪当之无愧的游戏机销量冠军。这对于一家获准销售花牌的小公司来说，已经非常不错。

横井军平因此备受尊敬，但为了能在 Game Boy 上继续沿袭"用过时的技术横向思考"的理念，他不得不在公司内部努力推行它。"这种理念很难被任天堂理解。"他后来表示。但是，横井军平始终相信,如果玩家被游戏吸引,那么技术方面就都是后话了。"如果你在黑板上画两个圆,然后告诉大家:'这是一个雪人。'那么每个看到它的人都会觉得这两个圈是白的。"他说。在 Game Boy 刚问世时,横井军平的同事"愁容惨淡"地走过来,向他报告了竞争对手的掌上游戏机大获成功的消息。横井军平问,对手的掌机是否有彩色屏幕。同事说,有的。"那么我们不会受到影响。"横井军平回答。

当其他人冲向新技术时,横井军平为过时的技术找到了新用途,这种策略和一个著名心理学创意练习的要求是一致的。这项练习名为"非常规用途任务(或者多用途任务)",参与实验的人必须想出某个物品最初的原始用途。比如,受试者看到"砖"这个词,首先给出的是熟悉的用途(墙的组成部分、门挡、一种武器)。想要获得高一点的分数,受试者必须给出概念上不太相干的用途,并且是其他受试者并未提及的用途,而这种用途必须可行。还是"砖"这个例子:它可以是镇纸、坚果钳子、玩具娃娃葬礼上的道具棺材,也可以是马桶水箱的节水装置——让每次冲水的用水量更少。2015 年,《广告时代》(*Advertising Age*)把"年度最佳公益活动"的奖项授予了思路清奇的横向思考者,他们在发起的"扔一块砖"项目中制作了放进马桶水箱的橡胶砖块,为遭遇干旱的加利福尼亚州节约了水资源。

当然,关于创造力,没有一个全面的理论。但是,人们倾向于只考虑物品熟悉的用途,这种倾向可是普遍存在的,而且有据可查:这种本能被称为"功能固着心理"。与此有关的最著名的实验当属"蜡烛问题",参与者拿到了一根蜡烛、一盒图钉和一包火柴,他们面对的问题是:把蜡烛固定到墙上,但是蜡油不能滴到桌子上。参与者试图让蜡油滴到墙上,或者把蜡烛钉到墙上,但是都行不通。当图钉被倒出盒子外面时,他们才意识到那个原本放着图钉的空盒子可以用来放蜡烛,把空盒钉在墙上,再把蜡烛放进盒子里,问题就迎刃而解了。对于横井军平来说,图钉总是放在盒子外面。

毫无疑问，横井军平也需要专门人才的帮助。冈田智（Satoru Okada）是任天堂公司聘请的第一位真正意义上的电子工程师，他曾经直言不讳地说："横井军平的强项不在电子这方面。"横井军平和冈田智共同设计了 Game & Watch 和 Game Boy。"我多是负责机器内部的系统，横井军平则更关注产品设计和界面（布局和菜单等）。"冈田智回忆道。如果说横井军平是任天堂的史蒂夫·乔布斯，那么冈田智就是斯蒂夫·沃兹尼亚克（Steve Wozniak）。

横井军平的确认同这一点。"我没有任何特定的专业技术背景，"他曾经说，"对每种东西多少都有些模糊的知识。"他建议年轻的雇员们不要单纯钻研技术，而是要思考创意——不要当工程师，去当一个创作者。"创作者知道有个东西叫半导体，但是并不需要明白半导体内部的工作原理……这些留给专家去做就行，"他说，"现在每个人都想去学习那些复杂而具体的技术，毕竟学成就能成为光芒四射的工程师……从工程师的角度看看我自己的话，他们恐怕会说：'看那个白痴。'但是，当你创造出一些成功的产品之后，'白痴'这个词似乎就悄无声息地溜走了。"

随着团队的壮大，他不断地传达自己的理念，并且让每一个人都思考旧技术的其他用途。他意识到自己是幸运的，因为他进入的是一家卖花牌的公司，而不是仰仗老一套解决方案的老牌电子玩具厂商，所以他的想法没有因自身的技术短板被阻止。随着公司的发展，横井军平担心年轻的工程师会因为害怕出糗而不愿意分享旧技术的新用途，所以他开始故意在公司会议上脱口说出一些疯狂的想法，以此为公司的氛围定下基调。"如果一个年轻人开始这样讲话：'好吧，这其实不是我这个职位该说的……'那么一切就完了。"他说。

1997年，横井军平在交通事故中不幸去世，这实在是一个悲剧。但是他的理念流传了下来。2006年，任天堂的社长表示，公司的Wii游戏机就是横井军平理念的直接成果。"如果不怕被误解，我应该这样讲,"社长解释道,"我想说,任天堂不是在生产下一代的游戏机。"Wii依然沿用之前产品的极简设计和科技的思路,但基于动作的控制操作才是真正的游戏变革。由于硬件方面依旧非常简单,Wii因没有创新感而受到批评。哈佛商学院的教授克莱顿·克里斯坦森(Clayton Christensen)认为,这其实就是最重要的一种创新——"赋能创新"——这种创新不仅吸引了新的用户,也创造了新的工作,就像之前出现的个人电脑一样:因为Wii把电子游戏带给了全新的(通常是年纪更大的)受众。克里斯坦森和一位同事写道,任天堂"只是用一种别样的方式在创新。它明白,新用户玩游戏时遇到的困难是游戏的复杂性,而不是画面质量。"英国女王伊丽莎白二世看到自己的孙子威廉王子在用Wii打保龄球,她决定亲自上阵,这一消息瞬时成了头条新闻。

当横井军平偏离自己的设计理念后,他遭遇了惨败。他在任天堂最后的项目之一叫作虚拟男孩(Virtual Boy),它是一个头戴式的游戏设备,应用了实验性的技术。虚拟男孩依靠一个发射出高强度的无线电的处理器;当时,手机还没有出现,没有人知道这种头戴设备中的高强度无线电是否安全,毕竟它离使用者的头部太近了。处理器的四周必须要安装金属的电路板,这导致虚拟男孩这款设备非常沉重,根本无法像护目镜一样戴在眼前。最终,虚拟男孩变成了一个只能放在桌子上玩的设备,而且玩家必须要用很不自然的姿势钻进去,才能看得到屏幕。虚拟男孩实属超前,但是没有人买单。

横井军平在横向思考时,获得了巨大的成功。他需要专家,但是他担心,随着公司逐渐壮大,科技迅速发展,垂直思考的"超级专家"会逐渐受到重视,而横向思考的通才型创意者不会一直吃香。横井军平解释了这一点:"(缺乏创意的)捷径已成为计算机能力领域的竞争。说到这种竞争……屏幕制造商和专业的图形设计师会脱颖而出。这样任天堂就没有存在的理由了。"他觉得,横向思考者和垂直思考者在一起工作是最佳搭配,即使在最前沿的技术领域也应如此。

著名物理学家兼数学家弗里曼·戴森(Freeman Dyson)总结了这种思维:我们既需要钻研细节的青蛙,也需要富有远见的鸟。他在2009年写道:"鸟翱翔在高高的天空,展望延伸到遥远地平线的数学远景,它们为那些能统一我们思想、把诸多不同领域的问题整合起来的概念而欣喜;青蛙生活在天空之下的泥土里,只能见到长在周围的花。它们为特定问题的细节而雀跃,一次只解决一个问题。"作为一名数学家,戴森把自己比作青蛙,但是他主张:"如果声称鸟比青蛙更强,因为它们可以看得更远;或者说青蛙比鸟好,因为它们的见解更加深刻,这些说法都十分愚蠢。"戴森认为,数学的世界是既广袤又深邃的。"我们需要鸟和青蛙来共同探索。"戴森担心的是,现在的科学界充斥着越来越多的青蛙,他们都只接受了某个专业狭隘的训练,无法像科学本身那样追求改变。"这是一个危险的情况,"他警告,"对于年轻人和科学的未来来说都是如此。"

幸运的是,即使在今天,即使在最前沿的领域,即使在超专业化的社会里,鸟和青蛙都可以蓬勃发展。

安迪·奥德科克(Andy Ouderkirk)回想起当时的情景,忍不住微笑起来。"我和公司的三位负责人在一起,他们拿着那个小小的玻璃瓶对我说:'这是反光材料上的重大突破。'我永远都记得这一幕。"

标准的反光材料只会发出闪烁的微光;而玻璃瓶里的这种材料可以持续发出强光,就好像瓶子里有一群神奇而绚丽的萤火虫。奥德科克设想了多层光学薄膜的各种应用场景,而这种材料却是个意外之喜。"你看,我是一个物理化学家,"他告诉我,"我通常觉得,复杂精密的先进技术才能堪称突破。"

3M公司总部位于明尼苏达州，奥德科克是公司的发明家，也是3M的28位"公司科学家"之一，这是全公司6500名科学家和工程师的最高头衔。这项突破性的发明来自一个大胆的挑战：奥德科克怀疑一个已经有两百年历史的物理定律——布儒斯特定律的真实性，这个定律认为，没有一个表面可以从各个角度完美地反射光线。

奥德科克想知道，如果把许多薄薄的塑料片一层层叠放起来，每一层都具有不同的光学特性，就能制造出一种薄膜，可以自定义地反射和折射各个方向不同波长的光。

奥德科克咨询了一些光学专家，大家都告诉他这根本不可能，这正是他想听到的。"如果他们说：'这是个好主意，你试试吧，这是可行的。'你怎么可能是第一个发现突破的人？这种概率肯定是零。"他告诉我。

实际上，奥德科克确信这种做法是现实可行的。大自然已经证明了这种概念。色彩艳丽的大蓝闪蝶，它的翅膀上其实没有任何蓝色的色素；大蓝闪蝶的翅膀由一层层薄薄的鳞片组成，折射并反射特定波长的蓝光，所以它的翅膀闪耀着蔚蓝色和蓝宝石般璀璨的光芒。还有很多平平无奇的常见例子。瓶装水的塑料瓶因为光射入的角度不同导致折射的光也不同。"每个人都知道这一点，也都知道这是一种聚合物，"奥德科克说，"它其实天天都出现在你面前。但是没有人想过拿塑料制作光学薄膜。"

奥德科克成立了一个小团队，并且带领团队完成了这一项目。薄膜由数百层聚合物叠加而成，而它的厚度还不及一根人类头发的宽度，每一层聚合物都经过精心设计，可以反射、折射或让特定波长的光通过。与典型的光学薄膜甚至镜子不同，不论光从哪个角度射入，这种多层光学薄膜几乎可以完美地反射光线。它甚至可以增强亮度，因为光线射入多层聚合物之后还会反弹，研究者会发现亮度提高了。这就是发光的原理。普通的发光材料做不到在每个方向都完美地反射光线，但是这种创新的发光材料可以同时往各个方向释放出耀眼的光芒。

原本被认为不可能实现的发明，有了比发光材料更广阔的应用场景。比如，在手机和笔记本电脑内部，这种多层光学薄膜不仅可以反射光，还可以"循环利用"通常会被吸收的投向屏幕的背光，这样便可以再把更多的光传递给使用者，有了这种"增亮膜"，用来保持屏幕亮度的电量得以大大节约。这种多层光学薄膜还可以提升 LED 灯泡、太阳能电池板和光纤的效能。此外，它还可以显著提升投影仪的能效——只需要一块小小的电池就可以播放出明亮的画面。2010 年，33 名智利金铜矿工人因塌方被困在地下半英里处长达 69 天，一台口袋大小的装有多层光学薄膜的投影仪经过一个 4.5 英寸的洞被放置到井下，这样矿工们就可以接收到家人的信息和安全指示，当然，还有智利对乌克兰的足球比赛。

多层光学薄膜的价格相对低廉，并且可以量产。这种薄膜如果成卷放置，人们可能误以为这是一卷闪光包装纸。这项发明价值数十亿美元，并且是环境友好型的产品。那么问题来了，之前怎么就没有人用这种想法来看待塑料瓶呢？最近，一本以光学专家为读者群体的技术类书籍问世了，"这种技术无法做到精确，"奥德科克回忆了书中的说法，"这是一位真正的光学专家写的。他整本书都是这个主题，所以他知道自己那一套东西。问题是，他不知道有相近性的东西。"

2013 年，《研发杂志》（*R&D Magazine*）授予奥德科克"年度创新者"称号。在 3M 公司任职的 30 多年里，他已经拥有了 170 项专利。在这个过程中，他对发明的要素、有发明才能的团队和发明家本人产生了浓厚的兴趣。他最终决定系统地研究一下这些因素。他与一位分析专家和一位新加坡南洋理工大学的教授组成了一个研究小组。他们发现，这些因素和"有相近性的东西"紧密相关。

◆ ◆ ◆

奥德科克和另外两位研究者准备去了解3M公司的发明家们,他们想知道这些伟大发明的创造者的简历。他们发现,既有专注在单一领域的专才发明家,也有"通才发明家"——他们在哪个领域都不是顶级专家,但他们是横跨多个领域的多面手。

他们研究了专利,因为奥德科克就在3M工作,他们了解了各种发明的实际商业影响。研究发现,专才发明家和通才发明家,都做出了贡献,也没有优劣之分。(他们还发现,那些严重缺乏深度又缺乏广度的发明家——极少产生影响。)专才科学家擅于长时间攻关、解决困难的技术问题并预测发展中的障碍。而通才科学家在某一领域工作太久就会感到厌烦。他们整合多个领域,把某一领域的技术应用到其他领域来增加价值。如果仅有广度,或是仅有深度,都不能预测发明家获得卡尔顿奖的可能性,这一奖项是"3M公司的诺贝尔奖"。

奥德科克的研究小组还发现了另一种发明家。他们把这类发明家称为"博学者",他们至少有一项专长领域,同时又具备跨学科的知识水平。发明者的深度和广度是通过工作经历来衡量的。美国专利局把发明分为四百五十个不同的技术门类——训练器材、电子连接器、海上推进装置等各种类别。专才科学家的专利一般局限在几个有限的类别。比如,一位专才科学家可能要花好几年的时间来研究一种塑料,而这种塑料是由特定的一小部分化学元素组成的。与此同时,通才科学家可能会从胶带入手,进而演化成一个用在外科手术上的黏合剂项目,最终催生出一个关于兽医学的想法。通才科学家的发明广泛分布于各个类别。研究者们还发现,"博学者"在某一个核心领域有足够的深度,所以他们在这个核心领域拥有众多专利——但是他们的深度又不及那些单一领域的专才科学家;他们也有广度,甚至比通才科学家的涉猎还要广泛,可以横跨几十个技术门类。他们不断把一个领域积累的专业知识应用到一个全新领域,这也能说明他们一直在学习新的技术。在"博学者"的职业生涯中,他们不断学习"有相近性的东西",这种做法显著提升了广度,实际上也失去了一点点深度。"博学者"是最有可能在公司取得成功的人,也是最有可能获得卡尔顿奖的人。在这家以不断推进技术前沿为使命的公司,仅仅拥有世界领先的技术专业化并不是个人成功的要素。

奥德科克自己就是一位"博学者"。自从二年级的老师展示了一个火山爆发模型后,他就对化学产生了兴趣。他从伊利诺伊州北部的一个社区学院起步,一步步成为化学博士。进入 3M 公司后,他先是在激光实验室里工作,因为内容和他的化学专业毫不相干,这条道路实属曲折。"我接受的教育是为了培养研究气相分子间振动能量传递速率的世界级专家",奥德科克说,"在我的整个职业生涯中,没有人告诉过我,了解一个专业是好的,对其他各种事情都了解一点也是好的。"奥德科克的专利从光学跨越到金属加工,又跨越到牙科。专利局经常将他的个人发明同时登记在几个类别下,因为这些专利涵盖了多个技术领域。

这次研究让奥德科克对发明者的分类产生了强烈兴趣,他专门写了一个计算机算法来分析从 20 世纪至今的 1000 万个专利,试图识别并划分发明者的类别。结果显示,在第二次世界大战前后,专业人士的贡献直线上升,但是最近下降了。"1985 年,专业人士的贡献达到了顶峰,"奥德科克告诉我,"随后,专业人士的贡献直线下降,到了 2007 年才趋于稳定,而最近这个数字又开始下降了,我想了解这背后的原因。"他谨慎地表示,自己无法查明最近这种下降趋势的原因。奥德科克有这样一种假设:现在的机构已经不需要那么多的专业人士。他说:"随着获取信息越来越容易,机构对专注于单一领域的人才的需求也不再强烈,因为每个人都可以获取信息和知识。"奥德科克认为,通信技术限制了特定的狭隘问题所需的"超专业化人员"数量,因为这些"超专业化人员"能取得的突破,可以快速并广泛地传播给其他人——来自全世界的横井军平们——这些可以聪明地应用跨领域知识的人们。

通信技术在其他领域确实已经做到了这一点。例如,在20世纪早期,仅艾奥瓦州就有1000多家剧院,平均每1500名居民就拥有一家剧院。这些剧院不仅仅是音乐类演出的场所,同时为数百个本地的剧团和数千名演员提供了全职工作。让我们快进到现在的时代,网飞和葫芦(Hulu)出现了。每个使用者只要进行线上选择,都能看到梅丽尔·斯特里普,而艾奥瓦州的剧院已不复存在。数千个全职演员职位也早已消失。奥德科克的数据显示,类似的事情也发生在技术领域的狭隘型专家身上。他们还是绝对重要的,不同的是,他们的工作现在有更多人可以做,所以机构对狭隘型专家的需求变得萎缩。

这是唐·斯旺森预言的延伸,同时赋予那些像横井军平一样的跨领域联系者和创造者更多的机会。"当信息传播得越来越广泛时,"奥德科克告诉我,"成为通才要比成为专才更容易,你可以用新的方式来组合知识。"

专业化的道路再明显不过了:只要一直往前走就行。但想获得广度,就没那么容易了。普华永道公司的附属机构针对技术创新进行了十余年的研究,结果显示,研发投入与绩效之间并无显著的统计学关联。①(除了那些研发经费排在后10%的公司——他们的绩效确实不如同行公司。)想要培养能够整合知识的通才和博学者不仅需要钱,还需要机遇。

---

① "绩效"指标包括销售增长、创新带来的利润、股东回报和股票市值。——作者注

杰西里·赛斯（Jayshree Seth）能成为 3M 的"公司科学家"，正是因为她在各个不同的技术领域中都能游刃有余。停留在一条技术路线上可不是她的风格。为了获得硕士学位，赛斯不得不从事一项她已经并不热爱的研究。硕士毕业后，她不顾那些警告，执意来到克拉克森大学的实验室，攻读化学工程博士。"人们都说：'你读这个博士要花的时间太长了，因为你根本没有这方面的基础知识，你肯定不如那些已经在克拉克森大学拿到化学工程硕士学位的人。'"她这样告诉我。需要澄清的是：她收到的建议都是让她继续留在原来的领域，但是她很清楚，自己完全不喜欢这些。建议者认为，无论如何她已经开始尝试了，虽然没有太过深入。沉没成本的谬论又出现了。

当杰西里·赛斯进入 3M 的专业世界后，她又大胆地转变了方向，离开了她博士期间的研究领域，仅是基于个人原因：她的丈夫也是从克拉克森大学的同一个实验室来到 3M 的，她不想占着丈夫正在申请的这个职位。所以她选择拓展自己的工作范围。这个做法带来了回报：赛斯拥有了五十多项专利。她参与发明了新型的压敏胶粘剂，这种胶粘剂应用于可拉伸并且可以反复使用的胶带上，也可以用于婴儿纸尿裤，来贴合他们扭来扭去的小屁股。她之前从未学过材料科学，并且说自己"不是一个伟大的科学家"。"我的意思是，"赛斯说，"我其实根本没有做这些事情的资格。"她把自己的创新过程比作记者的调查性报道，只不过她实地采访的方法是逐个儿去问自己的同事。塞斯说，自己是一个"T 型人"——有自己的专长，也有广泛的涉猎；而"I 型人"只有深度，没有广度，就像戴森那个鸟和青蛙的比喻。"像我这样的 T 型人乐于向 I 型人提问，从而构成 T 字的躯干，"她这样告诉我，"我倾向于建立一种叙事来解决某个问题。我先发掘出需要提问的基本问题，如果你去问那些真正了解自己领域的人，而且如果你本身就具备这些知识的话，最终你还是原地不动。这就像是铺马赛克砖一样。我需要不停地把一片一片瓷砖放在一起。想象一下，如果我没有能力去接触所有人的话,这份任务就根本行不通。"

在 3M 工作的前八年,奥德科克与一百多个团队一起合作过。没有人交给他一些重要的项目,比如多层光学薄膜这种有巨大潜在影响力并且跨越了多重领域的项目。凭借着自己的广度,奥德科克发现了这个机遇。"如果你正在研究定义明确、理解透彻的问题,那么高度专业化的专才肯定可以出色地完成任务,"他这样告诉我,"随着模糊性和不确定性逐渐增加——这是系统问题的常态,广度变得愈发重要。"

爱德华多·梅雷罗(Eduardo Melero)和纽斯·帕洛梅拉斯(Neus Palomeras)是两位西班牙的商学院教授,他们的研究也支持了奥德科克的观点。他们分析了过去十五年的技术专利,这些专利来自 880 个不同机构的 32 000 个团队。他们追踪了每一个发明者在团队中的活动,随后追踪了每一个发明的影响。梅雷罗和帕洛梅拉斯评估了每个技术领域的不确定性:在不确定性较高的领域,有一大堆专利被证明毫无意义,但是也有一些一鸣惊人的成功案例;而在不确定性较低的领域,专利按照线性趋势发展,下一步的走向非常明晰,很多专利的有用程度只能说是"一般"。在低不确定性领域,由专才组成的团队更有可能创造出有用的专利;在高不确定性领域——那些已有成效的问题本身就不太突出——拥有技术通才的团队更有可能有所建树。某个领域的不确定性越高,拥有跨领域通才成员的重要性也越高。正如凯文·邓巴所研究的分子生物学小组使用了类比思维来解决问题一样,当不确定性出现时,广度必然起了作用。

与梅雷罗和帕洛梅拉斯一样,达特茅斯学院商学院的教授阿尔瓦·泰勒(Alva Taylor)和挪威管理学院教授亨利希·格雷夫

（Henrich Greve）也想探究个人广度对于创意的影响，只不过他们探究的领域没有那么技术化：漫画书。

漫画产业经历了一次真正意义上的创意爆炸时代。由于精神病专家弗雷德里克·魏特汉（Fredric Wertham）让国会相信了"漫画会导致儿童离经叛道"这一研究结果，所以，从20世纪50年代中期到70年代，漫画创作者同意进行自我审查。（魏特汉其实操纵或编造了部分研究。）1971年，漫威打破了规则。美国健康、教育与福利部请漫威的总编辑斯坦·李（Stan Lee）创作漫画故事，教育读者远离毒品。斯坦·李创作了蜘蛛侠的故事，主人公彼得·帕克（Peter Parker）最好的朋友就被设定为滥用药物。漫画出版业的自我审查机构——漫画法典管理局（Comics Code Authority）——不同意出版这样一本漫画。但是漫威还是想方设法把这个故事出版了。这本漫画好评如潮，所以审查的标准立刻就放宽了，创意的闸门也就此打开。漫画创作者笔下的超级英雄都是有血有肉的，也会经历复杂的情感问题；《鼠族》（Maus）成为第一部荣获普利策奖的漫画；先锋艺术作品《爱与火箭》（Love and Rockets）创造了一个多民族的阵容，而且他们会跟读者一起变老。

泰勒和格雷夫追踪了每位创作者的职业生涯发展，并分析了自那个时期以来234个出版商出版的几千本漫画的商业价值。每本漫画都需要一个或多个创作者来整合叙事、对话、美术和排版设计。两位教授想做出预测，怎样才能提升一人或多人创作的漫画的平均价值？又是什么因素会导致价值差异的扩大？也就是说，一位漫画家创作出一本漫画，这本漫画是比他的典型作品差了一大截，还是比他的正常水平高出许多？这就是价值差异。

泰勒和格雷夫起初认为会见到一个典型的工业生产的学习曲线：创作者通过重复来不断学习，所以，在一段固定的时间内，漫画家出版的漫画书越多，平均水平也就越高。事实证明，他们的假设是错误的。工业生产中还有一条规律，两位教授觉得会在漫画产业中应验：他们认为，出版商的资源越丰富，旗下漫画的平均水平就越高——他们又错了。两位教授又做了一个直观的预测：漫画家在业内的经验越丰富，他们的作品就越好。然而，这个预测又错了。

事实上，大规模地重复工作降低了漫画家的水平。不管拥有多少年的创作经验，这对作品好坏一点儿影响都没有。如果不是经验、重复或者资源，那到底是什么帮助漫画家画出更好的作品并且实现创新？

答案（包括了不要过度劳动）是，在22个不同的漫画类型中，从喜剧类到犯罪类，再到幻想、成人、非虚构和科幻，漫画创作者应该涉猎广泛。经验的时长无法区分漫画家的水平高低，但是经验的广度却可以。广泛涉猎各种漫画类别的创作者平均水平更高，而且更有可能实现创新。

与团队相比，个人创作者在起步时的创新性较低——在这个时期，他们不太可能创作出一鸣惊人的优秀作品——但是，随着他们的经验不断横向拓展，他们事实上已经超过了团队价值：一位曾经在四个或更多漫画类别工作过的个人创作者，比起所有成员的经验加起来只有四个或更多类别的团队，广度占优的个人创作者更具创新性。泰勒和格雷夫认为："与团队相比，个人更擅于创造性地整合各类经验。"

泰勒和格雷夫把这项研究命名为《超人》还是《神奇四侠》？"当我们在那些以知识为基础的产业寻找创新时，"他们写道，"最好能找到一位'超级'个人。如果没有这样一位能够整合各类知识的个人，你应该去成立一个'神奇'团队。"如果一个团队拥有多元化的各类经验，它是很有影响力的，而如果一个个人拥有这种经验，那么影响力会更大。两位教授的发现让我立刻想起了自己最喜欢的漫画创作者。宫崎骏是日本著名漫画家和动画导演，他最知名的作品是梦幻般的史诗《千与千寻》，这部电影的票房超过了《泰坦尼克号》，成为日本史上最卖座的电影，但是在这部电影之前，宫崎骏的漫画和动画经验几乎涉及了每个类别。他的创作经验遍及纯幻想类、童话、历史小说、科幻、闹剧式喜剧、有插图的历史随笔、动作冒险，还有很多很多。小说家、剧作家、喜剧编剧尼尔·盖曼（Neil Gaiman）也有类似的广泛涉猎经历，他写过艺术类的新闻报道和随笔，他的小说既包含了可以读给儿童读者（或是由儿童读者自己阅读）的故事，也有让主流成人读者着迷的针对身份的复杂心理测试。乔丹·皮尔（Jordan Peele）不是漫画创作者，但是这位作家和新手导演的处女作《逃出绝命镇》（*Get Out*）获得了巨大成功，他也表达了类似的观点，他认为自己的喜剧编剧经验擅于恰当地把握恐怖电影中信息透露的时机。泰勒和格雷夫总结道："在产品开发中，专业化的代价太高了。"

在友好的学习环境中，学习目标就是重复此前的表现，偏差越少越好，由专家们组成的团队就是这样工作的。例如外科手术的团队，通过不断地重复特定的步骤，他们做手术的速度越来越快，错误也越来越少，高度专业化的外科医生甚至不用重复多次就能出色地完成手术。如果你需要做手术，你肯定想找一个手术步骤非常专业，并且已经做过很多次手术的医生，最好还是由配合已久的同一个团队一起给你做手术——就好比你命悬一线，只有推杆10英尺才能救你时，你肯定希望老虎·伍兹挺身而出。他们已经做过太多次同样的动作，现在，他们只需再重复一次这个早已驾轻就熟、成功过太多次的过程。航空公司的机组成员也是如此。有共同工作经验的团队可以极其熟练地分配任务，而机组成员们已经对这些任务的操作熟能生巧，可以保证飞行顺利完成。美国国家运输安全委员会（National Transportation Safety Board）分析了大型飞行事故的数据库后发现，有73%的事故发生在机组成员一起工作的第一天。就像外科手术和高尔夫推杆一样，最好的飞行就是一切按照每个人都熟悉并优化过的程序进行，没有任何偏差。

当道路不甚明朗时,再按照同样的套路就没用了。"有些工具在特定条件下表现优异,虽然切入点很小,但是极大地推动了技术进步,这些工具都为人们所熟知,并且能够被熟练地使用,"安迪·奥德科克说,"也正是这些工具让你远离了突破式的创新。事实上,这些工具把突破式创新变成了渐进式。"

犹他大学教授艾比·格里芬(Abbie Griffin)研究了当代的托马斯·爱迪生们——她和两位同事把这些人命名为"连续型创新者"。格里芬的同事们发现了这些当代爱迪生的特点,而这些特点你现在应该很熟悉了:"对于模糊状态高度宽容""系统化思考者""从外部领域获取额外的技术知识""重新利用已有的资源""在发明过程中擅于使用其他领域的类比""用全新方法联结各种不同信息的能力""从多个来源整合信息""他们在各种想法之间跳来跳去""广泛的兴趣""和其他技术人员相比,他们读的书更多(并且更多元),其他兴趣也更广泛""需要在不同领域进行大量的学习""连续型创新者还需要跟自己领域之外的各类技术专家进行交流"。明白是怎么回事了吗?

专门研究创新的迪恩·凯斯·西蒙顿(Dean Keith Simonton)认为,查尔斯·达尔文"算是一个专业的局外人"。达尔文既不是任何一所大学的老师,也不是任何机构的专业科学家,但是他和整个科学界联系紧密。有一段时间,他只狭隘地研究藤壶,但是后来他感到非常厌倦,他在一本关于藤壶的专著的开篇就写道:"我可不想在这上面花更多时间了。"就像3M公司的通才和博学者一样,达尔文也对狭隘地关注单一领域感到厌烦,就是这样。达尔文广泛的交际生活对于他划时代的研究成果至关重要。心理学家霍华德·格鲁伯（Howard Gruber）研究了达尔文的日记，他发现，只有在"适合他这样的科学通才去攻关的实验"出现时，达尔文才会亲自做实验。对于其他的东西，达尔文依靠的是与他人通信，他的风格和杰西里·赛斯一致。达尔文总是能在数个项目中游刃有余，格鲁伯称之为"达尔文的项目网络"。他至少有231位科学方面的笔友，从蠕虫到性选择，这些笔友按照他的兴趣可以大致分为13个大类。他接二连三地向这些笔友提问，然后再把这些回信中的信息裁剪下来，贴在自己的笔记本上，"笔记本里的思想看似混乱地相互碰撞"。当他的笔记本太过庞杂时，他就撕下几页，按照自己询问的主题进行归档。光是种子实验，他就和法国、南非、美国、亚速尔群岛、牙买加和挪威的地质学家、植物学家、鸟类学家和贝壳学家进行了书信来往，更不用说一些业余的博物学家和碰巧认识的园丁了。正如格鲁伯所描述的那样，创新者的活动"在旁观者看来，像一个令人困惑的混合体"，但是他或她能够把每个活动对应到正在进行的具体项目中。格鲁伯总结道："从某种角度看，查尔斯·达尔文最伟大的作品是对他人先收集到的事实做了解释性汇编。"他是横向思考的整合者。

在《连续型创新者》（Serial Innovators）一书的结尾，艾比·格里芬和合著者不再坦然地分享他们的数据和观察结果，而是向人力资源经理提供建议。他们担心，成熟公司的人力资源政策为员工提供了描述得如此明确而专业化的职位，以至于潜在的连续型创新者会"像方孔中的圆钉一样"被筛选掉。他们广泛的兴趣并不一定恰好符合单一的标准。他们是"π型人"，可以在众多专业里游刃有余。格里芬和同事们的建议是："寻找广泛的兴趣，发展多种爱好和业余活动……当职位的候选者描述他或她的工作时，他或她是否倾向于关注这一领域与其他系统的边界和交集？"一位连续型创新者将他的项目网络描述为"一群漂在水面上的浮标，对它们没有什么想法"。

《汉密尔顿》（*Hamilton*）的创作者林–曼纽尔·米兰达（Lin-Manuel Miranda）优雅地描绘了同样的想法："此刻，我的大脑里同时开着很多的应用程序。"

格里芬的研究团队注意到，"连续型创新者"反复强调，按照自己任职公司目前的招聘条件，他们很有可能会被排除在外。格里芬和同事在研究结果中写道："这种机械性的招聘条件，虽然可以产生高度可重复的劳动成果，但事实上把许多有很大发明潜力的求职者拒之门外。"当我第一次和安迪·奥德科克交谈时，他正在为明尼苏达大学开发一门课程，课程的部分内容就是如何识别潜在的创新者。"我们认为，学校的课程可能让很多学生有挫败感，因为他们的眼界本来就非常广阔。"

面对着充满不确定性的环境和各种未知问题，广泛的经验是无价之宝。面对着友好型的问题，狭隘的专业化极其有效。问题就出现了：因为超专业化的专家在狭隘领域已经足够深入，所以我们常常寄希望于他们，希望他们可以拓展自己的技能，神奇地解决那些未知的问题。而这样做的结果是灾难性的。

第 10 章

被专家愚弄

一场赌局开始了，赌的是全人类的命运。

赌局的其中一方是斯坦福大学的生物学家保罗·艾里奇（Paul Ehrlich）。无论是在他提供给国会的证词里，在他参加了二十次的《今夜秀》(The Tonight Show) 节目中，还是在他1968年出版的畅销书《人口爆炸》(The Population Bomb) 里，艾里奇坚持自己的观点：人口过剩会带来世界末日般的大灾难，而现在再去阻止已经太晚。在这本书封面的左下角，一颗引弹正在慢慢燃烧，旁边有一行提示："炸弹正在倒计时。"艾里奇发出了警告：由于资源短缺，十年之内将有数亿人死于饥荒。《新共和》(The New Republic) 也提醒，世界人口总数已经超过了食品供给量。"饥荒其实已经开始了。"《新共和》写道。这是一道冷酷无情的数学题：人口数量急剧增长，但粮食供应却没有增加。艾里奇本人是一位蝴蝶专家，而且颇有成就。他很清楚，大自然从未对动物的总数量做过任何精准的调节。人口爆炸，可用资源的数量又不够，大灾难就来了。"生物学家非常熟悉这种人口增长曲线的形状。"艾里奇写道。

在《人口爆炸》一书中，艾里奇提出了一个假设性的场景，代表"这种即将发生的大灾难"。这个场景设定在20世纪70年代，两个强国互相指责是对方引发了大规模的饥荒，最后两国诉诸武力，核战争成了结局。这是比较温和的版本。在更糟糕的情景里，整个地球都陷入了饥荒，城市不得不在暴动和戒严中来回切换。美国总统的环境顾问建议实行独生子女政策，并且强制低智人群一律绝育。美国同其他国家陷入核战争的泥潭，导致北半球 2/3 的地方都不再适宜人类居住。只有南半球还有小范围的社会存在，但是环境的恶化迅速消灭了人类。在"值得高兴的"情景里，人口控制开始实行。教皇宣布，天主教徒应该减少生育；并且教皇也开始支持流产。饥荒蔓延，国将不国。到了 20 世纪 80 年代中期，大型的死亡潮已经过去，农业用地开始恢复。这种"值得高兴的"情景中，预计有 5 亿人会死于饥荒。"我向你们发起挑战，看你们谁能创造出一个更乐观的情形，"艾里奇写道；他还说，自己可不会把那种外星人带着爱心补给包来地球行善这种事算在乐观情景里。

经济学家朱利安·西蒙（Julian Simon）接受了艾里奇的挑战，他给出了一个更乐观的图景。20 世纪 60 年代末是"绿色革命"的鼎盛时期。其他学科的技术——节水技术、杂交种子和管理策略——进入了农业领域，全球的农作物产量不断增加。西蒙发现，创新正在改变眼下的复杂局势。人口增加其实就是解决办法，因为这意味着更多的好创意和技术突破。所以西蒙决定赌一赌。内容是：艾里奇可以选择五种他认为会越来越贵的金属——由于人类的开采，这些资源即将耗尽，从而导致下一个十年的大混乱。艾里奇选的五种金属价值 1000 美元。十年后，如果价格跌了，艾里奇需要给西蒙支付差价。如果十年后价格升了，西蒙就要给艾里奇支付差价。艾里奇的债务是 1000 美元封顶，而西蒙的风险则没有上限。1980 年，两人的赌局正式公布。

1990 年 10 月，西蒙在自己的信箱里发现了一张支票，金额是 576.07 美元。这次打赌以艾里奇的失败告终。他选的每种金属的价格都降低了。技术的革新不仅支持了人口增长，也一年年地提升了每个大陆的人均粮食供应量。当然，营养不良的人口比例在降低到零之前都是过高的，但是这一比例从未像现在这样低。20 世纪 60 年代，全球每年每 10 万人中就有 50 人死于饥荒；而现在，这个数字是 0.5 人。

即便没有教皇的帮忙，全球人口增长率也开始直线下降，并且一直持续到了今天。当儿童的死亡率下降，教育（尤其是女性）和发展程度提高时，出生率就下降了。世界人口的绝对数量还在继续增长，但是出生率却在迅速降低，人类需要更多的创新。联合国预测，到21世纪末，全球人口总量会接近峰值——增长率接近零——甚至可能更低。

艾里奇关于饥荒的预测简直是错到离谱。他做出预测时，技术的发展正在大力改善全球困境，并且这个预测的时间点恰好在人口增长率长期减速之前。而就在艾里奇的愿赌服输的同一年，他又在另一本书里开始了双倍下注。当然，这本书比上一本的时间线推后了一些，他的论点仍旧是："现在，人口炸弹已经被引爆。"尽管艾里奇做出了一个又一个错误的预测，他依然收获了大量拥趸和不少声誉颇高的奖项。另一边，很多学者认为艾里奇忽视经济运行规律，还有很多人对艾里奇源源不断的恐怖预测（而这些预测都没实现）感到愤怒，西蒙成了这类声音的领军者。西蒙的阵营认为，艾里奇倡导的过度监管压制了创新，而正是创新把人们从灾难中解救出来。艾里奇和西蒙在各自的阵营里都成了权威。但是他们两个人都错了。

后来，经济学家研究了1900—2008年的金属价格变化，并且将每十年作为一个节点；在此期间，全世界的人口数量翻了两番。经济学家发现，在63%的时间段里，艾里奇都能赢得那次打赌。问题在于：商品价格根本不是衡量人口影响的理想指标，尤其是放在一个孤立的十年里去审视。艾里奇和西蒙都认定商品价格可以证明自己的世界观是对的，但事实上，商品价格这个指标和他们的观点没什么关系。商品价格随着宏观经济周期上下起伏，西蒙和艾里奇打赌的时间正好赶上经济衰退，商品价格自然就下降了。其实，艾里奇和西蒙还不如靠扔硬币一决胜负。

艾里奇和西蒙继续埋头研究。两人都宣称自己信仰科学，并且尊重事实的重要性。两人也都继续忽视对方研究的价值。艾里奇对于人口（以及大灾难）的观点是错误的，但是他在环境退化方面是正确的。西蒙认为，人类的聪明才智可以解决粮食和能源供应问题，这一点也是正确的，但是他认为空气质量和水质会得到改善，这种预测是错误的。讽刺的是，真正改善空气质量和水质的是艾里奇那一派推行的监管措施，而不是西蒙所认同的技术创新和市场的自然产物。

耶鲁大学的历史学家保罗·萨宾（Paul Sabin）写道，在理想情况下，争论知识的伙伴"锤炼彼此的观点，使之更加尖锐和完善，但是保罗·艾里奇和朱利安·西蒙的争论却恰恰相反"。两个人都为了自己的观点拼命收集信息，并且都变得更加教条，他们针对世界的预测模型也暴露出了更多明显的问题。

有一种特别的思考者，他们对世界的运行方式始终固执己见，即使面对着自相矛盾的事实，他们的想法依然只会更加根深蒂固，预测的水平也变得更糟糕，而不是更好，因为他们收集信息的依据是——自己心里再现的世界。他们每天都在电视上和新闻里抛头露面，一边做着越来越糟糕的预测，一边声称自己已经取得胜利，完全忽视自己已经在被严格分析的态势。

自 1984 年起，美国国家科学研究委员会就开始在会议上研究美苏关系。菲利普·泰洛克（Philip Tetlock）是一位心理学家和政治学家，三十岁的他刚刚获得终身教职，而且是委员会自成立以来最年轻的成员。其他成员在讨论苏联的意图和美国的对策，菲利普·泰洛克认真地聆听着。知名专家们自信地给出各种关于趋势的臆断，而这些预测常常互相矛盾，并且丝毫不受相反观点的影响，泰洛克对此感到震惊。

泰洛克决定研究专家的预测。随着冷战趋于白热化，泰洛克开始收集284位接受过高等教育的专家（大部分都有博士学位）做出的短期预测和长期预测，这些专家在自己领域的研究年限平均都超过了12年。预测的问题涵盖国际关系和经济领域，为了让预测更加具体，这些专家必须给出事件发生的可能性。泰洛克的研究需要足够的时间来证明，这样他才能分辨出哪些只是靠运气，哪些是真才实学。这个项目持续了20年，一共有82 361个关于未来事件的可能性预测。实验结果描绘出了一个邪恶多变的世界。

处于平均水平的"一般专家"是可怕的预测者。他们的专业领域、年资、学位，甚至获得机密信息的（一部分）途径都是一样的。他们不擅于短期预测，也不擅于长期预测，而且在每一个领域的预测水平都很糟糕。当这些专家宣称某事绝不可能发生或几乎没有可能发生时，此事发生的概率仍然有15%。而当他们肯定某事绝对会发生时，此事不会发生的概率超过了25%；有一句丹麦谚语提醒我们："做预测是困难的，关于未来的预测尤其困难。"这句话确实没错。涉猎广泛的通才和专家们相反，当然，通才也不是先知，但至少他们不会说未来的某事肯定发生或是绝无可能，也不会贻笑大方，留下错误来弥补或赎罪——如果，专家们相信可以弥补的话。

许多专家从不承认自己观点中的系统性错误，即使在面对最终结果时依然顽固不化。当这些专家预测正确时，他们就会开始夸功——正是自身的专业让他们看清了这个世界。当这些专家的预测大错特错时，他们就说自己只是差之毫厘；他们坚称自己对情况了如指掌，要不是其中的细枝末节有些变化，他们早就能做出正确的预测了。或者像艾里奇一样，理解是正确的，但是时间线出了偏差。在他们看来，胜利就是大获全胜，而失败只是受了坏运气的一点影响，不然早就胜利了。结果是，专家们屡战屡败。泰洛克总结道："预测者认为自己做得多好和他们的实际表现之间，常常存在一种奇特的反向关系。"

他们的名气和预测准确度之间也存在着"异常的反向关系"。一位专家在专栏或电视上发表自己预测的可能性越大,这个预测是错误的可能性也越大。或者,也不总是错的。正如泰洛克和合著者们在《超预测》(*Superforecasting*)一书中简洁的总结:这类专家预测的正确程度,"和黑猩猩投中飞镖差不多"。

在泰洛克的研究中,一些早期的预测与苏联的未来相关。有些专家认为(通常是自由主义),米哈伊尔·戈尔巴乔夫(Mikhail Gorbachev)是一位认真的改革者,他可以改变苏联的现状,并且苏联的状态还可以继续保持一段时间;而另一些专家认为(通常是保守主义),苏联已经对改革免疫了,它本身就具有毁灭性,政权的合法性正在瓦解。戈尔巴乔夫带来了真刀真枪的改革,苏联向世界开放,公民也被赋予了权力。在此之前,俄罗斯以外的各加盟共和国的力量一直被压制,改革让这些力量得以释放,也让整个苏联系统开始土崩瓦解。从爱沙尼亚宣布独立开始,苏联迅速解体。两个阵营的专家都对苏联的迅速解体感到不可思议,而他们对于事件进程的预测是完全错误的。但是,专家中有一个小组成功地预见了更多事实。

与艾里奇和西蒙不同,这个小组的成员没有拘泥于单一思想。他们能从每个论点中提炼信息,并且整合明显相反的世界观。他们也认定戈尔巴乔夫是一位真正的改革者,不过苏联已经对俄罗斯之外的地区失去了控制。小组中有一些整合者实际上已经预见了,苏联解体是近在眼前的事,而戈尔巴乔夫真刀真枪的改革就是苏联解体的催化剂。

这一组整合者几乎在每个方面都战胜了其他的专家,尤其是在长期预测上,其他专家一败涂地。最后,泰洛克给他们起了绰号——绰号借用了哲学家以赛亚·伯林(Isaiah Berlin)的话,而这两个绰号在心理学界和情报收集界变得赫赫有名:眼界狭隘的刺猬"只知道一件大事";整合者狐狸"知道许多小事"。

刺猬型的专家研究得足够深入,但是也过于狭隘。有些刺猬型专家在其整个职业生涯中只研究一个孤立的问题。例如艾里奇和西蒙,他们只从自己专业的单一角度看待世界的运行方式,不断强化自己的理论,把每件事都曲解成自己需要的样子。按照泰洛克的说法,刺猬在自己专业的范式里"不辞辛苦地埋头苦干,给那些定义不明的问题提供公式化的解决方案"。结果并不重要——不管成功还是失败,他们都是对的,然后继续深入钻研自己的想法。这让他们在推测过去时出类拔萃,预测未来就只能像黑猩猩扔中飞镖一样。与此同时,狐狸型专家"从各种范式中汲取灵感,对模糊概念和矛盾事实兼收并蓄。"泰洛克这样描述道。刺猬代表了狭隘,而狐狸已经跳出了单一学科或理论,体现出了广度。

令人震惊的是,刺猬在自己的专业领域所做的长期预测,水平尤其糟糕。随着他们在自己的领域不断积累资历和经验,他们的水平反而变得更差。需要处理的信息越多,他们就越能把自己的世界观强加于任何一个故事。这让刺猬们拥有了一个明显的优势。面对世界上发生的每一件事,刺猬们都从自己偏爱的那个小钥匙孔去窥探和理解,这样就可以为世界上发生的任何事轻轻松松炮制出令人信服的一套说辞,接着再用自己不容置疑的权威讲述这个故事。换句话说,电视台最喜欢这种叙事了。

很明显,泰洛克是狐狸型的专家。他是宾夕法尼亚大学的教授,当我来到他家拜访时,我正好参与了他与同事们的一次闲谈,其中还包括他的夫人(也是他的合作者)芭芭拉·梅勒斯(Barbara Mellers),她也是一位心理学家,也是著名的决策学者。泰洛克先从一个方向开始,然后反问自己,再做一个180度的结论转变。面对当前心理学领域的某个争论，他借鉴经济学、政治学和历史学知识，快速地给出了自己的观点，然后立即停下，随后接着说道："但是，如果你对于人性以及良好社会如何构建的假设不同，你的看法就会截然相反。"当讨论中出现一个新观点时，他马上就会说"为了方便讨论"，随后从不同学科、或政治或情感的角度阐释自己的观点。他试过用 Instagram 滤镜这样的比喻来解释，因为他真正认同的东西确实很难说清。

2005 年，泰洛克把关于专家判断的长期研究出版了，这项研究成果引起了美国情报高级研究计划局（Intelligence Advanced Research Projects Activity）的注意，这家政府机构专门支持那些美国情报领域最困难的挑战。2011 年，美国情报高级研究计划局启动了一项为期四年的预测竞赛，五组由专家带领的团队展开了角逐。每支队伍都可以招聘精英、训练队员并开展实验，只要他们认为合适就行。四年中的每一天，五支队伍都要在早晨九点（美国东部时间）之前提交预测。预测的问题都非常困难——在某个指定日期之前，某个欧盟成员国退出欧盟的可能性有多大？日经指数收盘会超过 9500 点吗？预测者可以根据自己的意愿随时更新预测，但是评分系统是按照时间早晚来给正确性计分的，所以在问题关闭前最后一分钟提交的预测再正确，能得到的分数也很有限。

泰洛克和梅勒斯带领的团队名为"精准预测项目"。他们没有招募那些声名显赫的专家，在项目的第一年，他们选择公开招募志愿者。在简单的筛选之后，泰洛克和梅勒斯邀请了 3200 名志愿者来开始预测工作。在这些志愿者中，他们发掘出最像狐狸的一些人——就是那些兴趣广泛、阅读面广，但是又没有特别相关的专业背景的聪明人——他们的预测占据了很大权重。也正是这些人直接终结了比赛。

在第二年，"精准预测项目"把表现最好的"超级预测者"随机在线分配，每组十二人，这样成员们就可以分享信息、交流观点。泰洛克的团队把其他大学队打得溃不成军，美国情报高级研究计划局只得把这些弱队从比赛中剔除。从普通大众中选出的志愿者击败了经验老到的情报分析人员，而这些情报分析人员还拥有访问机密数据的权限，根据泰洛克的说法，"这种优势也是机密"。（泰洛克引用了《华盛顿邮报》的一则报道，文中指出，"精准预测项目"的预测正确率比一群情报分析师的正确率高出30%。）

超级预测者除了具备狐狸型专家的素养之外，他们的自身条件也让他们成了高效率的合作者——分享信息和讨论预测时的好搭档。在各个小组中，每个成员都要给出自己的预测，但是各小组的成绩是以小组的整体表现来计算的。平均下来，小型超级预测小组的成员的正确率比他们"单打独斗"时要高出50%。此外，超级预测小组还战胜了更多人的群体智慧——这类"大组"人数众多，他们最终的预测结果是整组的平均值。跳出竞赛来看，超级预测小组还赢了预测市场，预测者们把未来事件的结果用来交易，例如股票市场，而市场上的价格走势就直观体现了群体预测的结果。

预测复杂的地缘政治和经济事件似乎需要一组狭隘型的专家，每个专家都能给小组带来某个专业领域内极有深度的知识。但是事实却恰恰相反。就像漫画创作者和申请专利的发明家，在面对不确定性时，个人的广度起到了决定性的作用。这些狐狸型的预测者在单打独斗时就已经足够出色，当协同作战时，他们实现了团队最崇高的理想：团队的力量超过了个人水平总和，而且超出了很多很多。

通过和"精准预测项目"的队员交谈，我能清晰感受到预测者们的某些条件或素质，正是这些素质让他们成了团队合作里最宝贵的队友。他们很聪明，但是泰洛克最初在美国国家科学研究委员会见到的那些刺猬型专家也很聪明。"精准预测项目"的队员们轻松地谈论着数字，来预测这个国家的贫困率或某个州的耕地比例。他们都具备广度。

斯科特·伊斯特曼（Scott Eastman）告诉我，他"从未完全适应某个世界"。他在俄勒冈州长大，参与过数学和科学竞赛，但在大学选择的专业是英国文学和美术。他当过自行车技工、房屋粉刷匠、房屋粉刷公司的创始人、数百万美元的信托基金的经理、摄影师、摄影教师以及罗马尼亚一所大学的讲师——讲授的课程从文化人类学到人权——而最不同寻常的一项工作是罗马尼亚中部小城阿夫里格市长的首席顾问。这份工作的职责很多：不仅要把新技术引入本地经济发展，还得与媒体打交道，同时参与同中国商业领袖的谈判。

伊斯特曼把自己的人生比作一本寓言，每次的经历都是宝贵的一课。"我回想了一下，也许开房屋粉刷公司是最有帮助的工作。"他这样说道。这让他有机会与各类同事和客户接触——从寻求政治避难的难民，到硅谷的亿万富翁——如果有机会在他们的家里长期工作的话，伊斯特曼会跟他们聊天。他把这些经历描述为收集观点的沃土。但是，粉刷房屋不可能是预测地缘政治唯一的学习方式。伊斯特曼和他的队友一样，不管走到哪里都在不停地收集想法，再把这些想法纳入自己的知识储备中，所以，任何地方都是他的沃土。

关于叙利亚的发展，伊斯特曼预测得异常准确，但是他意外地发现，与俄罗斯有关的预测是自己的弱项。他学习过俄语，还有一位朋友曾经担任过驻俄大使。"我觉得自己已经很有优势了，但还是发现了一大堆的问题，这是我预测水平最差的领域之一。"伊斯特曼告诉我。他发现，在某一话题上太过深入，在预测时往往没有好结果。"所以，如果我知道队伍里的某个人是某学科的专家，我会非常开心地去和他们接触，我的接触方式是提问题，并且观察他们都发掘了什么内容。但是我不会单纯倾听：'好的，这位生物化学家说某种药物可能要上市了，所以他肯定是对的。'通常情况下，如果你对某个领域过于了解，那么你很难找到一个准确的观察视角。"伊斯特曼向我描述了最优秀的预测者的特征："真正的好奇心——对所有东西都真的抱有好奇心。"

埃伦·考辛斯（Ellen Cousins）为庭审律师做欺诈类案件的研究，范围从医学过渡到了商业。她的兴趣非常广泛，从收集历史文物到刺绣，还有激光蚀刻和开锁。她还做了一项公益研究——退伍军人应该获得（有时确实应该获得）荣誉勋章。她的感觉和伊斯特曼一模一样，狭隘型的专家是宝贵的资源，"但是你必须明白，他们可能也有盲区。所以，我所做的事情是从他们那里获得事实，而非意见。"就像博学的发明家一样，伊斯特曼和考辛斯从专家身上"贪婪地"汲取知识，并且加以整合。

超级预测者们的在线互动极其礼貌，虽然有不同意见，但不会因此而产生不快。考辛斯告诉我，即使有人说过（当然这种情况非常罕见）："你简直是胡言乱语，你的话我根本搞不懂，请解释一下。"他们也不会介意。超级预测者们追求的不是统一意见；他们追求的是观点的聚合，而且是大量的观点。泰洛克把这些最优秀的预测者描述为长着蜻蜓眼睛的狐狸——蜻蜓的眼睛由成千上万个镜头组成，每个镜头都有一个不同的视角，再把所有的视角在蜻蜓的大脑中合成视觉图像。

我曾经见证过一组预测者的讨论过程，他们要预测的是美元兑乌克兰货币格里夫纳的单日最高汇率，当时是2014年，乌克兰正处在一个极端震荡的时期。汇率会是小于10，介于10~13，还是大于13呢？讨论开始了，一位团队成员提供了三种可能性的百分比，随后分享了一篇《经济学人》的文章。另一位成员发来了一个彭博社的链接以及在线的历史数据，他也提供了三种可能性的预测，他更赞成"介于10~13"这种可能性。第三位成员被第二位的观点说服了。第四位成员分享了乌克兰财政的相关信息——现在的状态岌岌可危。第五位成员给大家阐释了更广泛的议题：世界局势如何影响汇率的变动或不变。发起讨论的队员再次发声，他被此前大家的发言所说服，改变了自己的预测，但他还是觉得大家高估了"大于13"这种可能性。成员们继续分享信息，挑战彼此的观点，不断更新自己的预测。两天之后，团队中的一位财经专业人士发现，自己之前曾经确信乌克兰格里夫纳会因为政局动荡而一路走低，但事实却出乎他的意料，格里夫纳正在走强。他赶紧插话告诉队友们，这和他之前预测的完全相反，队友们应该获悉他理解有误的征兆。与政客相反，最优秀的预测者总像疯了似的跳来跳去。最终，这个预测小组决定选择"介于10~13"——他们是正确的。

在另一项研究中，德国心理学家格尔德·吉仁泽（Gerd Gigerenzer）收集了二十二家国际最知名银行从2000—2010年所做的美元兑欧元的汇率预测——这些银行包括巴克莱银行、花旗银行、摩根大通、美银美林和其他知名银行。每年，这些银行都会预测年末的汇率。世界上最优秀的一些专家做出了这些预测，针对这些预测，吉仁泽给出了简单的结论："这些美元—欧元汇率预测毫无意义。"因为在这十年中的六年，真实的汇率都不在这二十二家银行所预测的范围内。超级预测者很快就发现了令其困惑的汇率方向的变化并做出了调整，但是在吉仁泽分析的十年中，这些大型银行的预测错过了每一次的方向变化。

团队互动的最佳特点正是心理学家乔纳森·巴伦（Jonathan Baron）所提出的"积极的开放心态"。最优秀的预测者们把自己的观点看作需要验证的假设。他们的目的不是说服自己的队友，以期让他们相信自己如何专业，而是鼓励队友们发现自己概念中的错误。这在人类的历史长河中实属罕见。当被问及一个复杂的问题时——比如，"给公立学校提供更多资金会显著提升教学和学习质量吗？"——人们通常会自然而然地产生"我的"看法。虽然人人都有互联网浏览器，但是他们不会去搜索自己可能发生错误的原因。并不是说我们无法提出相反的观点，而只是因为我们强烈的本能驱使我们不要去反驳自己。

2017年，加拿大和美国的研究人员邀请了一组政治倾向多元化且接受过良好教育的成年人来进行一项研究。针对一些颇具争议的事件，他们被要求阅读那些与自己观点一致的评论。实验继续进行，如果参与者愿意阅读那些与自己意见相左的论点，就可以得到报酬，结果，2/3的人甚至都不愿意看一眼那些"反调"，即使报酬非常诱人，他们也不愿意阅读。对相反观点的厌恶不是愚蠢或无知的简单产物。耶鲁大学法学和心理学教授丹·卡汉（Dan Kahan）证实，越是有科学素养的成年人实际上更有可能在政治两极化的话题上变得教条主义。卡汉认为，这可能是因为这些人更习惯于寻找证据来证实自己的感觉：他们在这个话题上花的时间越多，思维模式就越像刺猬。

在一项关于英国脱欧投票准备期的研究中，略占多数的赞同脱欧者和反对脱欧者都能正确地理解某个皮疹修护霜功效的假设统计数据，但是，当这些投票者看到一模一样的数据——假设是移民能增加或减少犯罪时，大量的英国人好像突然失去了计算能力，并且曲解那些与自己政治观点相悖的数据。卡汉把同样的实验放到了美国，还是先看修护霜的数据，再把这个数据丝毫不差地移植到控枪议题上，同样的现象发生了。卡汉还记录下了可以与这种倾向抗争的一种特性：对科学的好奇心。不是单纯的求知欲，而是对科学的好奇心。

卡汉和同事们巧妙地测量了对科学的好奇心，他们把相关的问题"移花接木"到类似消费者市场调查的问卷里，并且继续跟踪受访者在观看特定内容后（其中一些与科学相关）是如何寻求后续信息的。最有科学好奇心的人总是选择寻找新的证据，不管这些证据与目前自己的观点是否相符。而好奇心不足的成年人就像刺猬一样：面对那些与自己观点相反的证据，他们越来越固执己见，当获得了重要的知识后，他们的观点反而越来越极端化。那些对于科学有强烈好奇心的人却反其道而行之。他们像狐狸寻找猎物一样搜寻知识：尽情遨游、认真倾听、自由获取。就像泰洛克评价最优秀的预测者时所说的，重要的不是他们在想什么，而是如何去想。最优秀的预测者也拥有最积极的开放心态。他们也保持极度的好奇——不仅思考相反的观点，他们还积极地跨领域寻找相反观点。"缺少广度的话，只有深度是不够的。"乔纳森·巴伦写道，他开发了"积极的开放心态"的测量方法。

查尔斯·达尔文肯定是人类历史上最有好奇心且最具积极开放心态的人之一。他的前四个人类进化论模型都是创造论或智慧设计论的形式。（第五个模型把创造当作一个单独的问题。）他在笔记中特别收录了那些与自己正在研究的理论相反的事实或观察。他坚持不懈地攻击自己的观点，摒弃了一个又一个模型，直到他得出了一个符合所有证据的理论。但是，在达尔文开启自己的终生事业之前，他确实需要一位拥有积极开放的心态的队友或导师的推动。约翰·史蒂文斯·亨斯洛（John Stevens Henslow）是一位牧师，也是一位地质学家和植物学教授，正是他给达尔文安排了在贝格尔号上的职位。在启航前，他让达尔文去读一本充满争议的新书——查尔斯·莱尔（Charles Lyell）的《地质学原理》(*Principles of Geology*)。莱尔认为，随着时间推移，地球一直在不断变化，直到现在也还在变化中。莱尔的观点是，地质学是完全独立于宗教的，亨斯洛无法接受莱尔对于地质学的描述，他警告达尔文："千万不能接受莱尔提出的这些观点。"但是，亨斯洛还是像狐狸一样抛弃了自己的反感，要求自己的学生好好读一读这本书。这是一次重要的启示。按照科学历史学家珍妮特·布朗

（Janet Browne）所说，"这是科学史上最有意义的交流之一，莱尔的书教会了达尔文如何思考自然。"

以上阐述当然不是认为刺猬型专家没有存在的必要。他们为人类产出了重要的知识。爱因斯坦就属于刺猬型。他发掘了复杂现象背后的简单规律，再用他发现的简洁理论加以证明。但是，在生命的最后三十年里，爱因斯坦执着地寻求一种单一的万物理论，可以解释量子力学固有的混乱的表面随机性，从某种程度上说，这一领域是他自己的研究所催生的。正如天体物理学家格伦·麦基（Glen Mackie）所写的那样："人们似乎达成了共识——在晚年，爱因斯坦的数学水平停滞，对相关的发现也已经免疫，而且无法改变自己的研究方法。"爱因斯坦有一个形象的比喻：上帝不会掷骰子。与爱因斯坦同时代的尼尔斯·玻尔（Niels Bohr）阐明了原子的结构（用土星环和太阳系的理论），他说，爱因斯坦应该保持开放心态，而不是告诉上帝该如何管理宇宙。

刺猬型专家倾向于透过复杂现象发现简单且不可抗的因果规律，这些规律正是由他们熟悉的专业制定的，就像国际象棋棋盘上出现的模式一样。当其他人把复杂现象错误地理解成简单的因果关系时，狐狸们却不这样看。狐狸型专家明白，大部分的因果关系是概率性的，而非确定性。这其中既有未知，也有运气的成分，即使历史明显在重演，也不会和之前的情况一模一样。他们发现，自己所处的学习环境并不友好，在这样的环境下，不管是成功还是失败，从中学习的过程都十分困难。

在学习环境恶劣的领域，自动反馈缺失，仅凭经验是无法提高水平的。在这种情况下，有效的思维习惯变得愈发重要，而且这种习惯是可以培养的。在连续四年的预测竞赛中，泰洛克和梅勒斯的研究小组发现，一小时的"狐狸型思维习惯"基础训练就能提升预测准确性。这种习惯很像我们在第 5 章提到的类比思考法，这种思考方式帮助风险投资家和电影爱好者更准确地预测了投资回报和电影票房。从本质上来说，预测者通过发掘一系列孤立事件的深层结构相似性，就可以有所提升，而不是仅仅关注特定事件的内在细节。百分百全新的事件几乎没有——用泰洛克的话来说，只不过其特别的程度有所差别——而发掘一系列孤立事件则迫使预测者学习去像统计学家一样思考。

例如，在 2015 年，预测者们被要求预测希腊是否会在当年退出欧元区。此前，没有一个国家脱离过欧元区，所以这个问题看起来是全新的。但是，有许许多多类似的例子，比如国际谈判破裂，某个国家退出了国际协定，被迫兑换货币，这些例子可以让预测者立足于常常发生的事情，而不是囿于眼下事件的琐碎细节。从细节入手——也就是"内部视角"——这样做是危险的。刺猬型专家在这种狭隘领域有足够的知识积淀，以专门研究这些细枝末节，这就是丹·卡汉所说的：挑选出细节，用来印证他们无所不包的理论。虽然他们在某一狭隘领域的知识足够深入，但是却阻碍了他们进步。有经验的预测者会先放下手头的问题，转而考虑那些具备结构相似性的完全不相关的事件，而不是依赖个人经验或单一专业领域所产生的直觉。

培训预测者的另一种训练就是狠狠地剖析预测结果，寻求经验教训，尤其是那些错误的预测结果。训练创造了一个邪恶的学习环境，没有自动反馈，在每一次尝试后才有严格的反馈，这让学习环境稍微友善了一点。在泰洛克二十年的研究中，狐狸型和刺猬型在预测成功之后都能快速地更新自己的观念，并且更努力地强化这种观念。但是，当结果出乎他们的意料时，狐狸型专家更有可能改变自己的想法，而刺猬型专家却纹丝不动。有些刺猬型专家做出的权威预测最后被证实大错特错,结果他们选择了错误的方向来更新自己的理论。他们越来越坚信自己最初的想法,而正是这些想法让他们"误入歧途",与事实渐行渐远。泰洛克认为:"优秀的预测者就是优秀的概念更新者。"如果刺猬们预测错了,他们会接受失败的逻辑,就像他们会强化胜利的逻辑一样。

用一个词来总结的话,就是——学习。有时候,它需要你把经验完全搁置在一边。

第 11 章

学着放下熟悉的工具

杰克[①]一头浅棕色的头发,健美的身形如运动员一般。他首先发言,他是想参赛的,"是不是每个人都同意呢?"他问道,"我是说,继续参加赛车比赛。"

那是秋日的一天,中午刚过,杰克和他在哈佛商学院的六位同班同学找到了一处阴凉地,边吃午饭边讨论。教授给了他们三页纸的材料,其中包括商学院使用的最著名案例之一——卡特赛车队的抉择。这个案例的关键问题是:虚构出来的卡特赛车队是否应该参加即将在一个小时后开始的、本赛季规模最大的一场比赛?

赞成参赛的理由是:得益于量身定做的涡轮增压器,卡特赛车队在二十四场比赛中的十二场都获得了奖金(跻身前五名)。这样的胜利纪录为车队成功赢得了一家石油公司的赞助,著名的轮胎公司古德斯通(也是虚构的)也开始试水赞助车队。在上一场比赛中,卡特赛车队获胜,这是本赛季的第四场胜利。今天的这场比赛会在全国的电视上直播,如果车队能跻身前五,古德斯通轮胎很可能会提供两百万美元的赞助。如果车队这时选择放弃比赛并退出,失去的不仅是部分参赛费,还必须退还给赞助商一定数量的赞助费。如果这个表现出色的赛季就这样结束,车队将亏损八万美元,而且很可能再也不会有这样的曝光度了。似乎无须用脑,任何人就能做出参加比赛的决定。

[①] 除了那些明确同意使用真名的学生,其余学生均使用化名。——作者注

反对参赛的理由是：在过去的二十四场比赛中，有七场比赛引擎都出现了故障，每一次都严重影响了汽车的性能。在最近的两场比赛中，机械师使用了新的引擎准备程序，按理说就没有问题了，但是他们还是无法确定此前的问题原因。如果在这次的全国直播里引擎又出现故障，石油公司会终止赞助，古德斯通轮胎也会选择和车队分道扬镳，车队回到原点，或者可能就此破产。所以，参赛，还是不参赛？

杰克和同学们开始了投票。三位同学同意参赛，另外四位拒绝。辩论也就此开始。

杰克说，即使有引擎方面的故障，车队依然有50%的机会获得建队以来的最好成绩。古德斯通已经在试水赞助了，即便引擎有故障，假使现有的赞助商终止赞助，那么车队的损失的钱会更多。如果现在车队退赛，表现优异的一个赛季将以债务告终，"这样的话，我们都知道，这并不是一个可持续的商业模式。"

贾斯汀说："我只是觉得，他们无法承受退赛的代价。"

亚历山大表示赞成，他对那些持不同意见的同学说："未来会发生什么变化，让你们相信自己已经准备好了？"

坐在对面的梅穿着一件哈佛大学的连帽衫，她有一个计算公式要分享给大家。"我认为，退赛的损失大概是引擎再次发生故障所造成的损失的1/3。"她说。她还补充了一下，自己关注的是如何减少损失，所以不想再继续参赛了。

案例中提到，在最后时刻，车队老板B.J.卡特给机械师团队打了个电话。帕特是一名引擎机械师，他中学就退学了，没有接受过机械专业的复杂培训，但是他在赛车行业已经有十年的工作经验。帕特认为，可能是温度引起的引擎故障。天气凉爽时，涡轮增压器逐渐变热，引擎的各个部件由于受热可能会发生不同程度的膨胀，最终导致盖垫密片（引擎的金属密封装置）失效。帕特也承认每次的引擎故障看起来都不一样，但是这七次故障中，盖垫密片都有损坏（其中两次盖垫密片有多处损坏)。帕特也不知道到底是因为什么,但是短时间内他也想不出别的原因了。帕特还在因比赛而情绪高涨,并且为新的古德斯通制服而欢欣鼓舞。当天的气温是 40 华氏度,是整个赛季中最冷的一天。车队的首席机械师罗宾赞同帕特的想法,他研究了过往的温度数据,绘制了图表,但是也没有发现相关性:

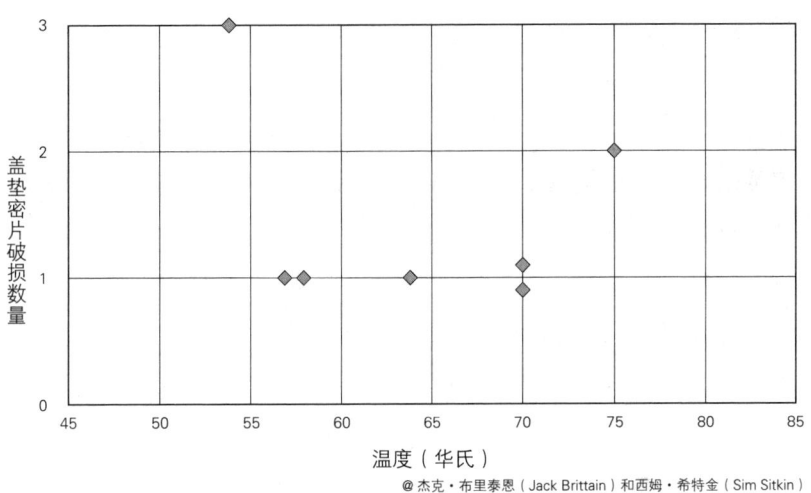

@ 杰克·布里泰恩(Jack Brittain)和西姆·希特金(Sim Sitkin)

图 3　温室变化下的盖垫密片破损数量

德米特里把一头黑发都拨向一侧,他坚决反对继续参赛。盖垫密片破损与温度之间没有明显的线性关系,他同意这一点;在天气最冷的一天(53 华氏度),盖垫密片有三处破损,而在最热的一天(75 华氏度),盖垫密片坏了两处。那么,这是否说明引擎有一个最佳适用范围呢?既不宜太冷也不宜太热?"如果这种故障是随机出现的,那么车队完赛并且获得前五名的概率是 50%,"德米特里说,"但是,如果故障不是随机出现,完赛并获得前五名的概率就会低很多。今天的气温很低,车队并没有在如此低的温度下比赛的经验。我们不知道温度和故障之间到底有没有相关性,如果有的话,那么引擎肯定会出问题。"

茱莉娅认为，机械师帕特关于温度的观点是"一派胡言"，但是，像德米特里这样把引擎问题当作"黑箱"，不能给车队提供任何有价值的线索来计算今天赛车出问题的概率。她承认自己厌恶风险，而且自己也永远不会参与赛车。

除了德米特里，其他同学都认为温度和引擎故障之间"完全是0相关"（这是亚历山大给出的表述）。"我是唯一一个吗？"德米特里对几位咯咯笑的同学问道。

面对引擎机械师帕特的推理，杰克特别不以为然。他说："我认为，帕特确实是一位优秀的机械师，但是他不是专业的根本原因分析工程师，这两个是完全不同的工种。"杰克觉得，帕特太过强调夸张性的单一记忆——这是一种众所周知的认知偏见，他觉得帕特深受其害——在凉爽的一天，盖垫密片有三处破损了。"我们甚至连理解这个图表的必备信息都没有，"杰克这样说，"一个赛季不是有二十四场比赛吗？这些比赛中又有哪些是在53华氏度的气温下进行且引擎没出问题？我不是要反对你的观点。"杰克微笑着对德米特里说，然后友好地拍了拍他的手。

如果能拿到引擎正常的比赛日的气温数据，这当然是最理想的，每个组员都同意这一点，但是眼前的数据已经让他们寸步难行。贾斯汀代表支持参赛的一方发话了："我只是觉得必须要比赛，因为这就是车队的工作。"

结果看起来和最初的投票一致——放弃比赛，直到梅又看了一下她的计算。"事实上，我改变主意了，"梅宣布，"我决定投票给参赛，是的，参赛。"通过比较潜在的财务收益和亏损，梅计算出了结果：卡特赛车队有26%的概率跻身前五名——这让参赛变为明智之举。即使低温改变了概率，"也不会低于26%，所以我们还是安全的"。梅觉得德米特里曲解了数据；卡特赛车队在53~82华氏度的气温区间内参加比赛，在65华氏度以下有四次引擎故障，在65华氏度以上则有三次。梅认为，德米特里太过看重53华氏度这个节点了，只是因为在这个节点盖垫密片有三处损坏。这只是一次引擎故障。

杰克再次加入对话，他认为，小组里的每个人都只从那个图表里看到自己想看的东西，所以"我们不如先把那个图表放一边"。他喜欢梅的那个期望价值理论。"我觉得，梅的这个观点是具体的，是以数学计算为基础的，我们可以从这个观点出发，以数学为基础总是正确的……如果你让我扔硬币，输了的话赔100美元，赢了的话得到200美元，我当然每次都要扔。"他提醒组员们，卡特赛车队在最后的两场比赛中使用了新的引擎准备程序，没有出现任何问题。"这只是一处很小的数据，"杰克说，"但是对我的思路来说，这是一个正确的方向。"

梅向德米特里提问："你觉得哪个区间才是参赛的舒适温度？在70华氏度，引擎故障出现了两次；63华氏度和53华氏度，引擎故障各有一次。对咱们来说，没有哪个温度是安全的。"

德米特里希望把经历过的这些温度与故障严格地对应起来。但是，有些东西不像预期的那样起作用，所以，在这些温度范围之外的事情全都是未知的。他也明白，自己的建议听起来非常武断。

小组开始最终投票。由于梅改变了立场，最后的结果是四票赞成三票反对，他们的选择是继续参赛。他们一边把案例分析的论文塞进双肩包和邮差包，一边继续聊天。

很快，玛蒂娜就大声读出了案例中的一段：车队老板B.J.卡特询问首席机械师罗宾的意见。"车手们的生命悬于一线，我的职业生涯和每一场比赛息息相关，而你的每一分钱都花在这项事业上。"罗宾这样回答老板。他提醒老板，坐在维修站里是赢不了比赛的。

玛蒂娜还有最后一个问题。"所以这只跟钱有关，不是吗？如果继续参赛，我们不会让任何人失去生命，对吗？"

几位小组成员环顾四周，大笑起来，然后就各奔东西了。

当同学们第二天来上课时才发现，世界上凡是被留过这个作业的学生，大部分都选择了继续参赛。教授在教室里走来走去，不断询问学生们参赛或放弃的逻辑。

决定参赛的队伍们讨论着自己预测的概率和决策树。使学生们产生分歧的问题是：比赛途中的引擎故障是否会让车手身陷险境。大部分的学生认为，温度数据其实是一个干扰项，只是为了转移大家的注意力。"如果想在赛车领域有所成就，这就是必须要冒的风险。"一名女生这样说道，其他人纷纷点头。她这一组的意见非常统一——继续参赛，七票赞成，零票反对。

德米特里表示反对，教授开始无情地诘问。德米特里认为，如果放弃引擎故障是随机分布这一假设，那么每个小组提出的概率决策树都没有相关性。他补充道，由于某些原因，首席机械师没有标出引擎未失灵时的比赛气温，所以这些数据异常模糊。

"好的，德米特里，所以接下来是一个定量分析的问题，"教授说，"'如果你们需要更多的信息，请务必告诉我。'这句话我昨天说了多少遍？"教室里，同学们连大气都不敢喘。"四遍，"教授自问自答，"'如果你们需要更多的信息，请务必告诉我。'这句话我重复了四遍。"没有一位学生来找我要缺失的信息。教授展示了一幅新图表，每场比赛都有标记。这幅图是这样的：

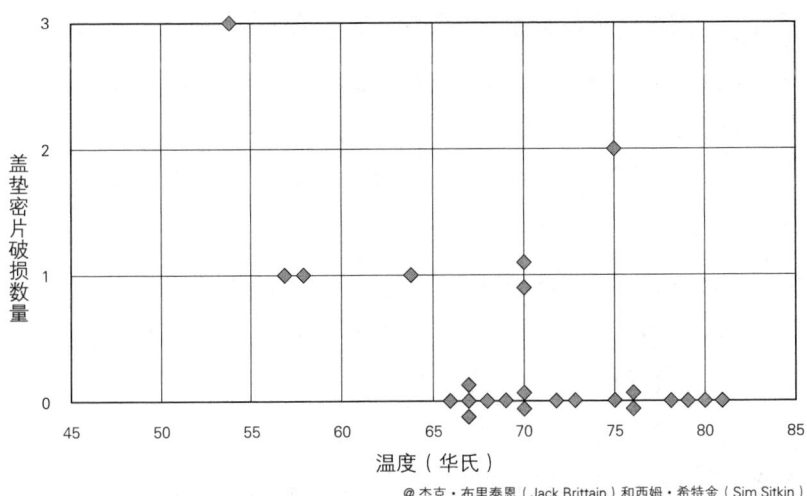

@ 杰克·布里泰恩（Jack Brittain）和西姆·希特金（Sim Sitkin）

图4　每场比赛温度对应的盖垫密片破损情况

气温在65华氏度以下的每场比赛里，引擎都发生了故障。随后，教授把每一场比赛都做了标记：有问题或者没问题，他用这种二元划分再做一次简单的统计分析，得出的结果就是同学们熟悉的逻辑回归。教授告诉同学们，在40华氏度以下的天气，引擎发生故障的概率是99.4%。"那么，我们还有坚持参赛的同学吗？"教授问道。此外，还有一件出乎意料的事情。

这些气温和引擎故障的数据是从美国宇航局的一个案例原封不动地搬过来的——这个案例就是发射失败的"挑战者"号航天飞机——美国宇航局所做的著名悲剧决策，只不过这里把故事背景换成了赛车，而不是太空探索。杰克一脸茫然。"挑战者"号损坏的不是盖垫密片，而是O型圈——用在外形酷似导弹的火箭推进器外壁上，一个起密封作用的橡胶条。低温让O型圈橡胶变硬，降低了密封效果。

在卡特赛车队这个案例里，人物设定大体上是以美国宇航局及其火箭推进器承包商莫顿聚硫橡胶公司的经理和工程师为原型，在"挑战者"号发射的前一天晚上，他们召开了一次紧急的电话会议。1986

年1月27日的天气预报显示，佛罗里达气温即将骤降，变得异常寒冷。在电话会议后，美国宇航局和莫顿聚硫橡胶公司都同意继续发射"挑战者号"。1月28日，本来要密封火箭助推器一个连接处的O型圈失效了。剧烈燃烧的气体直接从连接处冲向外部，"挑战者号"在升空73秒后就爆炸了。七位宇航员全部丧生。

卡特赛车队这个案例精准还原了这一历史悲剧的决策失败。很奇怪，学生们完全化身为紧急电话会议上的工程师，给发射开了绿灯。教授熟练地展开讲解了这一教训。

"和你们一样，美国宇航局和莫顿聚硫橡胶公司里没有一个人提出需要另外十七场引擎没问题的比赛数据，"教授解释道，"很明显，这些数据是存在的，而且他们也经历了和我们一样的讨论过程。如果我现在是学生，我也很可能会说：'在课堂上，老师通常会提供我们所需要的全部材料。'但是现实生活中的小组会议里，有人在你面前讲解着幻灯片，展示数据，我们通常就仅仅使用这些眼前的已知的数据。我认为我们的讨论方式有点问题，没人去问：'这就是我们想做的决策所需的所有数据吗？'"

总统指派的委员会着手调查"挑战者号"的事故原因。他们得出了结论：只要把那些无故障的发射纳入考量，就能发现O型圈损坏与温度之间的关系。芝加哥大学的一位组织心理学教授写道，遗漏数据是最低级的错误，却成了电话会议的"所有参与者的一个专业上的弱点"。"反对在低温条件下发射的这种观点本来是可以被量化的，但是没有被量化。"这位教授说，工程师所受的教育水平实在堪忧。

社会学家戴安娜·沃恩（Diane Vaughan）的著作《"挑战者号"发射决策》(*The Challenger Launch Decision*) 被美国宇航局认定是这场悲剧的权威因果分析。书中写道："更让人震惊的是，他们确实已经掌握了相关数据。那些想要推迟发射的莫顿聚硫橡胶公司的工程师只提供了部分图表，有一些图表他们没有想出来，也没有做出来，如果有了这些图表，就能提供量化分析的相关性数据，来支持他们的决定。"

世界各地的商学院教授们已经把卡特赛车队的案例讲了三十年，因为它提供了一个严肃的教训：在数据不完整的情况下做决定是危险的，仅仅依靠眼前的东西做判断是多么愚蠢。

现在再来揭晓最后的一个意外。他们全都错了。发射"挑战者号"的失败不是因为缺少定量分析。美国宇航局的真正错误是太过依赖定量分析。

在点火前，"挑战者号"的密封圈紧紧地包裹着与推进器垂直部分相连的接头位置。点火时，燃烧的气体从推进器倾泻而下。连接处的金属外壁瞬间被撑开，此时的 O 型圈应该立刻膨胀，填满空间并保持连接处的密封。气温过低时，O 型圈橡胶变硬，无法快速扩张。即 O 型圈的温度越低，在没有密封的情况下，燃烧的气体可以穿透推进器外壁的时间就越长。即便如此，气温通常也是无关紧要的；O 型圈被一种特殊的绝缘油灰保护，以避免燃烧的气体先接触到 O 型圈。在 O 型圈没出问题的十七次发射中——就像卡特赛车队案例中没有引擎问题的场次——这些油灰非常管用。这些成功的发射没有为 O 型圈可能出现的问题提供任何信息，气温如何都无所谓，因为燃烧的气体根本无法到达 O 型圈处，所以也不会引起问题。但是，有时也会发生这种情况：当连接件被组装到一起时，油灰中出现一些小孔。在七次 O 型圈有问题的发射中，燃烧的气体透过这些小孔，穿透了本该起保护作用的油灰，接触到了 O 型圈。只有这七次出现问题的数据与 O 型圈的破损或失效有关。

在这七次发射中——这一点和卡特赛车队不一样，卡特赛车队的问题场次都只描述盖垫密片出现问题——O 型圈在两种情况下出了问题。第一种情况是侵蚀。在其中五次飞行中，推进器点火时，喷出的燃烧气体接触到了 O 型圈，侵蚀了橡胶表面。但这并非生死攸关的情况。O 型圈本身的橡胶量足以抵挡侵蚀。而且侵蚀与温度没有关系。

第二种情况就是漏气。在点火时，如果橡胶圈没有立即扩张，把连接处完全密封，那么燃烧的气体就会"漏出"，可能会冲破推进器的外壁。工程师们随后才发现，漏气的确是一种生死攸关的问题，当低温让 O 型圈橡胶变硬时，情况急转直下。"挑战者号"发射前的两次飞行都出现了漏气，但航天飞机还是安全返航了。

在发射前的紧急电话会议上，莫顿聚硫橡胶公司反对发射的工程师手头其实并没有全部发射记录中 O 型圈的相关数据，就像卡特赛车队案例那样。哈佛的学生至少还有七个场次的数据，这些工程师连七个都没有——他们只有两次的数据。

现在看看这个表格，你能够发现什么？

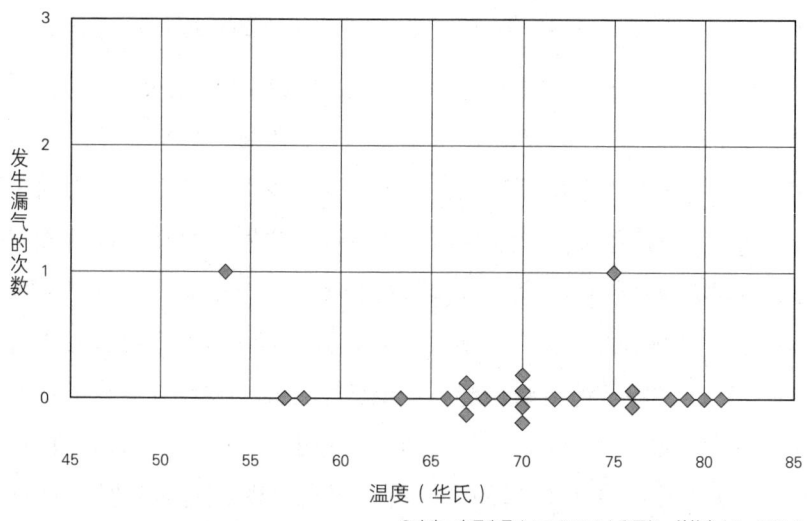

@ 杰克·布里泰恩（Jack Brittain）和西姆·希特金（Sim Sitkin）

图 5　温度与 O 型图发生漏气的相关性

具有讽刺意味的是，时任莫顿聚硫橡胶公司火箭推进器项目主管的阿伦·麦克唐纳（Allan McDonald）告诉我："只看相关的数据点就支持了美国宇航局的发射决定，这是没有说服力的。"他所谓的数据里的确没有99.4%这一被忽视的失败可能。工程师们所接受的教育也不差。

莫顿聚硫橡胶的工程师还出示了其他的重要信息，而这部分重要信息本来可以帮助美国宇航局避免这场灾难。但是，这部分信息不是量化的，所以美国宇航局的主管们没有接受。卡特赛车队的案例告诉我们，只要工程师看的是正确的数据，是可以得到正确答案的。事实上，正确的数据不包含任何答案。发射"挑战者号"的决定实在是非常模糊。这是一个充满不确定性的问题，此前的经验也不能提供帮助，而对更多数据的需求恰恰成了问题本身。

这次引发悲剧的紧急电话会议召集了34位工程师——每位经理兼工程师——从三处不同的地点。莫顿聚硫橡胶公司的工程师罗杰·博伊斯乔利（Roger Boisjoly）亲自去检查了两次出现漏气问题的连接处，并展示了这两次的照片。在那次75华氏度的飞行后，博伊斯乔利发现连接处的O型圈外部有一层很薄的浅灰色烟灰，这说明在O型圈完全实现密封前，极少量的气体漏出，燃烧后形成了这些烟灰。这离灾难性的问题还很远。在53华氏度的飞行后，他发现连接处有一大片乌黑的烟灰。这次，有大量的燃烧气体漏出。博伊斯乔利认为，在53华氏度气温下进行的发射不太可行，原因是，低气温让O型圈变硬，点火时，橡胶扩张速度减慢，密封的速度也变慢了。他无疑是正确的，但是没有更多数据来证明自己的观点。"我被要求把这些想法量化出来，我说，我做不到，"博伊斯乔利在后来的证言中这样说，"我没有可以量化它的数据，但是我确实说过，我知道这样非常危险。"

得益于异常强大的技术文化背景，美国宇航局开发了"飞行准备状态评估"系统，这一系统以严格的定量分析为基础。这些评估的结果常常是对立的，就像超级预测小组的讨论一样。管理者会不断诘问工程师，逼着他们拿出数据来支持自己的论点。这个过程的效果有目共睹。航天飞机是人类所完成的最精密复杂的机器，此前24次飞行全部顺利返航。但是，在这次紧急的电话会议上，同样的定量分析文化让他们误入歧途。

在工程师们的建议下，麦克唐纳和另外两位莫顿聚硫橡胶公司的副总裁最初都拒绝发射。"挑战者号"的发射已经获批，所以这是最后的反转机会了。当美国宇航局的官员询问莫顿聚硫橡胶公司的工程师气温到底达到多少度才能安全发射时，他们建议的最低气温是53华氏度，这是以往经验的下限了。

这让美国宇航局的经理拉里·穆洛伊（Larry Mulloy）目瞪口呆。他以为适宜发射的温度应该在31~99华氏度。莫顿聚硫橡胶公司在最后时刻给出的这个53华氏度的底线无疑为发射设定了一个全新的标准。这一问题从未被讨论过，而且没有任何定量分析的数据支撑，同时这也意味着冬季突然成了太空探索的"禁区"。穆洛伊觉得这令人沮丧；随后，他称之为"愚蠢"。

那么，工程师是如何得到这个数字的？"他们说，因为他们曾在53华氏度的气温下发射过，"一位美国宇航局的经理说，"这对我来说根本不叫理由。这只是传统所限，而不是技术。"博伊斯乔利再次被要求提供数据，这样他的论点才能被支持，"我说，除了给你们看的这些，我就没有别的了。"

紧急电话会议陷入了僵局，一位莫顿聚硫橡胶公司的副总裁申请了五分钟的"离线小会时间"，在这个小会里，公司得出了结论，他们无法提供更多的数据了。半小时后，他们重新回到会议中，并做出了新的决定：继续发射。他们的官方文件这样写道："温度的数据不能在预测O型圈是否漏气上起决定性作用。"

美国宇航局和莫顿聚硫橡胶公司当天参与电话会议的所有人在接受事故调查时,都反复地强调"工程师的失职"。他们异口同声地反复强调:"无法定量分析""用来支持观点的数据是主观的""工程师没有好好完成自己的技术工作""只是没有足够的决定性数据"。毕竟美国宇航局在发射评估室挂着这样一句话:"我们信仰上帝,其他的就拿数据说话。"

"工程师们所担心的事情,只是基于他们拍的照片,他们把连接处打开,发现了一些灰,仅此而已,"麦克唐纳告诉我,"一次是在相对寒冷的气温下,另一次的温度稍高一点。罗杰·博伊斯乔利认为这两次的不同点绝对可以说明问题,但是这不是定量分析,这是定性分析。"美国宇航局的经理拉里·穆洛伊后来辩称,如果把莫顿聚硫橡胶公司的这个观点当作决策的依据,并且放在控制链的顶端,他会"觉得自己一丝不挂"。没有扎实的定量分析,"我不会捍卫这个观点。"

让美国宇航局一直保持成功的工具已经植根于它的 DNA 中,戴安娜·沃恩称之为"原始的技术文化",但是当熟悉的数据类型不复存在时,这一工具突然出现了异常,但仍要坚持没有定量数据支持的理由是不被接受的。面对着不太熟悉的挑战,美国宇航局的主管经理们没有放弃他们熟悉的工具。

卡尔·维克(Karl Weick)是一位心理学家,也是组织行为学专家,他发现了空降森林灭火员和"敢作敢为的"野外消防员牺牲时一些不同寻常的现象:他们紧握着工具,即使丢弃设备可以让他们远离迫近的火焰。对于维克来说,这象征着更大的问题。

1949 年,蒙大拿州的曼恩峡谷发生大火,这场火灾因为诺曼·麦克莱恩(Norman Maclean)的《年轻人和大火》(*Young Men and*

Fire）一书而出名。消防员利用降落伞进入火场，他们面对的是一场"十点钟火灾"，意思是希望他们能在第二天早晨十点前控制住火势。但是，大火从一个被森林覆盖的山坡蔓延到了峡谷，接着冲向了消防员所在的陡坡上，大火顺着干燥的草地飞速爬升，以每秒11英尺的速度追赶着消防员。小队长瓦格纳·道奇（Wagner Dodge）对着自己的队员大喊，让他们放下设备和工具。有两名队员立即放下工具，快速地冲过山脊，转危为安。其他队员还背着工具奔跑，他们很快就被烈焰所吞噬。其中一位消防员放弃了逃生，直到他体力不支，筋疲力尽地坐下的那一刻，他也一直没有卸下自己沉重的背包。十三位消防员就这样失去了生命。曼恩峡谷的惨剧推动了安全训练的改革，但是在不放弃工具的前提下，野外消防员始终无法逃脱大火的魔爪。

1994年，科罗拉多州的史东金山发生了大火，野外消防员和空降森林灭火员面临着和曼恩峡谷一样的火情：火焰从峡谷一直向上爬升，并且点燃了沿途的甘贝尔橡树。一位幸存者回忆，当时峡谷内的声音就像"起飞时的直升机"。共计十四人被烈火夺走了生命，其中有男有女。尸体的复原手术报告这样写道："遇难者死去时还背着背包，手里紧紧抓着链锯。"这位遇难者距离安全区域就只差250英尺。幸存者昆汀·罗德斯（Quentin Rhoades）已经往山上跑了900英尺，"这时我才发现自己肩上还背着锯！我当时失去了理智，开始找个地方把锯放下，并且保证它不被烧到……我还记得，我当时真是不敢相信自己把锯放下了。"美国林业服务部和土地管理局分别进行了调查，两个独立的调查都得出了结论，如果从一开始小组成员都放下工具撤离，他们最终将毫发无损。

在20世纪90年代的四次火灾中，23名野外消防精英拒绝放下自己的工具，最终和自己的工具同归于尽。虽然罗德斯在最后关头放下了链锯，他依然觉得该行为很不正常。维克在海军水手的身上也发现了类似的现象：在弃船时，他们完全忽视了丢弃钢头鞋的命令，结果扎破了救生筏或是直接溺毙；已经损坏的战斗机上，飞行员拒绝跳伞；卡尔·瓦伦达（Karl Wallenda）是国际知名的高空走钢索表演者，当他从120英尺的高度坠落时，他的第一反应是抓住自己的平衡杆，而不是下面的钢索。在坠落时，瓦伦达的平衡杆脱手了，随后他又在空中抓住了杆子。"放弃工具就代表着故意遗忘、努力适应并增加灵活性，"维克写道，"正是因为人们不愿意放弃自己熟悉的工具，最终把事情变成了悲剧。"对他来说，消防员是一个典型的例子，而且是一个很好的比喻——他发现，可靠的组织往往坚持可靠的方法，即使这种方法让组织做出了令人困惑的决定。

维克观察了许多经验丰富的团队，不管是空难还是火灾，这些队伍在面临压力时变得异常僵化，并且"坚守自己最熟悉的领域"，而不是去适应陌生的情况。他们全都表现得像刺猬一样，强行把陌生的情况转变成自己熟悉的"舒适区"，希望眼前不熟悉的一切都变成自己真切经历过的事件。对于野外消防员来说，工具是他们最了解的东西。"消防工具定义了消防员的组织属性，这些工具正是消防员最初被部署到现场的原因，"维克写道，"既然了解了消防工具的核心作用——定义了消防员本身，那么丢弃工具就会导致生存危机，这一点就不足为奇了。"麦克莱恩在书中简明扼要地指出，"当一位消防员被要求放下自己的消防工具时，这就等于让他忘记自己是一名消防员。"

维克继续解释野外消防员的行业文化，它被称为"可以做到"文化，而放弃工具并不属于这种文化，因为这意味着对事态失去控制。昆汀·罗德斯的链锯已经成了他消防员身份的一部分，以至于他甚至没有意识到自己还拿着链锯，就好像他没有意识到自己还有胳膊一样。当罗德斯把链锯搬到远处时，他觉得这简直太不合理了，依然"无法相信"自己要和链锯分离。他觉得自己一丝不挂，就像拉里·穆洛伊说他不会在没有定量分析的条件下改变发射决定。在美国宇航局，接受一个定性分析的观点意味着让人忘记自己是一个工程师。

社会学家戴安娜·沃恩采访了负责火箭推进器工作的美国宇航局和莫顿聚硫橡胶公司的工程师,她发现,美国宇航局著名的"可以做到"文化展示了一种信念:一切都会好起来,因为"我们遵循每一个步骤";因为"飞行准备状态评估过程是激进而对立的";因为"我们按规矩一板一眼地办事"。美国宇航局的工具就是它熟悉的那一套步骤和流程。这些规则之前一直都有效。但是"挑战者号"已经超出了他们的常规认知界限,这种"可以做到"的文化应该被维克所说的"我来想办法做到"所取代。他们需要的是随机应变,而不是把那些不符合既定规则的信息抛到一边。

罗杰·博伊斯乔利认为寒冷的天气会"带来危险",这种无法量化的观点在美国宇航局的文化里被认定为"情绪化"。这种观点基于仅对一张照片的阐释,它不符合常规的定量分析标准,所以这一证据就不被接受,无人在意。沃恩发现,火箭推进器小组这种"可以做到"的乐观氛围,"建立在'所有人保持一致'的基础上"。悲剧发生后,紧急电话会议上的其他工程师都同意博伊斯乔利的观点,但是他们又知道自己没法给出定量分析的论据,于是都保持了沉默。他们的沉默就被当成了同意。正如一位参与了"挑战者号"紧急电话会议的工程师所言:"如果我觉得没有数据来支持自己的想法,那么我老板的主意肯定比我的好。"

对于那些经验丰富的专业人士来说,放下熟悉的工具显得格外困难,他们已经习惯于依赖维克所说的"过度学习行为"。"过度学习行为"指的是专业人士一直面临相同的挑战,并且一次又一次地重复相同的反应,直到这种反应已经变成了自动行为,以至于他们甚至意识不到这是专门针对某种情况的特定工具。举个例子,一项对空难的研究发现,即使面临巨大变化,"常见的应对还是机组决定按原计划继续飞行"。

保罗·格里森（Paul Gleason）是全世界最优秀的野外消防员之一。他在访谈中告诉维克，自己没有把团队的领导权等同于决策权，他认为领导权应是"构建理性权"。"如果我做出决策，就好像我占有了这个决策权，我自然为之骄傲，并且要捍卫这个决定，别人的质疑我一概听不进去，"格里森解释道，"但理性思维不一样，它更有活力，我愿意倾听，也可以做出改变。"他采用了维克所说的"微弱预感"。格里森给队员们明确的指示，但同时也给出了清晰的理由和补充说明——随着队员对火情的理性认识不断加深，这个计划随时可以更改。

在"挑战者号"发射前的紧急电话会议上，面对着不确定性，就更加重视一步步按照过程推进，所以美国宇航局的拉里·穆洛伊要求莫顿聚硫橡胶公司的工程师把同意发射的建议和理由都写在纸上，并且还要签名。此前的历次发射中，最后的同意发射意见都是口头的。莫顿聚硫橡胶公司的阿伦·麦克唐纳和拉里·穆洛伊当时共处一室，麦克唐纳拒绝了签名。远在犹他州的麦克唐纳的老板只好代为签名，随后把文件传真过来。需要数据的穆洛伊对这个决定也感到不安，但与此同时，他又觉得自己被美国宇航局的终极工具保护着——这种工具就是无比神圣的过程，去捍卫一个已有的决策，而不是使用已知的信息做出一个正确的决策。和消防员一样，美国宇航局的管理者们也和自己的工具融为一体了。正如麦克唐纳所说，只看定量分析的数据实际上支持了美国宇航局自己的观点——气温与发射失败没有关系。美国宇航局一贯强调定量数据的重要性，这是他们珍而重之的工具，但是不适用于当晚的发射。在那个晚上，这个工具应该被放下。

人们在回顾时说起当年的情形总是很容易。习惯于掌握决定性技术信息的经理们当时一无所知；而工程师觉得，如果没有这些信息，还是闭嘴为好。几十年后，曾经执行"挑战者号"前一次和后一次飞行任务的一位宇航员成了美国宇航局安全与任务保障部门的主管。他叙述了"我们信仰上帝,其他的拿数据说话"这块牌匾对于他个人的意义:"这句话字里行间就在提示——'我们对你的意见不感兴趣。如果你有数据,我们会听,但是这里不需要你的意见。'"

诺贝尔奖得主、物理学家理查德·费曼(Richard Feynman)是"挑战者号"事故调查委员会的一员。在一次听证会上,美国宇航局的一位经理反复强调博伊斯乔利的数据不能证明他的观点,费曼警告了这位经理:"当你自己没有任何数据论述时,你必须要保持理性。"

根据定义,这些情况就属于不友好的环境。面对着最富挑战性的瞬间,野外消防员和航天飞机工程师没有机会利用试错来训练自己。根据维克的观点,一个团队或组织必须在可靠的同时又具备灵活性,就像一个爵士乐团体一样。有一些技能是最基本的——音阶和和弦——每一个成员都必须要通过过度学习才能熟练掌握,但是这些只是构建应对恶劣环境的装备包的一部分工具。应对陌生的挑战时,没有什么工具是不能丢弃的,它们都可以被重新想象,或者重新利用。即使是最神圣的工具。即使是那些被认定为理所当然的工具,也可以弃之不用。当然,说起来容易做起来难,尤其当这个工具是组织文化的核心时。

正如托尼·莱斯姆斯(Tony Lesmes)上尉所描述的那样,在阿富汗东北部的巴格拉姆空军基地,只有碰到实在倒霉透顶的情况时,他的队伍才会出动。莱斯姆斯指挥的是一队美国空军的伞降救援队,他们隶属于特种部队,专门执行那些困难的救援任务,例如在夜间跳伞到敌方领土去营救被击落的飞行员。不仅是一名士兵,还得是一名急救护理员、潜水救生员、消防员、高山救援专家和伞兵,这样才算是合格的伞降救援队员。他们的徽章上是用双臂环抱世界的天使,上面还有这样一句话："其他人要活下来"。

在巴格拉姆空军基地,没有哪一天算是典型的一天,因为每天的任务都不一样。某天,伞降救援队要在山上索降,营救一位掉进井里的士兵,因为这口井在地图上没有被标识出来。另一天,他们要赶去治疗在交火中受伤的海军陆战队员。伞降救援队可以和其他部队一起执行任务,但是大部分的时间他们都要 24 小时待命,等候"九行"通知——此类通知通常有九行字,可以提供当前紧急情况的基本信息。2009 年秋季的一天,他们接到了任务。这次是最严重的外伤级别。几分钟之内,他们就得起飞前往事发地点。

情报信息稀少。路边的一枚炸弹在陆军装甲车队中间爆炸了。直升机需要在半小时内抵达现场。现在只知道受伤情况严重,但是尚不清楚具体有多少人受伤、伤势有多重,以及炸弹是否属于搜救陷阱的一部分——敌人很可能埋伏在那里,等待着救援队自投罗网。

伞降救援队已经习惯于接收这些不够明晰的信息,但是这次的信息连他们自己都觉得太过模糊了。莱斯姆斯知道他们应该带上沉重的大型设备,例如救生颚[①]和金刚石切割锯,因为"你真的无法像切开汽车门一样切开装甲车辆。"他告诉我。重量是一个障碍,尤其是在高海拔的山区。如果直升机太重,在空中保持不动就是一个大问题。燃料的限制也是一个挑战。更大的挑战是空间问题。每一位伞降救援队员都要携带设备,两架直升机各自的内部空间也只有一辆大货车的容量。他们不知道有多少士兵身受重伤需要撤离,也不知道到底需要多大空间。

莱斯姆斯只清楚一点:他必须确保机上有足够的空间留给潜在的伤员,这样他们只需抵达爆炸现场一次。治疗和搬运受重伤的士兵都需要额外的时间,在现场停留的时间越长,越容易引起敌人的注意。

---

① 一种大型破拆工具。——译者注

这很可能需要另一个救援队才能完成任务。

莱斯姆斯二十七岁，去年，他在美国境内领导一支飓风救援队伍。前往阿富汗是他的第一次外派任务，他手下的老队员们有大量的海外作战经验。像往常一样，莱斯姆斯带领两名队员来到中心现场获取信息，帮助自己了解情况。"有时候，其他人能提出非常好的问题，而这些问题我通常都想不到，"他说，"我们想尽可能多地分享信息，但是时间非常有限。"同时，额外的情报又格外稀缺。"在好莱坞电影里，一架无人机飞过现场，你立刻就能知道全部信息，"莱斯姆斯说，"但那是好莱坞电影。"

莱斯姆斯走向直升机，用他的话说，伞降救援队员们正在披挂上阵，带上全套装备。而眼前的情况并不符合常规的决策树；他向队员们解释了目前的困难，然后问队员们：我们该如何解决这个问题？

一位队员建议，把设备调整一下位置，这样直升机里就能再多塞点东西；另一位队员说，如果伤员需要更多的机上空间，可以给陆军的装甲车队留下一部分伞降救援队员；还有一位队员建议营救那些伤势最重的伤员，如果需要直升机再来第二趟，必须让车队离开爆炸现场，选一个没那么显眼的地方再碰头。但是，炸弹是在一列装甲车中间爆炸的，那里的道路崎岖不平。莱斯姆斯也不知道车队的行动能有多灵活。

"我们没有讨论出任何一个真正有优势的方案。我想要的是速度上的优势，包括尽可能减少负重以及为伤员们留出空间的能力，"莱斯姆斯解释，"距离、时间、各种限制和未知的敌人，这些困难都开始增加。我开始有这样一种感觉：在最惨烈的情形下，我们没有为成功营救做好万全的准备。这种模式无法识别，这已经超出了常规模式的范围。"换句话说，他没有得到他想要的确切情报。根据目前已掌握的信息，莱斯姆斯估计超过三人身受重伤，但是重伤人数不会超过十五人。一个想法在他脑海中逐渐成形：给潜在的伤员留下更多空间。这次，他选择放下一件从未放下过的工具：他自己。

执行的所有大规模伤亡事故救援，莱斯姆斯从未缺席过任何一次。他是现场的指挥。他的角色是观察现场的总体情况，而其他的伞降救援队员都在拼命地救助伤员。他要确保现场的安全；他还必须和自己的队员保持沟通，同时要和基地联络，当然还有在空中盘旋等待接走伤员的直升机飞行员；一旦发生交火，他必须用无线电通知飞机赶来增援；他还得和该地区的军官协调各类事宜，这些军官通常都来自其他军种。爆炸现场必然会出现情绪混乱。看着魂飞魄散的战友吸吮着止痛棒棒糖，失血过多处于濒死状态，队员们肯定想不顾一切地救助伤员，但是他们必须要继续行进。总之，现场必须得到控制。莱斯姆斯知道，只要这次受伤的人数比莱斯姆斯估计的要少，自己队伍里的高水平队员足以完成地面指挥，同时完成医疗救助。莱斯姆斯可以帮助战地医院为送回的病人做好准备，并且协调直升机从作战指挥中心接机，同时接收地面队员的无线电广播并做出调整。这是权衡之后的答案，但是每个选择都经过了认真考量。

莱斯姆斯给队员们讲了自己的"假设"，他把这种假设称为——微弱预感。"因为我希望他们能证明这个假设是错误的。"他告诉我。莱斯姆斯告诉队员们，他会留在基地，给设备和伤员留出更多的空间。直升机的螺旋桨正在旋转，黄金时间正在一分一秒地溜走——所谓的黄金时间是指救助重伤士兵的关键时刻。莱斯姆斯让队员们赶紧表态，他会考虑他们要说的每一句话。一些人陷入了沉默，还有一些人表示反对。团队作战是他们最基本的工具，他们不知道居然可以放弃这种工具，直到有人提出这样做。其中一位队员直截了当地说，指挥官的工作就是要参与救援，莱斯姆斯应该履行自己的职责。还有一位队员表示愤怒。第三位队员条件反射地认为莱斯姆斯害怕了。他告诉莱斯姆斯，当轮到你的时候，就该你去做，所以他们应该像往常一样集体行动。莱斯姆斯确实害怕，但他害怕的不是丢掉自己的性命。

"如果真有不测,而指挥官又不在现场,"他说,"我该如何向这十个家庭解释。"

当莱斯姆斯谈到这些时,我和他坐在华盛顿的"二战"纪念碑前。他一直都表现得很坚忍,但此时他哭了起来。"队伍的整个结构建立在训练、默契和凝聚力的基础上,"莱斯姆斯说,"我完全理解有些队员感到气愤的原因。我的做法其实是打破了标准的作业流程。所以,我的判断被质疑了。但是,如果我真的上了直升机,我们可能需要到现场救援两次。"这些针对他的反对意见是情绪上的抵制,也是哲学上的驳斥,但不是战术上的异议。他们之前改变过他制订的计划,但是这次没有。莱斯姆斯会留下来,其他队员该出发了。直升机冲上云霄,他也返回了作战指挥中心。"我陷入了强烈的挣扎,"他说,"我可以看到正在发生的事情,如果真有不测,我会亲眼看着救援直升机坠落。"

谢天谢地,这次的救援任务圆满成功了。伞降救援队在爆炸现场救治伤员,七名受伤士兵不得不被转移到直升机上。他们像沙丁鱼一样挤在机舱里。在战地医院里,有些人不得不接受截肢,但是他们全都活了下来。

这次救援结束后,队伍里的高水平队员意识到莱斯姆斯的指令是正确的。当时持反对意见的一位队员好几个月都没有提及此事,后来他只是说,莱斯姆斯当时如此信任他们,这让他非常震惊。一开始就很气愤的那位队员又气愤了一阵。还有一位和我谈及此事的伞降救援队员说:"如果我当时处在莱斯姆斯的位置,我绝对会和队员一起去。但这样做的话,救援肯定会很困难。"

"我不知道,"莱斯姆斯告诉我,"我有时还会纠结当时的决定。万一某个地方出现问题,那这个决定可就糟透了。也许是运气吧。当时的各种选项看起来都不是最理想的。"

在我们的对话结束之后,我想起了维克书中关于野外消防员紧抓工具不放的描述。维克这样解释：在压力之下，经验丰富的专业人士常常退回到自己最熟悉的领域。我向莱斯姆斯提出了自己的建议：也许莱斯姆斯麾下的伞降救援队员只是因为没有按熟悉的流程行动而条件反射地拒绝，这是一种情绪化的反应。集体行动这一工具是神圣而不可更改的，但是也总有放下这种工具的时候吧？"是的。"他点点头表示同意。当然了，我说起来是很轻巧的。他沉默了一会儿。"是的，"他继续说，"但是集体行动是一切的基础。"

"挑战者号"的经理们错就错在要求所有人保持一致。面对着不同寻常的挑战，他们死死地抓住常用的工具不放。莱斯姆斯上尉丢弃了神圣的工具，这一选择是成功的。当情绪平复后，团队中的一些成员承认，莱斯姆斯的指令是正确的。但是其他人仍坚决否认。回顾这一切时，莱斯姆斯泪流满面。一个决策正确的童话般的结局不该是这个样子。阿伦·麦克唐纳告诉我，如果美国宇航局取消了"挑战者号"的发射，那么推动取消的人将被视为"杞人忧天"，这些人后续在航天领域很难成功。美国宇航局的工程师玛丽·沙弗尔（Mary Shafer）曾经明确地表达了这一点："坚持绝对的安全，是给那些没有勇气活在现实世界的人准备的。"毫无疑问，组织应该努力培养既能熟练使用工具又能放下工具的专家。一个组织策略可以提供帮助——这种策略听起来很奇怪，因为它传达出了复杂的信息。

"一致性"（Congruence）是一个社会科学术语，指的是一个机构的组成部分——价值观、目标、愿景、自我概念和领导风格的文化"契合"程度。从20世纪80年代开始，"一致性"成了组织研究的理论支柱。有效的组织文化是一致的，也是强有力的。当所有的信号都指向同一个方向时，个体自我会不断地强化一致性，而人们也都喜欢一致性。

许多个人经营者的经历被当成了支持"一致性"的论据。但是，在首次针对行业内各类机构的研究中，研究人员考察了334所高等教育机构，结果显示，机构的文化一致性对衡量组织成功的任何一个指标都没有带来丝毫影响。在一致性较强的机构中，行政人员、院系领导和管理层被问及文化分类时，他们回答起来确实更容易一些，但是，这对学生的学业进步和职业发展、教师的满意程度和学院的财政健康状况毫无影响。接下来，领导了这项研究的负责人又继续研究了数千家企业。她发现，最有效率的领导者和组织都具备广度，他们实际上是自相矛盾的。他们提出各种需求，同时又给予关照，他们既要求秩序，也要求企业家精神，甚至同时需要等级观念和个人主义。某种程度的模糊似乎无害。在决策过程中，它可以以一种独特的有价值的方式扩充企业的工具箱。

菲利普·泰洛克和芭芭拉·梅勒斯发现，能够容忍模糊状态的思考者做出的预测最为准确；谢法丽·帕蒂尔（Shefali Patil）曾经是泰洛克的研究生，她现在是得克萨斯大学的教授。谢法丽和他们共同发起了一个项目，证明组织可以构建模糊状态，从而迫使决策者不止使用一种工具，使他们变得更加灵活，也更加乐于学习。

在一项实验中，参与者需要承担起公司人力资源经理的工作，并且预测出求职者未来的表现。这些经理们得到了一份标准的评价流程，针对求职者的技能通常应该如何衡量方面，这份评价表介绍了详细的过程。随后他们被告知，自己的决策将成为评分（以及获得报酬）的依据。当然，这次实验是现实生活的加速版，在每次预测之后，参与实验的人力资源经理们就能根据公司的记录看到这些求职者的实际表现。对照标准评价流程的预测结果，有一部分求职者的表现和预测结果一致；其他人则相去甚远。但是，不管求职者的实际表现如何，这些经理还是坚持使用那套标准预测流程——即使标准流程明显不起作用，即使更好的系统很容易就能被发现，他们依然墨守成规，无法从经验中学习。直到一个新点子出现了。循规蹈矩的经理们被告知了一个虚构的《哈佛商业评论》的研究成果：成功的组织最看重独立声音和不同意见。神奇的事情发生了：经理们解放了思想，开始学习。他们能够发现标准评价流程里明显需要改动或删除的部分，从经验中学习，预测也变得更加准确。"不一致性"对经理们大有裨益。一丝不苟、照章办事的公司流程规则被一种非主流文化所平衡——这种文化强调个人在决策中的自主权，以及对墨守成规的反对。

"不一致性"在其他方向也证明了自己的作用。那些拿到标准评价流程的人力资源经理被告知了正确预测的重要因素后，才开始放弃之前的标准流程，制定自己的规则。他们根本不知道什么时候标准流程会发挥作用。有鉴于此，《哈佛商业评论》虚构的研究又登场了，这次的研究成果表明，成功的组织看重的是凝聚力、忠诚和找到彼此的共同点。这些人力资源经理再次变成了学习机器；当原本的流程有价值时，他们就会突然采纳；当原本的流程失去价值时，他们忙不迭地选择远离，而这正是美国宇航局应该采取的做法。

商学院的学生普遍被灌输了一致性模型的思想：一位优秀的管理者可以把工作中的每一个元素都纳入一致性的范围，而其中所有的影响都是互相加强的——无论崇尚凝聚力还是个人主义。但是如此，组织内部可能会太过于一致了。有了"不一致性"，"你就是在做交叉互检。"泰洛克告诉我。

实验表明，有效的问题解决型文化是对标准流程的一种平衡——不管具体情况如何，要有一种反向的推动力量。如果管理者已经习惯于墨守成规，提倡个人主义可以帮助他们拥有"左右开弓的灵活思想"，从而发现在不同情形下到底哪种想法更为适用。如果管理者习惯于即兴发挥，忠诚和凝聚力可以发挥作用。诀窍就在于拓展组织的广度——发现主流文化，然后再反向推动，让组织的文化多样化。

在"挑战者号"准备发射时，美国宇航局的"可以做到"文化占据了主流——极端的过程问责制与集体主义的社会规范结合在一起。为了符合标准的过程，所有的东西都得保持一致。标准过程是如此严格而僵化，所以，不符合常规的证据就不能被接受。标准过程也是如此神圣，以至于拉里·穆洛伊感觉自己被一纸签名的文书所保护，这样就能证明自己遵循了常规的流程。在飞行准备状态评估中，不同意见虽然得到了重视，但是在最关键的时刻，至关重要的工程团队要求开一个离线小会，结果他们私下里找到了保持一致性的方法。就像一位工程师说的那样，既然手上没有数据，"老板的主意肯定比我的好"。

和莱斯姆斯上尉谈得越多，我越觉得他有一种自己必须为结果负责的强烈使命感——找到解决方式，即使它偏离了标准的过程——而且，他身处一种异常强大的集体文化之中，这种集体文化确保他不会轻易做出偏离过程的决定。就像谢法丽、泰洛克和梅勒斯所阐述的那样，莱斯姆斯利用了"交叉互检的力量，推动了能够适应新情况的灵活想法"，这篇论文的副标题就是"平衡盲目一致与鲁莽偏离的风险"。

超级预测团队也利用了同样的不一致性文化。评价团队的唯一标准就是队员的预测准确程度。但是，在"精准预测项目"的内部，集体文化是被鼓励的。大家都期望得到评论；项目负责人也鼓励团队成员为有用的评论投票，并且认可过程中的里程碑，如一定数量的"终身评论"。

在"挑战者号"事故前，美国宇航局也曾经长期利用过文化的"不一致性"。吉恩·克兰兹（Gene Kranz）是首次实现登月的"阿波罗 11 号"的飞行指挥。身在美国宇航局的他也笃信同样的信条和严格的程序——"我们信仰上帝，其他的拿数据说话"——但是，他也养成了另一种习惯：向每个层级的技术人员和工程师征询意见。如果他两次听到相同的预感，那么他可以打破需要数据的常规，去进行调查。

沃纳·冯·布劳恩（Wernher von Braun）曾经担任马歇尔太空飞行中心的总指挥，他主持研发的运载火箭成功实现了人类登月的壮举。他也利用非主流的、个人主义的文化成功地平衡了美国宇航局僵化死板的严格程序，这种文化提倡不断提出异议和跨越边界的沟通交流。沃纳·冯·布劳恩发起了一项名为"周一笔记"的活动：每个星期，工程师都要上交一页纸的笔记，内容是他们认为的最突出的问题。冯·布劳恩会在页面的边上手写自己的评论，然后把笔记汇总再分发下去。这样每个人都能看到其他部门在干什么，并从中积极提出问题。"周一笔记"是严格的，但是形式却不那么正式。

1969年，在登月成功两天后，在一页打印出来的笔记上，一个简短的段落引起了冯·布劳恩的关注：这位工程师猜测了液氧罐意外失去压力的一个原因。这件事已经和登月没什么关系了，但是可能会在将来的飞行中再次出现。"我们需要尽可能精确地查明这一点，"冯·布劳恩写道，"也必须调查清楚这背后是不是还有别的原因，需要我们检查或者做一些补救措施。"和克兰兹一样，冯·布劳恩擅于寻找问题、预感和坏消息。他还奖励了那些把问题暴露出来的人。在克兰兹和冯·布劳恩的时代结束后，"其他的拿数据说话"这种过程型文化继续存在，而非主流文化和个人主义的力量逐渐式微。

1974年，威廉·卢卡斯（William Lucas）接管了马歇尔太空飞行中心。一位美国宇航局的首席历史学家写道，卢卡斯是一位出色的工程师，但是"常常一看到问题就发怒"。阿伦·麦克唐纳对我说，卢卡斯是"杀死信使的那种人"。卢卡斯把冯·布劳恩的"周一笔记"变成了单纯用来与上级交流的系统。他既不写反馈，也不分发给大家看。"周一笔记"一度变成了一份必须填写的标准表格。在过程型文化里,"周一笔记"成了更加僵化的例行公事。"笔记的质量立刻下降了。"另一位美国宇航局的历史学家描述道。

"挑战者号"事故后,卢卡斯很快退休了,但是,根深蒂固的过程型文化依然存在。美国宇航局一共有两起致命的飞船事故,另一起就是2003年的"哥伦比亚号"航天飞机解体事故,这次事故完全是"挑战者号"事故背景的复制版。在不同寻常的情况下,美国宇航局依然抓住常规的过程工具不放。决策基于过程问责制和以集体为中心的规范一致性,其结局注定是悲惨的,"哥伦比亚号"的灾难更加凸显了这一点。工程师不能完全理解自己所担心的技术问题,但是也无法给出定量分析。工程师们认为,航天飞机的某个部分已经损坏,他们希望可以得到一张高分辨率的照片,于是向美国国防部寻求帮助,美国宇航局的经理们不仅完全切断了工程师寻求外部帮助的渠道,还向国防部道歉,因为工程师们没有用"恰当的渠道"进行联络。美国宇航局的管理人员承诺,此类违反协议的事情绝不会再次发生。"哥伦比亚号"事故调查委员会得出了结论:美国宇航局的文化"强调指挥链、过程、遵守规则和照章办事。对于组织的协调来说,规则和过程极其重要,但是无意中却造成了负面影响"。"对于等级和过程的忠诚"再次以灾难告终。这次的问题还是一样:低级别的工程师无法量化自己担忧的问题;他们保持沉默,因为上级"对数据的要求是严格的,也是抑制性的"。

"挑战者号"和"哥伦比亚号"这两次事故暴露出的管理和文化方面的问题惊人地相似,以至于调查委员会认定美国宇航局根本不是"一个学习型的组织"。交叉互检的缺失让美国宇航局无法学习,就像帕蒂尔研究的那些身处高度一致性文化中的人力资源经理们一样。

但是,美国宇航局里也有一些人吸取了重要的教训,并且在时机成熟时加以利用。

2003年春天，此时距"哥伦比亚号"航天飞机事故仅过去两个月，美国宇航局必须决定是否要放弃一项备受世人瞩目的重大项目：引力探测器B。这一项目已经酝酿了40年，花费了7.5亿美元。引力探测器B是一个技术奇迹，设计它的初衷是直接证明爱因斯坦的广义相对论。引力探测器B将被发射到太空，测量地球的质量和旋转是如何扭曲时空结构的，就像一个保龄球在盛满蜂蜜的大桶里旋转。引力探测器B是美国宇航局历史上耗时最长的项目。这句话可不是赞美。

美国宇航局在成立一年后就开始构思这个项目。由于技术问题，发射被推迟过太多次，而且有三次，整个项目差点就被取消了。有些美国宇航局的工作人员觉得引力探测器B已经是"不可能的任务"，项目的资金来源也只能靠一位擅长游说的斯坦福大学的物理学家来争取——他不得不反复去游说国会。

技术上的难度太大了。引力探测器B需要人类能制造出的最圆的物体——乒乓球大小的石英陀螺仪转子，而且必须是最完美的球型，以至于当你把它放大到地球的实际大小时，最高的山峰不能超出八英尺。陀螺仪必须要被液体氦气冷却到零下450华氏度，引力探测器B还需要推进器手术般精准才能实现精确运动。这项技术经过二十年的研发才满足了试航条件。

国会密切关注着美国宇航局。他们无法承担发射引力探测器B的费用，而且，"哥伦比亚号"事故才刚发生没多久，如果再有一项重大项目失败，美国宇航局自身也无法承受。但是，如果现在引力探测器B再次推迟发射，这可能就是最后一次机会了。"发射引力探测器B所面临的压力真是太大了。"项目经理雷克斯·戈夫登（Rex Geveden）告诉我。不幸的是，工程师们在做发射前的准备情况调查时，发现了一个问题。

一个电子盒的电源干扰了一个重要的科学仪器。谢天谢地,这个电子盒只需在任务的开头工作,它负责让陀螺仪转起来。之后它就可以被关掉,所以这也不是什么灾难性的大问题。但是这个问题的出现仍不可预测。如果有其他的缺陷让电子盒停止工作,那么陀螺仪就无法旋转,实验就相当于一直没有开始,这次任务就彻底变成了浪费。

陀螺仪被放置在一个像巨型保温壶的容器里。这个巨型保温壶装满了液体氦气,并且已经做好了冷却和密封,准备发射。如果需要重新检查这个电子盒,花了三个月时间才装进引力探测器 B 的各种零件又要被拿出来;推迟发射又会损失一两千万美元。有些工程师认为,拆解可能会损坏零件,这样做的风险更大,还不如就这样发射了。斯坦福大学是这一项目的主要承包商,斯坦福大学的项目负责人"非常自信,认为发射能够成功,"雷克斯说,"所以我努力推动项目,我们应该继续发射。"美国宇航局的首席工程师和引力探测器 B 的首席科学家也都在推动发射。此外,引力探测器 B 已经被转移到加利福尼亚州的范登堡空军基地准备发射,如果再次推迟,引力探测器 B 被地震影响的可能性就会增大。那么问题又来了:发射,还是不发射?

决定权就在雷克斯的手里。"天哪,我甚至都无法形容压力有多大。"他告诉我。在最近的这次麻烦之前,他已经有了一种微弱的预感——对于电子盒的运行,他感到些许不安。但是,只要电子盒被装进了探测器,就无法进行观察,也无法掌握更多的信息。

1990 年,雷克斯来到美国宇航局工作,他一直对组织内部文化保持着敏锐的洞察力。"当我进入美国宇航局后,"他说,"我有一种直觉,一致性文化在这里真的存在。"在职业生涯早期,他参加了美国宇航局提供的团队建设课程。在课程的第一天,老师就问同学们,做决策时,最重要的一条原则是什么?是达成共识,老师说。"但是,我在课上说:'我不认为那些同意发射挑战者号航天飞机的人取得了共识,'"雷克斯说"达成共识固然可喜,但是我们应该最大限度地优化决策，而不是优化我们自己的幸福感。我一直觉得这种文化有问题。我们的系统没有健康的张力。"美国宇航局的过程依然神圣，雷克斯在各处都能看到一种追求一致性的集体文化——把冲突都推到黑暗的墙角去。"在你参加的每个会议上，几乎都能听到有人说'我们去开个离线的小会。'"雷克斯回忆道，就像莫顿聚硫橡胶公司那次的离线会议一样。

雷克斯想平衡这种传统而正式的过程型文化，他的方式就是推广非正式的个人主义文化，就像克兰兹和冯·布劳恩曾经的做法一样。"沟通的链条必须是非正式的，"雷克斯告诉我，"必须和原来的指挥链完全不同。"如果发现有问题，每个人都有责任提出异议——这才是他想要的文化。他决心去寻找疑点。

雷克斯非常尊重斯坦福大学负责电子工程的项目经理。这位经理曾经用过同样的供电系统，他认为这种技术仍不够成熟。在一次正式会议上，美国宇航局的首席工程师和引力探测器 B 项目的首席科学家都赞成把电子盒继续放置其中，不必拆开检查，会后，雷克斯又组织了几次非正式的会议。在其中一次会议上，他从美国宇航局的工作人员那里听说了洛克希德·马丁公司（Lockheed Martin）一位经理的担忧。洛克希德·马丁公司就是电子盒的生产商。就像"挑战者号"的 O 型圈一样，电子盒的问题其实是可以解决的，却是大家意料之外的。这里还有未知因素。

雷克斯反对首席工程师和斯坦福大学团队领导的意见，他决定取消发射，把电子盒拿出来一探究竟。电子盒被取出后，工程师们很快就发现了三处电路图都不甚清楚的设计问题，其中一处甚至完全用错了零件。这些令人震惊的发现促使洛克希德·马丁公司检查了电子盒内的每一处电路。他们发现了二十个不同的问题。

太空之神似乎在要求引力探测器 B 克服每一个能想到的困难，就在电子盒被取出后一个月，发射地点附近发生了地震。运载火箭轻微受损，幸运的是，引力探测器 B 毫发无伤。4 个月后的 2004 年 4 月，引力探测器 B 终于被送上太空。爱因斯坦的理论认为，地球在旋转时拖曳着周围的时空结构，而引力探测器 B 是第一个证明该理论的直接实验。这项技术留下了更宝贵的财富。为引力探测器 B 设计的部件提升了数码相机和卫星的技术；精确到厘米级别的 GPS 被应用到飞行器自动着陆系统和农业的精确生产中。

第二年，总统任命了美国宇航局的新局长。面对着美国宇航局强大的过程问责文化，新局长要求大家坚持个人主义，并且在辩论中坚持己见，这可以对过程问责文化形成交叉互检的压力。他任命雷克斯为副局长，其实就是美国宇航局的首席运营官——这一职位是非政治任命的最高职位。

2017 年，雷克斯把自己的经验带到了新公司。他成为 BWX 科技公司的首席执行官，公司经营范围广泛，其中就包括核能推进技术——可以为载人火星任务提供动力。BWX 科技公司的一些决策者是从部队退役的军事领导者，他们最珍视的工具就是严格的等级制度。所以，当雷克斯就任首席执行官后，他写了一个简短的备忘录，表达自己对于团队协作的预期。"我告诉他们，当我们需要做决定时，我希望听到跟自己的决定不一样的声音，这才是一个组织真正健康的标志，"雷克斯说，"一旦做出了决定，我们希望得到大家的服从和支持，但是，我们可以通过专业的方式再继续商榷。"他强调了指挥链和沟通链之间的区别，正是这种区别代表了健康的交叉互检压力。"我提醒他们，我会跟组织里的所有级别进行沟通，直到最普通的员工，你们不要为此而疑窦丛生，"雷克斯强调，"我告诉他们，我不会去拦截你的指挥链所做的决定，但是，我会在任何时间任何地点提供并收集信息。如果只听高层的声音,我是没法完全地了解组织的。"

他的描述让我想起了女童子军的首席执行官弗朗西斯·赫塞尔本的"同心圆管理"。组织的结构不应该是阶梯式,而应该是由多个圆环绕而成,赫塞尔本处在圆心位置。信息可以向四面八方流动,每一个在圆圈上的人都有无数个入口来实现与下一个圆圈的交流,而不是只有一个充当大门的领导。当她给我解释这些时,这种方式很像雷克斯努力推动的"不一致性",和莱斯姆斯上尉运用的策略也很类似:一种差异化的指挥链和沟通链产生了"不一致性",让组织拥有了健康的张力。这种强大的正式和非正式的文化融合虽然偶尔让人困惑,但是非常有效果。由心理学家和管理学教授组成的三人小组分析了一个世纪以来的喜马拉雅山登山队伍,一共有5104支探险队——他们发现,那些来自高度重视等级文化的国家的登山队有更多人登顶,但是也有更多的人在半路丧命。这一趋势不适用于单人登山者,只适用于团队,研究者们认为,等级森严的团队从清晰的指挥链中获益,但是单向的沟通链掩盖了问题,这让团队遭到重创。等级制度和个人主义都是团队需要的元素,这样既能登顶,也能活命。

这是一种复杂的平衡,培养出的文化似乎处处在跟另一种文化较劲。航天飞机工程师定性分析的预感,或者缺乏情报的伞降救援队员,都没有具体的规则可供参考。实验证明,"不一致性"可以帮助人们发掘有用的线索,并且在必要时放弃传统的工具。

卡尔·维克对于工具的洞察让我想起了自己研究生期间的经历,当时,我在莫里斯·尤因号科考船上工作,在太平洋航行。这艘科考船接收着海底反射的声波,从而为水下火山成像。我认识了一些火山学家,他们已经习惯于透过火山色的眼镜来认识世界。尽管有充分证据证明小行星撞击是恐龙灭绝的主要原因,或者至少是非常重要的原因,但是这些火山学家坚定地认为,火山爆发才是恐龙灭绝的真正罪魁祸首。甚至还有一位火山学家告诉我,小行星只是幸运地给了恐龙最后一击，在此之前，火山早已让恐龙失去了还手之力。他似乎把大量的灭绝都归咎于火山爆发，有些是有确凿证据的，还有一些几乎没有证据。我明白，当只有一位火山学家阐释观点时，每种灭绝都像是火山爆发造成的。这对世界来说未必是坏事。他们应该去挑战那些公认的智慧，这又促使那些关注点狭隘的专家们去寻找未被发掘的知识。但是，当整个专业都投身于某个特定工具并发展壮大时，结果很可能是灾难级别的目光短浅。

例如介入型心脏病专家，他们的专业是放置支架——一种扩张血管的金属管——来治疗胸痛。这样做没有任何问题：胸痛的病人来到医院，造影显示动脉狭窄，通过手术将支架放入血管后，动脉扩张，避免了心脏病的发生。这一逻辑是如此让人信服，以至于一位著名心脏病专家创造了"目视狭窄反射"（oculostenotic reflex）这一术语，oculo 在拉丁语里是"眼睛"的意思，stenotic 则来自希腊语的"狭窄"一词，意思是：如果你看到一处堵塞，那么你条件反射地就要疏通这处堵塞。但是，随机的临床试验反复比较了使用支架的患者和使用更保守治疗方式的患者，结果显示，对于胸痛稳定的患者，支架没有预防过一次心脏病发作，也没有延长患者的寿命，总的来说，就是完全没用。

介入型心脏病专家研究和治疗的只是一个复杂系统中的极小部分。心血管系统不是厨房的水槽，事实证明，只解决一条堵塞的管道通常于事无补。不仅如此，每五十名被植入支架的患者中就有一名因为支架手术而患上严重的并发症，或者死亡。尽管有这些"鸟瞰式证据"，专门使用支架的心脏病专家们表示，他们只是无法相信支架会不起作用。让这些专家停止使用支架，就好像让他们忘记自己是介入型心脏病专家。使用支架这种介入疗法已经是他们的本能，这种本能通常是善意的，而且看起来也符合逻辑，却没有任何用处。一项 2015 年的研究就证明了这一点：心力衰竭或心脏骤停的病人如果在全国心脏病学会议期间被收治，死亡的可能性就会降低，那时，数千名全国顶级心脏病专家都不在医院里。"在大型的心脏病学会议上，我的同事总是和我开玩笑，心脏病发作的话，这个会议中心应该是全世界最安全的地方了。"心脏病专家丽塔·F. 莱德博格（Rita F. Redberg）这样说道。这项关于心脏病学会议的研究扭转了这一观点。

同样令人痛心的发现已经遍布整个医学领域，不管是哪个专业，都出现了使用特定工具的专门领域。修复撕裂的半月板（膝盖上的一处软骨）——这是世界上最常见的关节矫形手术之一——目的是把半月板恢复成原来的新月形。一位患者主诉膝盖疼痛，核磁共振显示半月板撕裂，外科医生自然想要修复。五家芬兰的骨科诊所比较了"真假手术"——外科医生把膝盖疼痛的半月板撕裂病人带进了手术室，做了切口，假装进行了手术，再缝合，随后把他们送去做物理治疗——医生们发现，假的手术也起到了一样的效果。事实证明，很多半月板撕裂的人根本没有任何症状，甚至不知道自己的半月板已经撕裂了。对于那些半月板撕裂又有膝痛的人来说，撕裂和疼痛很可能没有任何关联。

孤立地看待大拼图中的小块，不管这些小块有多清晰，都不足以应付人类面临的最大挑战。我们早就知道热力学原理，但是却无法预测森林火灾的走向。我们也知道细胞如何工作，但是也预测不了由细胞组成的人类会写出怎样的诗篇。仅仅从青蛙视角观察狭隘的个人部分是不够的。健康的生态系统需要生物多样性。

即便是现在，有人正在努力创造历史上前所未有的专业化，但广度的灯塔依然存在。历史学家阿诺德·汤因比说："没有工具是万能的，没有一把万能钥匙能打开所有的门。"有人正在以这句话为信条而努力着。他们不是紧抓一件工具不放，而是想办法收集并保护着整个工具库，在一个超专业化的世界里，他们展示出了广度的力量。

第 12 章

刻意的初学者

1954年1月23日是一个星期六，奥利弗·史密斯（Oliver Smithies）像往常一样来到了位于多伦多的实验室。他把这种实验叫作"星期六早上的实验"——周围一个人都没有，也没有平时实验要求的那些条条框框。在"星期六早上的实验"里，他不用小心翼翼地称重；他可以取点儿这个，再拿点儿那个，用来做实验，这在工作日被视为浪费时间和仪器；他还可以尝试一些自己真正感兴趣的东西，但是又和自己的主要课题没什么关系。奥利弗·史密斯认为，人都需要从平时的工作中解放出来，让大脑想点儿别的。"在星期六，"史密斯说，"我不必完全理性。"

史密斯在一个研究胰岛素的实验室工作，他的任务是找到胰岛素前体。这项工作却"卡住了"。想要研究的分子必须被分离出来，分离的方法是用电流使其通过一种特殊的湿纸。分子在通过湿纸时发生分离，但是胰岛素分子却粘在了纸上。史密斯听说当地的儿童医院利用湿淀粉粒来代替湿纸。淀粉解决了附着的问题，但是，他得把淀粉粒切成五十片，再分析每一片，找到分子的最终去向。这样做简直永远没有尽头，所以这种方法也不可行。随后，他想起了一些事情，那是他十二岁时发生的事情。

史密斯在英格兰的哈利法克斯长大，他曾经看着母亲给父亲的衬衫上浆，这样领子就可以保持硬挺。她把每件衬衫放进又热又黏的淀粉浆里，然后再熨烫。史密斯给母亲打下手，负责把淀粉浆弄干净。

他注意到，淀粉浆冷却时，会凝结成果冻状的凝胶。

史密斯有一把大楼的万能钥匙，他在储藏室里四处寻找着淀粉。他把淀粉煮熟，再冷却成为凝胶，然后用凝胶代替原来的湿纸。当他再次接通电流时，胰岛素分子根据凝胶的大小分离了。"很有前途！"他在那天的笔记上写道。在之后的几年中，"凝胶电泳"不断改进，并且彻底改变了生物和化学——DNA的片段和人类血清中的成分都可以被分离和研究。

2016年，我采访了史密斯，当时他已经九十岁，还在实验室里继续工作着。他正在思考的是肾脏是如何分离出大分子和小分子的。"这又是一个周六早上的理论实验。"史密斯说。

最让我震惊的是史密斯在实验中获得的乐趣。不仅仅是实验室里的实验，还有生活这场实验。他身上体现了我在本书中探讨的很多品质。从外表看，史密斯是完美的"超专业者"，毕竟他是一位分子生物化学家。但是，当史密斯在接受学术训练时，还没有分子生物化学这种学科。他起初学的是医学，直到他参加了一次讲座——主讲的教授试图把化学和生物结合起来。"从某种意义上说，这位教授所介绍的新学科当时还没被发明出来，"史密斯告诉我，"我觉得这太棒了：'我想做这个。我得去学学化学才行。'"于是他灵活地转换了学科，开始研究化学。他从未觉得自己落后于人。相反，"这是非常宝贵的经验，因为我有不错的生物学背景，我不畏惧生物，也不畏惧化学。在学习分子生物学的初期，这给了我很大力量。"分子生物学现在看起来像是超专业化的学科，但是在当时，这确实是有勇气的融合创举。

我们见面时，史密斯是北卡罗来纳大学的教授。九个月后，九十一岁的他与世长辞。直到去世前，他始终鼓励学生横向思考，拓宽自己的经验，为了寻求匹配质量而不断开拓自己的道路。"我试着教育学生们：'不要克隆你论文导师的人生。'"他说，"别把你的技术应用在老地方。带上你的技术去解决新的问题，或者带着你的问题去学习全新的技术。"

史密斯以自身为这份忠告树起榜样。五十多岁时，他利用公休假去学习如何处理 DNA，而学习地点就在同一栋楼里，只隔了两层。他始终没有发现胰岛素前体，当他在 2007 年获得诺贝尔奖时，他已经是一名遗传学家，他发现了"基因靶向"技术，通过将人类致病基因移植到小鼠身上，为治疗研究提供了动物模型。就这一点来说，奥利弗·史密斯是很晚才开始专业化的。我告诉史密斯，最近我和一位大型研究型大学的教务长交谈过，这位教务长正在用数据分析的方法来评估教师的贡献，并做出聘用和升职的决策。这位教务长告诉我，化学家在获得博士学位二十年后，水平肯定是一落千丈。史密斯听后放声大笑。"是的，好吧，我最重要的论文是我大概六十岁时才发表的。"他说。2016 年，一项针对一万名研究人员的职业生涯调查发现，经验和贡献之间没有标准关系；研究者最有影响力的论文可能是他发表的第一篇，也可能是第二篇，第十篇，或者是最后一篇。（不过研究者们确实在年纪较轻时会更频繁地发表论文。）

当我跟史密斯提到，他浆洗衬衣的记忆是用过时的技术横向思考的例子时，他补充说，在 1990 年，他和埃德温·M. 萨瑟恩（Edwin M. Southern）共同获得了盖尔德纳奖（Gairdner Award，也被视为诺贝尔奖的风向标），萨瑟恩也利用了自己童年时的记忆，但是从表面看起来，似乎和研究完全没有关系。"他的记忆是誊写式复印机。"史密斯说，那是一种老式的复制文件的设备，使用蜡纸和印字的模板。利用这个童年记忆，萨瑟恩发明了"萨瑟恩印迹法"[①]，这是检测特定 DNA 分子的普遍方法。横井军平肯定乐于见到这种情形。比起屠呦呦使用的过时技术，这些都算不了什么。2015 年，屠呦呦成为第一位

---

① 也被称为"南方印迹法"，因为埃德温·萨瑟恩的姓氏 Southern 的中文意思为南方。——译者注

(到目前为止也是唯一一位)获得诺贝尔生理学或医学奖的中国人，也是第一位获得诺贝尔奖的中国女性。

屠呦呦被称为"三无教授"：没有中国科学院的院士资格，没有海外研究的经历，也没有研究生的学历。根据报道，为了找到治疗疟疾的有效成分，在屠呦呦之前，其他科学家已经测试了 240 000 种化合物。屠呦呦不仅热爱现代医药，也热衷历史：公元 4 世纪的一位中国炼金士曾写下了一个治疗疟疾的药方，使用的药物来自青蒿，这启发了屠呦呦。没有比这更过时的技术了。这一灵感引导她开始了实验（最初是在她自己身上），她从青蒿中提取了青蒿素。现在，青蒿素被认为是医学史上最重要的药物发明之一。一项关于非洲疟疾发病率下降的研究表明，自 2000—2015 年，以青蒿素为基础的治疗方法让 1.46 亿人免受疟疾之苦。屠呦呦有很多劣势，但同时她也有局外人的优势，这种优势让屠呦呦可以更轻松地探索其他人不敢到达的地方。这也是史密斯在周六早上寻求的那种优势。

在史密斯的职业生涯中，他写满并保存了 150 本笔记。"那也是周六实验的成果。"他重复道，又带我浏览了一遍那些重要的笔记。当我问为什么总是周六时，他回答说："的确，有人经常问我，你为什么非要星期六上班！"

当然，突破都属于例外。在一次"星期六早上的实验"中，实验仪器的一个重要部件被意外溶解了。还有一次，史密斯的鞋子被腐臭的化学物质弄脏。他把鞋晾干通风，觉得已经可以穿了，直到他听到一位年长的女士问别人是否闻到了尸体的气味。史密斯"拿起任何东西"都能做实验，他说，同事们也发现了他的这一习惯。所以他们没有把损坏的仪器扔掉，而是给史密斯留着，贴上了一个标签："完全不能用了，但是奥利弗能用。"

　　针对富有创造性的思考者的研究发现，热情，甚至孩子气、爱玩的特性在他们身上反复出现。曼彻斯特大学的物理学家安德烈·杰姆（Andre Geim）利用的是（和史密斯并没有关系）"星期五晚上的实验"。正是在星期五的晚上他开始了一项研究，最终这项研究成果获得了 2000 年的搞笑诺贝尔奖。搞笑诺贝尔奖颁发给那些乍一看很好笑或是微不足道的工作。搞笑诺贝尔奖的吉祥物是罗丹的著名雕塑"思想者"，但是这个雕塑从底座上掉了下来，只能躺在地上思考了。在颁奖前，获奖人会被问及是否愿意接受这一奖项，这样他们就能考虑一下名誉方面的问题。安德烈·杰姆凭借强磁场让青蛙悬浮而获奖。（青蛙及其体内的水是反磁性的，或者被磁场排斥。）

　　"星期五晚上的实验"没有任何资助，这当然不必说，而且大部分还是徒劳的。尽管如此，杰姆"星期五晚上的实验"在悬浮青蛙之后又有新的发明——"壁虎胶带"，杰姆从壁虎的脚得到灵感，发明了这种黏合剂。接下来的实验是从思高牌胶带开始的：用胶带粘下一层层薄薄的石墨，石墨就是我们平时用的铅笔芯的材料。这种没什么技术含量的实验在 2010 年获得了诺贝尔物理学奖——安德烈·杰姆和他的同事康斯坦丁·诺沃肖洛夫（Konstantin Novoselov）制作了石墨烯材料，这种材料比人的头发细十万倍，硬度却是钢铁的两百倍。石墨烯有弹性，比玻璃还要透明，导电性良好。用石墨烯喂养的蜘蛛吐出的丝比防弹背心的凯夫拉纤维还要坚韧数倍。石墨烯由一层碳原子构成，厚度只有一个原子那么厚，这种排列以前被认为只存在于理论中。当杰姆和诺沃肖洛夫把最初的成果提交给全球最权威的期刊之一时，一位审稿人说，这不可能，另一位审稿人认为这算不上"足够的科学进步"。

　　艺术史学家萨拉·刘易斯（Sarah Lewis）研究有创造性的成就，她把杰姆的思维描述为典型的"刻意的初学者"。她指出，"初学者"

（amateur）一词的起源并非贬义，而是源自拉丁语，意思是衷心热爱某项活动并为之努力的人。"创新与精通的矛盾在于，当你走上某一道路时，突破出现了，但是又会偏离原本的路径，伪装成你刚刚才开始一样。"萨拉·刘易斯写道。当一份科研通信要求杰姆（在他获得诺贝尔奖的两年之前）描述自己的研究风格时，他这样写道："我必须要说，我的研究风格与众不同。我不会深入挖掘——我只是浅浅地掠过。所以，自从我当上博士后研究员，每五年或者差不多五年，我就要换一个研究科目……我不想从头到尾都研究同一样东西。有时候，我开玩笑说自己喜欢'探而不究'。"偏离被杰姆称为"直线铁路"的人生，"从心理学上看……是不安全的"，但是，这也会带来优势，你会有一种动力，提出"在这一领域工作的人从来不屑于问的问题"。杰姆的星期五晚上就像史密斯的星期六早晨一样；他们都用这种自由而广泛的探索来平衡工作日的那些标准操作。他们践行了研究物理与生物交叉学科的诺贝尔奖得主麦克斯·德尔布吕克（Max Delbrück）的原则——"有限马虎原则"。德尔布吕克提醒，要注意不能太小心了，不然你会不自觉地限制自己的探索。

当杰姆的同事告诉他诺沃肖洛夫在另一个实验室里"似乎浪费着生命"时，诺沃肖洛夫成了杰姆的博士生。当诺沃肖洛夫来到杰姆的实验室时，他发现实验仪器和之前的实验室都差不多，但是"这里的灵活性和亲自涉猎各种领域的机会是非常有趣的"。《科学》杂志在介绍诺沃肖洛夫的简历时有两个小标题："追求广度"和"同时做很多事情"，这在科学界听起来真是太糟了，感觉他已经落后于人——如果这篇文章不是介绍这位三十六岁的诺贝尔奖得主的话——他是四十年来最年轻的诺贝尔物理学奖得主。

就像凡·高、弗朗西斯·赫塞尔本或是大批的年轻运动员，诺沃肖洛夫可能看上去落后了一大截，但是突然间，他又"非常不落后"了。诺沃肖洛夫是幸运的。他工作的环境把精神的广泛漫游视为一种竞争优势，而不是以效率的名义把精神漫游斩草除根。

"赢在起跑线"的狂热风潮之下，这样的保护愈发稀少。在某个时间点，我们都会有某种程度的专业化，所以表现出来的急不可待似乎也有点道理。幸运的是，还有一些先驱者在努力平衡这种"赢在起跑线"的狂热。他们想拥有全部——不仅有深入型经验的智慧，还有自由广泛的精神漫游；即使是在为专业化人士设置的训练内容里，也可以戴上弗林的"科学眼镜"，拥有广泛的概念化技能；以及学科之间互相启发的创造力。他们想反转老虎·伍兹式的潮流，不仅是为了他们自己，更是为了每一个人，甚至是在那些成为"超专业化"同义词的领域里。他们认为，探索的前景就取决于此。

只要几分钟的对话就能发现，阿图罗·卡萨德沃尔（Arturo Casadevall）是那种"半杯水型"的人。他生命中最高兴的一天是引力波被发现的那天，而这又不是他的专业领域。"十亿年前，两个黑洞在宇宙中相撞，在之后的十亿年中，引力波穿越了时空，"他一边说，一边睁大眼睛，"当最初的信号出现时，地球上的生物还是单细胞，在之后的时间里，人类设法建立起两个干涉仪来测量它。我的意思是，这是多么伟大的成就。"卡萨德沃尔的专业领域是微生物学和免疫学，他是医学和哲学的双料博士，也是专业内的明星。他研究过艾滋病和炭疽，并且阐释了真菌疾病原理的重要内容。他的"h 指数"——一种衡量科学家学术产出和被引用频率的方法，最近已经超过了阿尔伯特·爱因斯坦的指数。 所以，当他 2015 年来到约翰·霍普金斯大学彭博公共卫生学院担任分子微生物学和免疫学首席专家时，他的同侪对此感到关切，他们提醒，科学研究正处于危机之中。

在面对新同事的演讲中，卡萨德沃尔宣布，进步的步伐已经慢下来了，而科学文献的撤稿率加速了，超过了新研究发表的速度。"如果这种情况持续下去，"他说，"那么在几年之内，所有的文献都会被撤稿。"这是科学大难临头时的幽默，但的确是植根于数据的。他认为，问题的部分原因是年轻的科学家在学会如何思考之前就急于专业化；最终的结果是，他们自己无法产出高水平的研究成果，也没有能力识别出同事们糟糕的（或是欺骗性的）研究。

卡萨德沃尔原本在纽约的阿尔伯特·爱因斯坦医学院有一个舒舒服服的职位，他之所以来到约翰·霍普金斯大学，是因为这份新工作可以让他创造出自己理想的研究生科学教育的原型，最终，所有的教育都应该如此。

卡萨德沃尔和贡杜拉·波什（Gundula Bosch）——一位生物学和教育学教授——开展了反专业化训练，以对抗时下流行的趋势，即使有的学生想要成为专业人士中的专业人士，他们也必须接受这种训练。这一项目被称为R3计划[①]，计划从跨学科的课程开始，包括哲学、历史学、逻辑学、伦理学、统计学、传播学和领导力。有一门课名为"我们怎么才能知道什么是真的？"，检视了历史上和各学科里的各类论据。在"科学错误剖析"这门课上，学生就是侦探，寻找真实研究中的不当行为或是错误方法，同时学习错误和偶然是如何变成重大发现的。

2016年，卡萨德沃尔在一个专业的小组中描述了自己对于广度教育的看法，同组的一位专业人士是《新英格兰医学杂志》（New England Journal of Medicine）的编辑（这一期刊是极其权威的，也极易被撤稿），他明确反对卡萨德沃尔的意见：这样做太荒谬了，本来医生和科学家的课程表就已经满满当当，现在还要增加更多的训练时间。"我想说的是，保持同样的训练时间，但是不再强调那些说教类

[①] 即严谨性（Rigor）、责任（Responsibility）和可重复性（Reproducibility）的首字母。——译者注

的课程,"卡萨德沃尔说,"这些课程讲的都是非常专业化的知识,给学生提供一大堆非常琐碎、非常狭隘、非常晦涩的东西,过不了几个星期,学生们就会把这些东西全部忘记,我们真的需要上这种课吗?尤其是在当下,所有的信息都能通过手机获得。你周围的学生们,他们的手机上有关于人类的所有知识,但是他们不知道该如何整合这些知识。因为我们没有教给他们思考或推理的方法。"

医生和科学家们常常连自己工具的基本内在逻辑都不清楚。2013年,一群医生和科学家给哈佛大学附属医院和波士顿大学附属医院的医生和医学生出了一道题,这种问题在医学领域经常出现:

> 如果某种疾病的患病率是1‰,在检测这种疾病时,出现假阳性的比例是5%,假设你对这种病的症状或征兆一无所知,那么一个被检测为阳性的人的真正患病的概率是多少?

正确答案是:这位病人真正患病的概率是2%(确切地说是1.96%)。只有1/4的医生和训练中的医生答对了。最常见的错误答案是95%。对于以诊断为生的人来说,这应该是一个很简单的问题:在10 000人中,有10人真的患病,检测的结果也是真的阳性;按照5%的比例,在10 000人中,有500人是假阳性;那么在检测结果呈阳性的510人中,真正患病的人还是那10个人,所以一个被检测为阳性的人的真正患病概率应该是1.96%。这个问题虽无法凭直觉脱口而出,但也不是什么难题。每个医学生和医生都拥有解决这个问题的计算能力。所以,正如詹姆斯·弗林在测试那些聪明的大学生的基本推理能力时所观察到的那样,他们不会首先想到用到更广泛的推理工具,即使他们拥有这种能力。

"我认为,至少在医学和基础科学领域,我们通过上课给学生灌输大量的事实,其实,学生们只需要一些背景知识,还有进行思考的工具，"卡萨德沃尔对我说，现在，"每样东西的设置都不对。"

卡萨德沃尔把现行的系统比作中世纪的行业协会。"行业协会出现在中世纪的欧洲，工匠和商人力求维持并保护专业化的技能和特定贸易，"他和同事这样描述，"虽然行业协会通常可以通过漫长的学徒生涯培养出训练有素且非常专业化的个人，从而保护他们的生意，但是行业协会还提倡保守主义，并且扼杀创新。"训练和专业上的激励都是为了加速专业化，从而创造自己的知识版图。

现在，有一种会议越来越多了——这种会议只邀请研究某一种特定微生物的科学家参加。与此同时，尽管人体的免疫反应是一个完整的系统，但由于血液学和免疫学的超专业化专家都孤立地研究自己的那块小拼图，想要全面理解人体在割破手指后的完整反应也已无法实现，因为研究已经被割裂开来。

"你可以在整个学术生涯只研究一种细胞，很有可能你靠着资助就能一直保住自己的饭碗，"卡萨德沃尔告诉我，"甚至连整合的压力都没有。事实上，如果你写了一篇申请资助的选题报告，内容是 B 细胞如何与巨噬细胞融合（一种免疫系统的基本互动），很有可能会无人审稿。如果这篇报告到了专门研究巨噬细胞的人手里，他们会说：'好吧，我对这些一无所知。为什么是 B 细胞？'这样的系统就把你困在了壕沟里。你拥有这些平行的战壕，但是几乎不会有人爬上来真正去看看旁边的壕沟里正在发生什么，而每个战壕所做的事情通常都是相关的。"

如果我们把专业术语替换一下，那么卡萨德沃尔描述的平行壕沟系统在很多行业里都适用。当我正在做本书的研究工作时，一位美国证券交易委员会的官员了解到我正在写关于专业化的内容，他联系了我，想让我明确专业化在 2008 年全球金融危机中的关键性影响。"保险监管机构负责监管保险，银行监管机构负责监管银行，证券监管机构负责监管证券，消费者监管机构负责监管消费者，"这位官员告诉我,"但是,信贷服务涵盖了上述的所有领域。所以,当我们把产品专业化,把监管专业化,那么问题来了:'谁监管这些跨越市场的行为?'狭隘的专业化监管忽视了系统性的问题。"

2015 年,卡萨德沃尔发现,在近 35 年的时间里,生物医学类的研究资金呈指数级增长,而探索发现的速率却下降了。在生物医学研究处于前沿的国家,例如英国和美国,人均预期寿命连续几十年都在延长,而最近,人均预期寿命却缩短了。流感每年从全世界带走成千上万的生命,而人类从 20 世纪 40 年代开始就步履维艰地用疫苗与流感斗争。在 20 世纪 80 年代,他还是一名住院医师,一共有五种可用的治疗方法。"其中有两种比我还老,"他说,还有两种也没比他年轻多少,"我相信,我们能做得更好。"他沉默了一会儿,歪着头,身体前倾。"如果你写了一个跨学科的资助申请,而这份申请到了极端狭隘地仅关注 A 或仅关注 B 的专家的手上,也许你足够幸运,他们有能力看到 A 和 B 的关联,"他告诉我,"每个人都承认,伟大的进步就是发生在这种关联中,但是谁来捍卫这些关联呢?"

有人研究了不同专业的联结和不同背景的创造者的关联,结果是:这些关联是值得捍卫的。

当西北大学和斯坦福大学的研究者们分析了那些获得创造性胜利的工作网络后,他们发现,有一种"通用的"设置存在于工作网络中。不管是针对经济学或生态学的研究小组,还是编写、作曲、制作百老汇音乐剧的团体,在这些蓬勃的生态系统中,团队之间是互相沟通的,而不是各自为政。

专业的工作网络是成功团队的肥沃土壤,在这样的网络中,个人可以在不同小团体中自由移动,跨越组织和学科的界限,找到新的合作者。相反,那些催生出不成功团队的工作网络,往往把团队成员变成孤立的小团体,里面的人反复合作了一次又一次。也许,这种做法效率很高,身处其中的人也觉得舒适,但是很明显,这不是创造力的发动机。"当比较成功团队和不成功团队时,你会发现两者整个工作网络完全不同。"西北大学专门研究工作网络的物理学家路易斯·A. 努内斯·阿马拉尔(Luís A. Nunes Amaral)说。阿马拉尔的评论不是在比较单个的团队,而是比较了促进成功团队形成的更宏观的生态系统。

百老汇在任何一个时代的商业命运,不管是异常成功还是极度失败,都跟那些具体的知名演员关系不大,真正起作用的是合作者们是否能活跃地交流并碰撞出思想火花。20 世纪 20 年代,音乐家科尔·波特(Cole Porter)、欧文·柏林(Irving Berlin)、乔治·格什温(George Gershwin)、未与他们合作过的罗杰斯(Rodgers)和哈默斯坦(Hammerstein)贡献了数十场演出,但是 90% 的新剧都失败了,这样的高比例实属异常。当时,这一团队缺乏流动性,其中充斥着反复合作,极少跨越边界去创造新意。

新的合作允许创造者"把一个领域内习以为常的传统观点带到一个全新的领域,在这个新领域里,原本的传统观点就变成了创造"。阿马拉尔的合作者、社会学家布莱恩·乌奇(Brian Uzzi)说。乌奇认为,人类的创造,从根本上说是"观点的进出口"。

乌奇记录了自然科学和社会科学的进出口趋势——从 20 世纪 70 年代开始,当时还属于"前互联网时代":越是成功的团队,拥有的成员就越多元化。相比成员来自同一机构的团队,成员来自不同的机构的团队更有可能获得成功,成员来自不同国家的团队也具备一定优势。

与乌奇的进出口模型一致,在海外工作的科学家——不管他们是否会回到祖国——比那些没有海外工作经历的科学家能创造更大的影响力。记录了这一趋势的经济学家认为,其中一个原因可能是,这些科学家们的"套利"机会——把某个观点从一个市场带到了另一个市场,观点在新的市场中更加稀有,也更有价值。这正好呼应了奥利弗·史密斯的忠告:把新技术带给旧问题,或者用旧技术解决新问题。把典型的形式进行非典型的组合——比如,将嘻哈、百老汇音乐剧和美国历史人物传记融合在一起——这并不是娱乐行业的偶然策略。

乌奇和团队分析了来自不同领域的 1800 万篇论文,以确认非典型的知识组合是否重要。如果一篇论文引用了其他领域的文献,而这两篇论文极少、甚至没有一起出现过,就可以被认定是非典型的知识组合。大部分的论文只依赖固有知识的传统组合。也就是说,他们引用了其他期刊的论文,而这些论文也经常一起出现在其他研究的参考文献列表中。这些"热门"论文,在发表后的十年中被其他学者大量引用,其中包括了大量的传统知识组合,但是也加入了一些非常规的知识组合。

另一个独立的国际化团队研究了超过 50 万篇论文,如果某篇论文引用了另外两篇从未一起出现过的文献,这篇论文就被称为"新颖论文"。只有 1/10 的论文能创造一种新组合,而只有 1/20 的论文能创造多种新组合。这个研究团队持续跟踪了论文的影响力。他们发现,创造了新知识组合的论文更有可能被刊登在不太权威的期刊上,也更有可能在发表时被忽视。这些论文起步就很慢,输在了起跑线上,但是三年之后,这些创造了新知识组合的论文超过了传统的"热门"论文,并且开始从其他科学家那里积累被引次数。在这些论文发表十五年后,创造了多种新知识组合的论文更有可能排在被引率最高文献排名的前 1%。

我们来简单回顾一下:这些在不同知识之间架起桥梁的论文,获得资助的可能性很小,登上著名期刊的可能性也很小,出版时被忽视的可能性很大,但从长远来看,在人类知识库中成为"爆款"的可能性也很大。

卡萨德沃尔就是一个典型案例。跟他的一次谈话里可能就包括了《安娜·卡列尼娜》(Anna Karenina)、《联邦党人文集》(Federalist Papers)、艾萨克·牛顿和戈特弗里德·威廉·莱布尼茨(Gottfried Wilhelm Leibniz)不仅是科学家也是哲学家、为什么罗马帝国不再有创造力,以及荷马创作的《奥德赛》(Odyssey)中出现的人物曼托(Mentor)与导师行为(mentoring)的表现关系。"我正在努力,"他边说边笑,"我经常建议我周围的人读一读自己领域之外的东西,每天读一些。大部分人的反应是:'好吧,不过我没有时间去读我自己领域之外的东西。'我说:'不,你肯定有时间的,读这些重要得多。'你的世界会变得更大,也许在某个瞬间,你就能建立新的联系。"

卡萨德沃尔的项目之一源自他读到的一则新闻:一台机器人被送到了切尔诺贝利核事故现场,即便事故已经过去了三十年,现场的辐射污染依然非常严重。报道中提到,机器人从核事故现场回来后粘上了一些黑色真菌,这些黑色真菌像一层难看的浴帘,推测应该是占据了被废弃的核反应堆。"所以,为什么是黑色真菌?"卡萨德沃尔反问,"随后,一个发现导致了另一个。"他和同事们有了惊人的发现——真菌靠辐射给自己提供营养,不是通过放射性的物质——而是辐射本身。

卡萨德沃尔总是强调自己在实验室之外的经历,正是这些经历塑造了现在的他。十一岁时,他随家人一起逃离古巴,来到了皇后区。十六岁时,他找到了自己的第一份工作:在麦当劳打工,他一直在麦当劳干到二十岁。这段工作经验还在写他的简历上,在约翰·霍普金斯大学面试时，他也讨论了这段经历。"这是非常非常棒的经验，"卡萨德沃尔告诉我，"我在麦当劳工作时学到了很多东西。"比如如何处理压力。他的弟弟也曾在麦当劳工作，还在一次抢劫中被短暂地劫持为人质。"他在法庭的证人席站了两天，在场的律师们都嘲笑他的口音，"卡萨德沃尔回忆道，"我弟弟离开麦当劳就准备申请法学院。现在他是一位出色的辩护律师。"离开麦当劳后，卡萨德沃尔当上了一名银行出纳员。（"也被抢劫过！"）卡萨德沃尔的父亲希望他能转行，去干点实际的工作，所以他去社区大学拿了一个害虫防治文凭，这个毕业证书现在还挂在墙上——就在他当选美国国家医学院院士的证书旁边。

在自己的研究领域中，卡萨德沃尔享有盛誉。他可以轻松获得资助，而且他常常是决定其他科学家能否获得资助的评审科学家之一。如果继续维持专业化的现状，他肯定是赢家。但是，卡萨德沃尔认为，打破这种专业化的现状才是他毕生最重要的工作。他坚信，基础科学如果放弃曲折探索，变成以效率为导向，解决人类最大挑战的可能性将越来越小。

拉斯洛·波尔加在拿女儿们做国际象棋实验时曾经宣称，如果把他的狭隘专业化和高效率教育扩展到国际象棋之外，按照他的方法教育一千个孩子，那么"癌症和艾滋病问题"就更有可能被解决。卡萨德沃尔也是创新史的研究者。当艾滋病开始快速蔓延时，他正成长为一名医生和科学家，他强烈反对这种观点。"进入医学院后，我学到的知识是，没有任何一种人类的疾病是逆转录病毒引起的，逆转录病毒奇特而罕见，只存在于一些动物的肿瘤中。1981年，一种新的疾病出现了，所有人都对这种病一无所知。1984年，这种疾病被证实是一种逆转录病毒——艾滋病病毒。1987年，治疗方法第一次出现。1996年，治疗方法已经非常有效，患者不会再因为艾滋病而失去生命。为什么会得如此有效的控制？是因为医药公司突然紧急开发治疗艾滋病的药品吗？不是。如果你真正回顾并分析这段历史，在艾滋病出现之前，我们的社会已经将大量资金用于逆转录病毒研究。即使当时它非常罕见，并且只在动物身上发现。所以，当艾滋病病毒被证实是一种逆转录病毒时，我们已经掌握了用蛋白酶（酶的一种）来抑制病毒的方法。因此，当艾滋病病毒出现时，我们的社会已经拥有了现成的大量知识，可以立即投入使用，而在此前的研究中，这种逆转录病毒被认为与人类没有关系。如果把国家的所有研究经费都花在阿尔兹海默病上，那么我们很可能永远也找不到艾滋病的治疗方法。解决阿尔兹海默病的办法可能来自黄瓜中的蛋白质错误折叠。但是，你该怎么写一份关于黄瓜的研究资助申请呢？写完了之后发给谁？如果真的有人对黄瓜中的折叠蛋白质感兴趣，并且觉得这是一个不错的科学问题，那就放手让他们去做。"

卡萨德沃尔最重要的论点是：创新的生态系统应该保持广度和低效率。科学界要经历的是一场漫长而艰难的战斗。

2006年，我开始了新闻工作者的生涯，旁听一场美国参议院科学与空间小组委员会的资助政策听证会。会议由得克萨斯州参议员凯·贝利·哈钦森（Kay Bailey Hutchison）主持。哈钦森翻阅了一大摞科学家们的研究计划书，并大声地朗读标题。如果某个标题不是与新的商用技术直接相关，她会迅速从一大摞计划书中抽出这一份，随后询问参会者这种研究到底能不能帮助美国继续发展。按照这种分类方式，哈钦森把生物学、地质学、经济学和考古学认定为"破坏了技术创新"。我们只能猜测她会如何评估最初是艺术家的路易斯·巴斯德（Louis Pasteur）对于鸡霍乱的研究，这促使他发明了实验室制造的疫苗。她又该如何评价爱因斯坦呢？爱因斯坦的幻想是研究在高重力和低重力条件下，时间流逝的方式是否不同。对于一些相当有用的技术来说，这个理论是它们必备的一部分，比如手机中的全球定位卫星系统通过重力调节时钟，以与地球上的时钟保持同步。

1945年，时任麻省理工学院电子信息学院院长的范内瓦·布什（Vannevar Bush）应总统罗斯福的要求撰写了一份报告，阐释了成功的创新文化。范内瓦·布什是"二战"时期美国军事科学的带头人，他主导了青霉素的量产，以及"曼哈顿计划"。这份报告名为《科学，无止境的前沿》（Science, the Endless Frontier），正是这份报告催生了国家科学基金会——从多普勒雷达到光纤光学，再到网页浏览器和核磁共振，国家科学基金会资助了三代广泛而成功的科学发现。"科学能在广泛的领域取得进步，正是因为自由的人才可以自由发挥，自行选择课题开展研究，"布什写道，"他们探索未知的好奇心决定了他们的选择。"

最近几年，差不多每年诺贝尔奖颁奖时都会有一种奇怪的现象。获奖者说，他们曾经取得的突破，现在已经不会再发生了。2016年，日本生物学家大隅良典（Yoshinori Ohsumi）在获奖致辞中悲观地总结道："科学中真正的原始发现，通常是由意料之外和无法预见的小小发现促成的……现在，社会对于科学家的要求越来越高，只要有所发现，就必须要提供证据，以证明这项发现立刻就能应用。"这就是对"赢在起跑线"的极端热情；探索者们必须追求如此狭隘的专业化目标，而且还必须有"超高效率"——在他们开始寻找前就能知道自己能找到什么。

跟卡萨德沃尔一样，大隅良典知道应用才是科学探索的最终目的，但问题是如何才能最好地实现这一目标。仅仅关注应用的机构不是太少，而是太多了。本书中也出现了一些这样的机构。为什么要让整个科研世界变得如此专业化？让科研人员"自由发挥"，这种做法听起来效率过低，就好像在培养足球运动员时让他们自由活动一样——他们本可以钻研特定的技巧。只是，当有人真的花时间去研究突破是如何发生，或者研究2014年获得世界杯冠军的德国队球员是如何成长时才发现，"这些球员很少做有组织的训练……他们大部分的时间都是在自由运动。"

从本质来看，所有的超专业化行为都是为了追求效率的善意之举——不管是提升体育竞技的技巧、组装产品、学习乐器或是开发新技术，这都是效率最高的方法。但是，低效率也需要培养。像波尔加那种如激光般精确、高效的开发方式，只适用于狭隘且友好的学习环境。

"当你在拓展边界时，大部分的工作其实是在试探。这样的工作不需要高效率，"卡萨德沃尔说，"真正失去的是那些交谈和整合的时间。人们抓起午餐，拿回办公室吃。他们觉得吃午饭是低效率的，但是这个时间是迸发想法和建立联系的最佳时间。"

工程师比尔·戈尔（Bill Gore）离开杜邦，建立了自己的公司，并且发明了鼎鼎大名的戈尔特斯（Gore-Tex）面料。通过观察，戈尔发现，公司在危机中往往能做出最有影响力的创造性产品，因为学科间的界限在此时不复存在。"拼车真的会带来沟通。"他曾经这样说。戈尔确信，"涉猎的时间"应成为文化主流。

结语　拓展你的广度学习

当我开始记录并谈起一些数据，来证明那些后来成为精英的运动员通常不是早早就开始专业化的"人生起跑线赢家"，听众的反应（尤其是家长们的反应）毫不意外地分为两类：（1）简单地拒绝相信：这肯定不是真的；（2）"那么，一句话总结一下，您有什么忠告吗？"怎样的一句话才能概括这个忠告呢？——拥抱广度和必要的实验之旅，如果你想像凡·高、安德烈·杰姆或是弗朗西斯·赫塞尔本一样，找到那个只有你自己能充分施展的领域？和这些人的道路一样，我对广度和专业化的探索也是低效的，为了实现"一句话忠告"，我最终完成了本书。

回顾过去，大众媒体告诉我们，创新和自我发现的故事看起来就像是从 A 点到 B 点的有序移动。这有点像精英运动员的那种励志故事片段：它看似简单明了，但当我们深入研究或者持续跟踪时，故事就变得模糊起来。在时下流行的概念中，老虎·伍兹的成长之路上，弯路、广度和实验的作用被压缩到了最小。这样的概念当然吸引人，因为这是一剂简单直接的处方，不确定性很低，效率很高。说到底，谁不喜欢"赢在起跑线"呢？实验不属于这种简单直接的处方，但是它最为常见，也有自己的优势；实验可能会失败，所以更需要对失败保持真正宽容的态度——不是励志海报上那种口惠而实不至的宽容。突破和这种处方是完全不同的。

创造力研究者迪恩·基思·西蒙顿发现，杰出的创造者发明的东西越多，其中没用的东西也越多，获得巨大成功的可能性也越高。托马斯·爱迪生拥有一千多项专利,其中大部分完全是无关紧要的发明,还有更多的专利被拒绝了。他的失败简直是不计其数,但是他的成功——畅销全球的电灯泡、留声机以及早期的电影放映机——震撼了全世界。在《李尔王》(King Lear)和《麦克白》(Macbeth)之间,莎士比亚还写下了《雅典的泰门》(Timon of Athens)。安德烈·杰姆获得过搞笑诺贝尔奖和真正的诺贝尔奖,雕塑家蕾切尔·怀特里德(Rachel Whiteread)也取得了类似的成就:她是第一位获得透纳奖(Turner Prize)的女性——这是英国为年度最佳艺术作品设立的奖项——她还在同一年获得了"反透纳奖",也就是最差艺术家奖。在我准备写任天堂的那个章节时,我研究了电子游戏的历史。我发现了霍华德·斯科特·沃肖(Howard Scott Warshaw)的故事:他现在是一名心理治疗师,曾经是雅达利公司的游戏设计师,他机智地运用极其有限的技术制作了科幻类游戏《亚尔的复仇》(Yar's Revenge)。在20世纪80年代初,这款游戏是"雅达利2600游戏机"最畅销的原创作品,此时的雅达利也成了美国历史上发展最快的公司。就在同一年,沃肖设计了雅达利的另一款游戏——根据电影《E.T.外星人》(E.T.)改编的外星人游戏。这次,沃肖还是沿用了有限的技术。结果,这款游戏恶评如潮,被视为电子游戏历史上最大的商业惨败,也被指责为雅达利公司几乎一夜之间倒闭的罪魁祸首。①

这就是走上无序道路的实验。发明者常常有很多想法,其中也有"全垒打",但是这个棒球里的比喻不能完全体现其意义。正如商业作家迈克尔·西蒙斯(Michael Simmons)所说:"棒球是一种缩水版的结果分布。当你挥杆击球,不管你的击球质量多高,你最多也就得到四分。"在更广阔的世界里,"当你偶尔踏上本垒板准备击球,你可以

---

① 《E.T.》游戏是一次具有传奇意义的惨败,它导致了"1983年雅达利电子游戏大填埋"——雅达利公司把数百万个游戏卡带扔进了新墨西哥州的一个垃圾填埋场。2014年,作为一部纪录片的一部分,这一地点被重新挖掘。垃圾填埋场里确实有《E.T.》游戏卡带,但绝对不是数百万张。——作者注

得到一千分。"这并不意味着突破性的创造纯属运气,虽然运气有帮助,但是这种创造是困难且不一致的。走向人迹罕至的领域,那里没有定义明确的公式,也无法参考完善的反馈系统。这就像股票市场一样,如果你想要突破天际的高价,那你也必须忍受很多低价的时刻。正如创新中心公司创始人阿尔弗斯·宾汉姆所说:"突破和谬误最初看起来都差不多。"

我开始探讨的问题是,在日益需要超专业化的系统中,如何能够把握并培养广度、多样化经验和跨学科探索的力量,以及在弄清楚自己是谁之前,先决定自己应该成为怎样的人。

本书的前几章里,我讨论了运动员和音乐家,因为他们实际上就是尽早开始专业化的代言人。但是,在后来成长为精英的运动员中,早期的广泛涉猎和较晚开始的专业化才是最常见的。成为顶级音乐家的道路多到难以置信,但在通常情况下,早早开始过度专业化训练对于技能发展并非必要,在即兴创作的音乐形式中更是罕见——虽然如此,在体育领域,还是有很多成年人为了巨大的经济利益把"赢在起跑线"包装成十分必要的样子。斯维亚托斯拉夫·里赫特(Sviatoslav Richter)是 20 世纪最伟大的钢琴家之一;他二十二岁才开始上正式的钢琴课。加拿大前职业篮球运动员史蒂夫·纳什(Steve Nash)直到十三岁才第一次摸到篮球,在美国 NBA 的众多球员里,他的身材并无优势;但他获得了 MVP 这一殊荣,而且是两次。当我正在写这些文字的时候,我正在聆听一位专业小提琴家演奏的曲子,她直到十八岁才开始学琴。当然,在她开始学琴之前就有人让她放弃,因为她开始的年纪太大了。现在的她坚持教授那些成年人初学者。专业化这一套令人满意的叙事甚至很难适应这些相对友好的领域——推广专业化最成功的领域。

有鉴于此,请记下这句忠告:别觉得自己落后他人。两位古罗马的历史学家记录了尤利乌斯·恺撒年轻时的一件事:他在西班牙看到了亚历山大大帝的雕塑,然后痛哭流涕。"亚历山大大帝在我这个年纪已经征服了很多国家,而我只是虚度光阴,没有做任何值得铭记的事情。"据记载,恺撒是这样说的。但很快,这种担心就成了遥远的回忆,恺撒掌管了罗马共和国——在被自己的朋友暗杀之前,他已经是罗马共和国的独裁官。公平地说,就像那些年纪轻轻就拥有高光时刻的运动员一样,恺撒在年轻时就已攀上人生之巅。你应该和昨天的自己比较,而不是和那些除你之外的年轻人比较。每个人前进的速度不尽相同,所以,不要因为任何人让你自己感觉落后。也许你还不知道自己将去向何方,所以感觉落后于人也没有什么用。我们不如听从埃米尼亚·伊贝拉的建议——主动寻求匹配质量,开始计划一些人生实验。也许,你的实验也可以安排在周五晚上或是周六早晨。

像米开朗基罗对待大理石一样对待你自己的旅程和项目吧:愿意去学习和改变,如果有需要的话,甚至可以放弃此前的目标,彻底改变方向。针对创作者的一项研究表明,从技术创新领域到漫画书出版,一群多种类型的专才无法完全替代拥有广度的通才所做的贡献。即使你从工作的某一类别转向另一个,或是完全改变了领域,之前的经验都不会被浪费。

最后,请记住,专业化本身没有任何错误。我们都在做深入研究,只不过专业化的程度和内容有所不同。我对这一话题的最初兴趣来自那些病毒性营销的文章和一些会议的主旨演讲视频,这些文章和演讲把尽早开始超专业化当作提高个人效率的办法和处方,还可以节省时间——你不必再为获得多种经验和多做各种实验而浪费时间了。我希望自己已经在本书的讨论中增加了一些有价值想法,因为无数个领域的研究都表明,精神上的自由和个人实验是力量的源泉,而"赢在起跑线"完全被高估了。就像美国最高法院大法官奥利弗·温德尔·霍姆斯(Oliver Wendell Holmes)在20世纪针对思想的自由交流所写下的话语:"这是一次实验,因为所有生命都是一次实验。"

致 谢

我把写书看作跑 800 米——中途非常痛苦，但是，如果你创造了个人最好成绩，或者付出了最大的努力，当你过一会儿再回头看时就会说："好吧，也没有这么痛苦。"这个过程确实痛苦，但是你应该再试一次。

在我写作的过程中，各种有趣的事情一直在发生。比如，我学到了大量的知识。还有一件有意思的事情，有一天，正在写作的我脑子快热炸了，窗台附近同时出现了一只红雀、一只蓝鸟和一只金莺——这三只鸟正好和美国职业棒球大联盟的三支球队名字一样（圣路易斯红雀、多伦多蓝鸟和巴尔的摩金莺）。我从未见过这种情形。

首先，我要感谢河源出版社的整个团队，尤其是我的编辑库特尼·杨（Courtney Young）。当我们第一次决定共同完成这本书时，库特尼的话有点让我害怕："如果我跟你不太熟悉，我会很担心。"说完她还深呼吸了一下。她接下来的举动就像一位伟大的教练在培养运动员——她让我有充分的空间自由发挥。两年后，当我带着冗杂的初稿重新出现时，她改变了态度：当我把稿子压缩后，她给了我快速而频繁的反馈，这正是我所期盼的。她的反馈让恶意的学习环境变得稍显友好（"是的，我很喜欢它；不过读到这里，这句话就不太有说服魔力了。"——这是库特尼对于我过度描写的反馈。）她拥有广度，是一位通才，这样说毫不夸张，因为她差点成为一名工程师。

感谢我的经纪人克里斯·帕里斯-兰姆（Chris Parris-Lamb），他在纽约马拉松以第 235 名的成绩完赛，这项成就很重要，但是不如他致力推动的另一项事业重要，据我所知，这项事业就是帮助作家们获得自由。拿体育来打个比方，我和经纪人合作的策略是签下最好的运动员，然后就功成身退。

感谢参与本书中事实核查的每一个人，尤其是艾米丽·克里格（Emily Krieger）和德鲁·贝利（Drew Bailey），还有那些牺牲自己宝贵时间的受访者们（重复受访……有时候还要再重复），让我可以缠着他们说那些他们已经告诉过我的事情。感谢川俣雅晴（Masaharu Kawamata）和泰勒·沃克（Tyler Walker）在日语翻译上提供的帮助。

感谢马尔科姆·格莱德维尔（Malcolm Gladwell）。我们第一次见面是在麻省理工学院斯隆商学院的体育分析会议的辩论上，内容是"一万小时定律与运动基因"。（辩论的视频可以在优兔网站上观看。）那次的辩论变成了一场热烈的大讨论，我认为，我们都把新的想法带回了家。第二天，他邀请我在休息时间参加锻炼，我们再次（只是在热身期间）谈起了"罗杰对阵伍兹"的想法。这次讨论被存储在我脑海的某个位置，当我和蒂尔曼基金会的老兵们互动时，这个想法再次出现了。我不太确定，如果没有这个想法的话，我还会不会探讨这个话题。就像心理学家霍华德·格鲁伯所说的那样："想法不是真的消失不见了，在需要时，它们会被重新激活。"

这本书是我遇到过的最大的组织类挑战；我得弄明白如何收集信息，哪些东西应该放进书里，这些东西又该如何安排位置，我经历了太多次的不知所措。我时常想起一句话："这就像跟大猩猩摔跤。当你感到累的时候，你不会放弃。只有大猩猩感到累的时候，你才会放弃。"不管结果作用如何，我每次都能积累更多东西，这让我很自豪。我还要感谢我的朋友和家人，他们不仅支持着我，还接受了我用"希望下一年能完成吧"来敷衍他们提出的许多问题。当然还有错过与他们一起去看各种现场活动。相信我，那可都是我喜欢的东西。事实就是，就像每个维斯特洛（《冰与火之歌》中的大陆）人都知道的那样，我的座右铭是："当我的书完成时，我就自由了。"这些支持我的家人和朋友有：我的哥哥丹尼尔，是他热情地回应了我在第4章的漫无边际的想法，并且鼓励我继续写下去；我的姐姐查娜，她可能买光了我的上一本书；我的父亲马克和母亲伊芙，他们总是在我做完一些荒唐的事情之后才提供意见，而不是事先就禁止。正是他们的支持，我才拥有了活跃的人生样本测试过程。感谢"安德雷王子"（Prince Andrei），当你读到这里你就知道自己是谁了；还要谢谢我的外甥女斯嘉丽特·库法克斯·爱普斯坦-帕瓦尔（Sigalit Koufax Epstein-Pawar），没错，就是那个库法克斯①，还有她的父亲阿梅亚；同时还要感谢安德里亚和约翰给我提供精神和热量的双重支持，以及整个维斯家族和格林家族。尤其要感谢利兹·奥赫林（Liz O'Herrin）和迈克·克里斯曼（Mike Christman）邀请我参与蒂尔曼基金会的工作；感谢史蒂夫·梅斯勒（Steve Mesler）邀请参与"教室锦标赛"；感谢我已故的朋友凯文·理查兹（Kevin Richards），如果没有他，我不会成为一名科学作家；还有我的朋友哈里·姆邦（Harry Mbang），他从不会半夜起来跑到某个书店。感谢整个乔克比特家族——坚持游泳。

我还要感谢冈田智、艾丽丝（Alice）、娜塔莎·罗斯托娃（Natasha Rostova）、卡图里安·K. 卡图里安（Katurian K. Katurian）、彼得·库梅尔（Petter Kummel）和莫娜·库梅尔（Mona Kummel）、内特·利威尔（Nate River）、戈贝萨（Gbessa）、本诺·冯·阿奇姆波尔蒂（Benno von Archimboldi）、托尼·韦伯斯特（Tony Webster）、索尼（Sonny）的哥哥、托尼·隆曼（Tony Loneman）、汤米（Tommy）、多克（Doc）和莫里斯（Maurice）的三人组合、布莱登·加尼（Braiden Chaney）、史蒂芬·佛罗里达（Stephen Florida），还有许许多多坚持指点我写作的人。同时，希望我忘记提起的人可以

---

① 洛杉矶道奇队的传奇投手桑迪·库法克斯的姓氏。——译者注

原谅我。

我感觉自己有点像最终完成了复仇的伊尼戈·蒙托亚（Inigo Montoya，电影《公主新娘》中的角色）：现在该干什么？？相比开始本书的研究之前，我现在对"现在该干什么?"的兴奋程度要高出一百万倍，恐惧程度也下降了不少。在我上一本书的致谢部分的结尾，我给伊丽莎白留下了一段话："如果我还会再写另一本书，我肯定那本书也是献给她的。"（虽然她在自己的书里犹豫着该把书献给谁：她在我和约翰·杜威之间摇摆不定。）在我这第二本书的结尾处，我想还是这样写比较安全：如果我还会再写另一本书，我肯定那本书也是献给她的。

注释及引文

由于篇幅限制，我所提供的大量引用来源并不十分全面。我的目的有二：这些注释既可以作为研究本书的线索，也可以为有兴趣开始星期五晚上（或者星期六早晨）研究的读者提供详细的入门指导。书中绝大部分引文来自我与受访者的对话。如果不是来自对话，引文的出处我会直接在文中标明，或者对应书中页码而列在此处。受限于版面，为了尽可能多地列出参考文献，下列书籍和论文我均没有列出副标题。

引言　费德勒 VS. 老虎·伍兹

1　就能在父亲的手掌上站稳了：G. Smith, "The Chosen One," *Sports Illustrated*, December 23, 1996.（此外，厄尔·伍兹还提供了一张老虎·伍兹保持平衡的照片，出处请见以下。）

1　"当时教他如何推杆真是太难了"：有关老虎·伍兹童年的原始资料可参见：E. Woods (with P. McDaniel, foreword by Tiger Woods), *Training a Tiger: Raising a Winner in Golf and Life* (New York: Harper Paperbacks, 1997).

2　讲授心理战术：J. Benedict and A. Keteyian, *Tiger Woods* (New York: Simon & Schuster, 2018).

2　"他比他们任何一个都更有话题性"：Smith, "The Chosen One."

3　"我就会更感兴趣"；"我们没有计划 A"：R. Jacob, "Ace of Grace," *Financial Times*, January 13, 2006, online ed.

3　"男孩便会难以忍受这种状态"；"他惯会惹我生气"：R. Stauffer, *The Roger Federer Story: Quest for Perfection* (Chicago: New Chapter Press, 2007［Kindle ebook］).

3　"抽离"；"如果父母稍稍督促他一点儿"；"别作弊就行"；"Mehr CDs"：J. L. Wertheim, *Strokes of Genius* (New York: Houghton Mifflin Harcourt, 2009

[Kindle ebook]).
4 "战无不胜的感觉"；"他的故事和我的完全不同"：Stauffer, *The Roger Federer Story*.
5 通过对三十位小提琴演奏者的观察：K. A. Ericsson, R. T. Krampe, and C. Tesch-Römer, "The Role of Deliberate Practice in the Acquisition of Expert Performance," *Psychological Review* 100, no. 3 (1993): 363—406.
6 "我们起码得先确定"：A. Gawande, *The Checklist Manifesto* (New York: Metropolitan Books, 2010).
7 "慢热型"：如想详细了解英国如何转变人才培训渠道，可参见：O. Slot, *The Talent Lab* (London: Ebury Press, 2017).
8 进行专业化的技术练习：来自一系列体育和国家的研究实例——包括引言中引用的那些——记录了抽样和延迟专业化的趋势，包括（这里的第一篇论文是本书图 1 和图 2 的数据来源）：K. Moesch et al., "Late Specialization: The Key to Success in Centimeters, Grams, or Seconds (CGS) Sports," *Scandinavian Journal of Medicine and Science in Sports* 21, no. 6 (2011): e282—90; K. Moesch et al., "Making It to the Top in Team Sports: Start Later, Intensify, and Be Determined!," *Talent Development and Excellence* 5, no. 2 (2013): 85—100; M. Hornig et al., "Practice and Play in the Development of German Top-Level Professional Football Players," *European Journal of Sport Science* 16, no. 1 (2016): 96—105 (epub ahead of print, 2014); A. Güllich et al., "Sport Activities Differentiating Match-Play Improvement in Elite Youth Footballers—A 2-Year Longitudinal Study," *Journal of Sports Sciences* 35, no. 3 (2017): 207—15 (epub ahead of print, 2016); A. Güllich, "International Medallists' and Non-medallists' Developmental Sport Activities—A Matched-Pairs Analysis," *Journal of Sports Sciences* 35, no. 23 (2017): 2281—88; J. Gulbin et al., "Patterns of Performance Development in Elite Athletes," *European Journal of Sport Science* 13, no. 6 (2013): 605—14; J. Gulbin et al., "A Look Through the Rear View Mirror: Developmental Experiences and Insights of High Performance Athletes," *Talent Development and Excellence* 2, no. 2 (2010): 149—64; M. W. Bridge and M. R. Toms, "The Specialising or Sampling Debate," *Journal of Sports Sciences* 31, no. 1 (2013): 87—96; P. S. Buckley et al., "Early Single-Sport Specialization," *Orthopaedic Journal of Sports Medicine* 5, no. 7 (2017): 2325967117703944; J. P. Difiori et al., "Debunking Early Single Sports Specialization and Reshaping the Youth Sport Experience: An NBA Perspective," *British Journal of Sports Medicine* 51, no. 3(2017): 142—43; J. Baker et al., " Sport-Specific Practice and the Development of Expert Decision-Making in Team Ball Sports," *Journal of Applied Sport Psychology* 15, no. 1 (2003): 12—25; R. Carlson, "The Socialization of Elite Tennis Players in Sweden: An Analysis of the Players' Backgrounds and Development," *Sociology of Sport Journal* 5 (1988): 241—56; G. M. Hill, "Youth Sport Participation of Professional Baseball

Players," *Sociology of Sport Journal* 10 (1993): 107—14.; F. G. Mendes et al., "Retrospective Analysis of Accumulated Structured Practice: A Bayesian Multilevel Analysis of Elite Brazilian Volleyball Players," *High Ability Studies* (advance online publication, 2018); S. Black et al., "Pediatric Sports Specialization in Elite Ice Hockey Players," *Sports Health: A Multidisciplinary Approach* (advance online publication, 2018).［赢得 2018 年世界杯的法国在几十年前对其青年发展进行了彻底改革，强调无组织的比赛，而不是正规的比赛，并为后起之秀腾出上升空间。法国顶级青年足球运动员的正式比赛次数可能只有美国同龄人的一半。当国家发展系统中的法国孩子确实有正式的比赛时，教练被禁止在比赛的大部分时间里讲话，这样他们就不能对年轻球员进行微观管理。"球员们没有遥控器（控制）……就像帮助设计青年系统的卢多维奇·德布鲁（Ludovic Debru）在 2018 年阿斯彭研究所（Aspen Institute）的项目游戏峰会上所说的那样，让他们玩吧。］

9 "在一个体育专业化的时代"：J. Brewer, "Ester Ledecka Is the Greatest Olympian at the Games, Even If She Doesn't Know It," *Washington Post*, February 24, 2018, online ed.

9 "我同时在练习很多体育项目"：J. Drenna, "Vasyl Lomachenko: 'All Fighters Think About Their Legacy. I'm No Different,' " *Guardian*, April 16, 2018, online ed.

12 "年轻人就是更聪明"：M. Coker, "Startup Advice for Entrepreneurs from Y Combinator," *VentureBeat*, March 26, 2007.

12 人在五十岁创立一家一鸣惊人的高科技公司：P. Azoulay et al., "Age and High-Growth Entrepreneurship," NBER Working Paper No. 24489 (2018).

13 "没有人能想象到，银行内部的运作如同一个个谷仓一般"：G. Tett, *The Silo Effect: The Peril of Expertise and the Promise of Breaking Down Barriers* (New York: Simon & Schuster, 2015［Kindle ebook］).

13 "心脏病患者如果在全国性心脏病学大会期间被收治"：A. B. Jena et al., "Mortality and Treatment Patterns Among Patients Hospitalized with Acute Cardiovascular Conditions During Dates of National Cardiology Meetings," *JAMA Internal Medicine* 175, no. 2 (2015): 237—44. See also: R.F. Redberg, "Cardiac Patient Outcomes during National Cardiology Meetings," *JAMA Internal Medicine* 175, no.2 (2015): 245.

第 1 章　"赢在起跑线"的教育狂潮

3 把这个计划付诸实施：波尔加姐妹的生活在许多书籍和文章中都有记载。关于本章的细节，除了对苏珊·波尔加的采访外，最有用的来源包括：Y. Aviram (director), *The Polgar Variant* (Israel: Lama Films, 2014); S. Polgar with P. Truong, *Breaking Through: How the Polgar Sisters Changed the*

Game of Chess (London: Everyman Chess, 2005); C. Flora, "The Grandmaster Experiment," *Psychology Today*, July 2005, online ed.; P. Voosen, "Bringing Up Genius: Is Every Healthy Child a Potential Prodigy?," *Chronicle of Higher Education*, November 8, 2015, online ed.; C. Forbes, *The Polgar Sisters* (New York: Henry Holt, 1992).

3 "遇到了一个有趣的人"：Polgar with Truong, *Breaking Through*.

4 "灰色的凡夫俗子"：*People* staff, "Nurtured to Be Geniuses, Hungary's Polgar Sisters Put Winning Moves on Chess Masters," *People*, May 4, 1987.

4 "国际象棋的结果非常客观"：L. Myers, "Trained to Be a Genius, Girl, 16, Wallops Chess Champ Spassky for $110,000," *Chicago Tribune*, February 18, 1993.

5 "绝对组"：Aviram, *The Polgar Variant*.

6 癌症和艾滋病：W. Hartston, "A Man with a Talent for Creating Genius," *Independent*, January 12, 1993.

8 "完全没有联系"："Daniel Kahneman—Biographical," Nobelprize.org, Nobel Media AB 2014. 2015 年 12 月，我有幸在午餐时与卡尼曼讨论了他的生活和工作。更多细节可以参见他的书《思考，快与慢》*Thinking, Fast and Slow* (New York: Farrar, Straus & Giroux, 2011).

8 让他"印象深刻"：给卡尼曼留下深刻印象的其他相关的书包括：Paul E. Meehl, *Clinical Versus Statistical Prediction* (Minneapolis: University of Minnesota Press, 1954). 米尔启发了大量研究，表明专家往往凭借经验获得信心，而不是技能。对其中一些工作的出色评论有：C. F. Camerer and E. J. Johnson, "The Process-Performance Paradox in Expert Judgment: How Can Experts Know So Much and Predict So Badly?," in *Toward a General Theory of Expertise*, ed. K. A. Ericsson and Jacqui Smith (Cambridge: Cambridge University Press, 1991).

8 2009年，卡尼曼和克莱恩：D. Kahneman and G. Klein, "Conditions for Intuitive Expertise: A Failure to Disagree," *American Psychologist* 64, no. 6 (2009): 515—26.

8 "友好型"学习环境：Robin Hogarth's fantastic book on learning environments is *Educating Intuition* (Chicago: University of Chicago Press, 2001).

9 "还要可怕的病毒携带者"：L. Thomas, *The Youngest Science* (New York: Penguin, 1995), 22.

10 1997……终极之战：Kasparov was on the cover of the May 5, 1997, *Newsweek*, with the headline, "The Brain's Last Stand."

10 "现在你手机里的免费国际象棋应用程序"：卡斯帕罗夫和他的副助手米格·格林加德非常友好地回答了我的问题。更多信息来自卡斯帕罗夫 2017 年 6 月 5 日在乔治城大学的一次演讲，以及卡斯帕罗夫和格林加德的书《深度思考》*Deep Thinking* (New York: PublicAffairs, 2017).

10 "你就可以走得更远"：S. Polgar and P. Truong, *Chess Tactics for Champions*

(New York: Random House Puzzles & Games, 2006), x.

11 "人类创造力的重要性比以往更加显著"; "我在战术计算上的优势": Kasparov and Greengard, *Deep Thinking*.

11 自由式国际象棋: 有关人机国际象棋合作关系的精彩讨论, 请参见: T. Cowen, *Average is Over* (New York: Dutton, 2013).

12 他的队友尼尔森·埃尔南德斯: 埃尔南德斯友好地进行了长时间的问答交流, 向我解释了自由式国际象棋的细微差别, 并为我提供了关于锦标赛的文件。他估计威廉姆斯在传统国际象棋中的 Elo 评分将在 1800 分左右。

12 2007 年, 国家地理频道: 这个节目叫作《我的非凡大脑》(*My Brilliant Brain*)。

13 第一个实验发生在 20 世纪 40 年代: A. D. de Groot, *Thought and Choice in Chess* (Amsterdam: Amsterdam University Press, 2008).

13 增加了一些难度: Chase and Simon's chunking theory: W. G. Chase and H. A. Simon, "Perception in Chess," *Cognitive Psychology* 4 (1973): 55—81.

15 如果不在十二岁之前开始严格的训练: F. Gobet and G. Campitelli, "The Role of Domain-Specific Practice, Handedness, and Starting Age in Chess," *Developmental Psychology* 43 (2007): 159—72. 有关个人进步的不同速率, 请参见: G. Campitelli and F. Gobet, "The Role of Practice in Chess: A Longitudinal Study," Learning and Individual Differences 18, no. 4 (2007): 446—58.

15 特雷费特 (Darold Treffert) 对于"专才"的研究: 特雷费特与我分享了他自己文献库中关于学者的视频。他的《孤岛天才》一书 (London: Jessica Kingsley Publishers, 2012) 很好地记述了他的研究。

16 "我听到的东西太不现实了": A. Ockelford, "Another Exceptional Musical Memory," in *Music and the Mind*, ed. I. Deliège, and J. W. Davidson (Oxford: Oxford University Press, 2011). 其他关于无调音乐的文献包括: L. K. Miller, *Musical Savants* (Hove, East Sussex: Psychology Press, 1989); B. Hermelin et al., "Intelligence and Musical Improvisation," *Psychological Medicine* 19 (1989): 447—57.

16 对艺术类的专家进行类似测试时——给他们快速看一些图片: N. O'Connor and B. Hermelin, "Visual and Graphic Abilities of the Idiot-Savant Artist," *Psychological Medicine* 17 (1987): 79—90. (Treffert has helped replace the term "idiot-savant" with "savant syndrome.") 还可参见: E. Winner, *Gifted Children: Myths and Realities* (New York: BasicBooks, 1996), ch. 5.

17 阿尔法元的程序员自豪地宣称: D. Silver et al., "Mastering Chess and Shogi by Self-Play with a General Reinforcement Learning Algorithm," *arXiv* (2017): 1712.01815.

17 "在特别专业化的世界里": 除了对加里·马库斯的采访外, 我还参考了他 2017 年 6 月 7 日在日内瓦"AI for Good"全球峰会上演讲的视频, 以及他的几篇论文和散文: "Deep Learning: A Critical Appraisal," *arXiv*: 1801.00631; "In Defense of Skepticism About Deep Learning," Medium, January 14, 2018;

"Innateness, AlphaZero, and Artificial Intelligence," *arXiv*: 1801.05667.

18 IBM 的人工智能代表"沃森":要平衡地看待沃森在医疗保健领域面临的挑战——从一位批评人士称其为"笑话",到其他人认为它与最初的炒作相去甚远,但它的存在确实有价值,请参见: D. H. Freedman, "A Reality Check for IBM's AI Ambitions," *MIT Technology Review*, June 27, 2017, online ed.

18 "在《危险边缘!》获胜和治愈所有癌症的区别":这位肿瘤学家是维奈·普拉萨德医生(Dr. Vinay Prasad)。他在一次采访中对我说了这句话,并在推特上分享了这一点。

18 权威学术杂志《自然》(*Nature*)刊载了一篇报道: J. Ginsberg et al., "Detecting Influenza Epidemics Using Search Engine Query Data," *Nature* 457 (2009): 1012—14.

18 病例数的两倍: D. Butler, "When Google Got Flu Wrong," *Nature* 494 (2013): 155—56; D. Lazer et al., "The Parable of Google Flu: Traps in Big Data Analysis," *Science* 343 (2014): 1203—5.

19 "他们工作的本质": C. Argyris, "Teaching Smart People How to Learn," *Harvard Business Review*, May–June 1991.

19 施瓦茨的论文副标题: B. Schwartz, "Reinforcement-Induced Behavioral Stereotypy: How Not to Teach People to Discover Rules," *Journal of Experimental Psychology*: General 111, no. 1 (1982):23—59.

21 "变革者": E. Winner, "Child Prodigies and Adult Genius: A Weak Link," in *The Wiley Handbook of Genius*, ed. D. K. Simonton (Malden, MA: John Wiley & Sons, 2014).

21 会计师和桥牌选手:除了卡尼曼和克莱恩的"对抗性协作"论文和霍格斯的教育直觉之外,还有一个有价值的参考来源是: J. Shanteau, "Competence in Experts: The Role of Task Characteristics," *Organizational Behavior and Human Decision Processes* 53 (1992): 252—62.

21 "稳定的统计学规律": Kahneman, *Thinking, Fast and Slow*.

21 在一项关于桥牌的研究中: P. A. Frensch and R. J. Sternberg, "Expertise and Intelligent Thinking: When Is It Worse to Know Better?" in *Advances in the Psychology of Human Intelligence*, vol. 5, ed. R. J. Sternberg (New York: Psychology Press, 1989).

21 经验丰富的会计师;"认知壁垒";"把一只脚踏出你的世界": E. Dane, "Reconsidering the Trade-Off Between Expertise and Flexibility," *Academy of Management Review* 35, no. 4 (2010): 579—603. 有关专家灵活性和顽固性的一般性讨论,请参见: P. J. Feltovich et al., "Issues of Expert Flexibility in Contexts Characterized by Complexity and Change," in *Expertise in Context*, ed. P. J. Feltovich et al. (Cambridge, MA: AAAI Press/MIT Press, 1997); and F. Gobet, *Understanding Expertise* (Basingstoke: Palgrave Macmillan, 2016).

21 诺贝尔奖获得者……至少……: R. Root-Bernstein et al., "Arts Foster Scientific Success: Avocations of Nobel, National Academy, Royal Society and Sigma Xi

Members," *Journal of Psychology of Science and Technology* 1, no. 2 (2008): 51—63; R. Root-Bernstein et al., "Correlations Between Avocations, Scientific Style, Work Habits, and Professional Impact of Scientists," *Creativity Research Journal* 8, no. 2 (1995): 115—37.

21 "对于不了解这一点的人来说": S. Ramón y Cajal, *Precepts and Counsels on Scientific Investigation* (Mountain View, CA: Pacific Press Publishing Association, 1951).

22 那些对自身领域缺乏创造性贡献的人: A. Rothenberg, *A Flight from Wonder: An Investigation of Scientific Creativity* (Oxford: Oxford University Press, 2015).

22 "而不会沉溺于一个狭隘的话题": D. K. Simonton, "Creativity and Expertise: Creators Are Not Equivalent to Domain-Specific Experts!," in *The Science of Expertise*, ed. D. Hambrick et al. (New York: Routledge, 2017 [Kindle ebook]).

22 "当我们在设计": 史蒂夫·乔布斯 2005 年在斯坦福大学的毕业演讲: https://news.stanford.edu/2005/06/14/jobs-061505.

22 "没有其他人同时对这两个领域都熟悉": J. Horgan, "Claude Shannon: Tinkerer, Prankster, and Father of Information Theory," *IEEE Spectrum* 29, no. 4 (1992): 72—75. For more depth on Shannon, see J. Soni and R. Goodman, *A Mind at Play* (New York: Simon & Schuster, 2017).

23 "职业渠道"; "在八车道的高速公路上开车": C. J. Connolly, "Transition Expertise: Cognitive Factors and Developmental Processes That Contribute to Repeated Successful Career Transitions Amongst Elite Athletes, Musicians and Business People" (PhD thesis, Brunel University, 2011).

第 2 章　抽象思维与概念推理

27 一份 30 年前的报告: R. D. Tuddenham, "Soldier Intelligence in World Wars I and II," *American Psychologist* 3, no. 2 (1948): 54—56.

28 如果火星人在地球着陆: J. R. Flynn, *Does Your Family Make You Smarter?* (Cambridge: Cambridge University Press, 2016), 85.

28 "从摇篮一直保持到坟墓": J. R. Flynn, *What Is Intelligence?* (Cambridge: Cambridge University Press, 2009).

28 弗林把自己的发现公开发表: J. R. Flynn, "The Mean IQ of Americans: Massive Gains 1932 to 1978," *Psychological Bulletin* 95, no. 1 (1984): 29—51; J. R. Flynn, "Massive IQ Gains in 14 Nations," *Psychological Bulletin* 101, no. 2 (1987): 171—91. 有关弗林效应的优秀入门读物, 请参见: I. J. Deary, *Intelligence: A Very Short Introduction* (Oxford: Oxford University Press, 2001).

29 当评估学校里学到的知识: 除了对弗林的采访外, 他的书也很有帮助——特别是《我们变聪明了吗?》中长达数页的附录 (Cambridge: Cambridge

University Press, 2012).
- 29 两者都是白天与黑夜的分界线：M. C. Fox and A. L. Mitchum, "A Knowledge-Based Theory of Rising Scores on 'Culture-Free' Tests," *Journal of Experimental Psychology* 142, no. 3 (2013): 979—1000.
- 29 当一组爱沙尼亚研究人员：O. Must et al., "Predicting the Flynn Effect Through Word Abstractness: Results from the National Intelligence Tests Support Flynn's Explanation," *Intelligence* 57 (2016): 7—14. 我第一次看到这些成果是在俄罗斯圣彼得堡，在2016年国际情报研究学会上。大会邀请我前往发表一年一度的康斯坦斯·霍尔登纪念演说。经过四次签证申请才成功后，我到达了。这场活动充满了激烈但平民化的辩论，包括关于弗林效应的辩论，这是一个很好的背景参考资料。
- 29 "瑞文标准推理测验的测试结果有了巨大进步"：J. R. Flynn, *What Is Intelligence?*
- 29—30 即使是在……国家：E. Dutton et al., "The Negative Flynn Effect," *Intelligence* 59 (2016): 163—69. And see Flynn's *Are We Getting Smarter?* on, for example, trends in Sudan.
- 30 亚历山大·鲁利亚：鲁利亚的书是这一部分的主要参考来源——《认知发展：其文化和社会基础》*Cognitive Development: Its Cultural and Social Foundations* (Cambridge, MA: Harvard University Press, 1976).
- 31 他学会了当地的语言：E. D. Homskaya, *Alexander Romanovich Luria: A Scientific Biography* (New York: Springer, 2001).
- 32 "教育"：Flynn's *Does Your Family Make You Smarter?* and chap. 22 of R. J. Sternberg and S. B. Kaufman, eds., *The Cambridge Handbook of Intelligence* (Cambridge: Cambridge University Press, 2011).
- 33 只见树木，不见森林：在不同语境下对"见树"现象的深入描述可在乌塔·弗里斯（U. Frith）《自闭症：解开谜团》(*Autism: Explaining the Enigma*) "弱中心连贯性"一节中找到 (Malden, MA: Wiley-Blackwell, 2003).
- 33 克佩勒人：S. Scribner, "Developmental Aspects of Categorized Recall in a West African Society," *Cognitive Psychology* 6 (1974): 475—94. 有关扩展鲁利亚发现的更多信息，请参见：M. Cole and S. Scribner, *Culture and Thought* (New York: John Wiley & Sons, 1974).
- 34 "百分比"这个词：我通过谷歌N元语法查看器搜索"百分比"，另见：J. B. Michel et al., "Quantitative Analysis of Culture Using Millions of Digitized Books," *Science* 331 (2011): 176—82.
- 34 他们在瑞文标准推理测验中表现得很好：Flynn, *Does Your Family Make You Smarter?*
- 35 提供内心的平静：S. Arbesman, *Overcomplicated* (New York: Portfolio, 2017), 158—60.
- 35 认知灵活性：C. Schooler, "Environmental Complexity and the Flynn Effect," in *The Rising Curve*, ed. U. Neisser (Washington, DC: American Psychological Association, 1998). And see: A. Inkeles and D. H. Smith, *Becoming Modern:*

Individual Change in Six Developing Countries (Cambridge, MA: Harvard University Press, 1974).
35 "历史学家在以世纪为单位审视人类历史时都不会忽视这样一个事实"：S. Pinker, *The Better Angels of our Nature* (New York: Penguin, 2011).
35 弗林效应在女性身上的体现就比男性要慢：Flynn, *Are We Getting Smarter?*.
37 "在大学里取得好成绩"：Flynn, *How to Improve Your Mind* (Malden, MA: Wiley-Blackwell, 2012). 弗林热心地向我提供了测试和答案。
38 经济学教授也能够：R. P. Larrick et al., "Teaching the Use of Cost-Benefit Reasoning in Everyday Life," *Psychological Science* 1, no. 6 (1990): 362—70; R. P. Larrick et al., "Who Uses the Cost-Benefit Rules of Choice?," *Organizational Behavior and Human Decision Processes* 56 (1993): 331—47. (Hogarth's "what strikes me" quote in the footnote is from his Educating Intuition, p. 222).
38 化学专业的学生：J. F. Voss et al., "Individual Differences in the Solving of Social Science Problems," in *Individual Differences in Cognition*, vol. 1, ed. R. F. Dillon and R. R. Schmeck (New York: Academic Press, 1983); D. R. Lehman et al., "The Effects of Graduate Training on Reasoning," *American Psychologist* 43, no. 6 (1988): 431—43.
39 "是为学生们介绍"："The College Core Curriculum," University of Chicago, https://college.uchicago.edu/academics/college-core-curriculum.
40 一分钟就被选满了：M. Nijhuis, "How to Call B.S. on Big Data: A Practical Guide," *The New Yorker*, June 3, 2017, online ed.
40 "计算思维是用抽象和分解的方法来解决"：J. M. Wing, "Computational Thinking," *Communications of the ACM* 49, no. 3 (2006): 33—35.
40 狭隘的职业培训：B. Caplan, *The Case Against Education* (Princeton, NJ: Princeton University Press, 2018), 233—35.
40 职业与他们大学所学的专业无关：J. R. Abel and R. Deitz, "Agglomeration and Job Matching among College Graduates." *Regional Science and Urban Economics* 51 (2015): 14—24.
40 "没有一种工具是万能的"：A. J. Toynbee, *A Study of History*, vol. 12, *Reconsiderations* (Oxford: Oxford University Press, 1964), 42.
41 "每个人都忙着做研究"：Center for Evidence-Based Medicine video, "Doug Altman—Scandal of Poor Medical Research," https://www.youtube.com/watch?v=ZwDNPldQO1Q.
42 在广义的思维策略（例如费米式思考）上稍加训练，就能收效颇佳：除了上述参考中拉里克和雷曼的研究外，还可参见：D. F. Halpern, "Teaching Critical Thinking for Transfer Across Domains," *American Psychologist* 53, no. 4 (1998): 449—55; W. Chang et al., "Developing Expert Political Judgment," *Judgment and Decision Making* 11, no. 5 (2016): 509—26.
42 "费米式思考是如何像热刀切黄油一样揭穿屁话的"："Case Studies: Bullshit in the Wild," Calling Bullshit, https://callingbullshit.org/case_studies.html.

第 3 章 可遇不可毁的创造力

47 这一章的引用十分广泛,但碍于篇幅便做了简化处理。解说如下:简·L. 巴尔道夫–贝德斯(Jane L. Baldauf-Berdes)对奥斯佩达利的生活和音乐进行了最广泛的研究。可以在她的著作中窥见,比如《威尼斯的女音乐家》*Women Musicians of Venice* (Oxford: Oxford University Press, 1996),这本书在她死于癌症之前几乎没有完成。但她毕生都倾注精力去紧锣密鼓地工作。在采访过程中,我了解到她把自己的研究档案留给了杜克大学的大卫·M. 鲁宾斯坦珍本和手稿图书馆。多亏了图书馆及其工作人员,我才得以接触到 48 个装满简·L. 巴尔道夫–贝德斯研究材料的盒子,从原始文件的翻译和古董乐器的照片,到音乐家的花名册和与其他历史学家的通信。她对这个话题的热情简直要从那些盒子里迸发出来。我相信,这一章中来自她的研究的一些细节是第一次被公开发表的。我只希望,她会很高兴有个好奇的作家来了,并利用了它。我想把这一章献给简·L. 巴尔道夫–贝德斯。

47 一种突破传统的音乐:J. Kerman and G. Tomlinson, *Listen (Brief Fourth Edition)*. (Boston: Bedford/St. Martin's, 2000), chaps. 7 and 9. (Vivaldi as "undisputed champion" is from p. 117.)

48 音乐成了市民们娱乐活动的全部:这来自现代出版的同时代记述的第 118—138 页,整个关于 18 世纪欧洲音乐的章节为本书提供了一个重要的参考来源:P. A. Scholes, ed., *Dr. Burney's Musical Tours in Europe*, vol. 1, *An Eighteenth-Century Musical Tour in France and Italy* (Oxford: Oxford University Press, 1959).

48 乐团的兴盛持续了一个世纪:E. Selfridge-Field, "Music at the Pietà Before Vivaldi," *Early Music* 14, no. 3 (1986): 373—86; R. Thackray, "Music Education in Eighteenth Century Italy," reprint from *Studies in Music* 9 (1975): 1—7.

48 "只有在威尼斯":E. Arnold and J. Baldauf-Berdes, *Maddalena Lombardini Sirmen* (Lanham, MD: Scarecrow Press, 2002).

48 在其他地方,她们表演的乐器只有男性才能演奏:J. Spitzer and N. Zaslaw, *The Birth of the Orchestra* (Oxford: Oxford University Press, 2004), 175. Also: Scholes, ed., *Burney's Musical Tours in Europe*, vol. 1, 137.

48 "她们像天使一样歌唱":A. Pugh, *Women in Music* (Cambridge: Cambridge University Press, 1991).

48 "女孩们……的样子":Hester L. Piozzi, *Autobiography, Letters and Literary Remains of Mrs. Piozzi (Thrale)* (Tredition Classics, 2012 [Kindle ebook]).

48 "适合女性演奏的乐器";"她是女性中第一个挑战伟大艺术家成就的人":Arnold and Baldauf-Berdes, *Maddalena Lombardini Sirmen*.

48 "天使般的塞壬":这是科利于 1687 年在 *Pallade Veneta* 杂志上的描述,这是一份(基本上被遗忘的)期刊,以书信形式发表评论。这本期刊上最好的参考来源是:E. Selfridge-Field, *Pallade Veneta: Writings on Music in Venetian*

Society, 1650—1750 (Venice: Fondazione Levi, 1985).

48 "欧洲首屈一指的小提琴家"；无人能及：J. L. Baldauf-Berdes, "Anna Maria della Pietà: The Woman Musician of Venice Personified," in *Cecilia Reclaimed*, ed. S. C. Cook and J. S. Tsou (Urbana: University of Illinois Press, 1994).

48 一份支出记录：这来自另一个值得注意的参考来源，即米奇·怀特（Micky White）编纂的一本扫描原始文件而成的书。米奇·怀特是一名英国前体育摄影师，也是维瓦尔第爱好者，她搬到了威尼斯，并以仔细研究皮耶塔里遗留的海量档案为自己的使命：M. White, *Antonio Vivaldi: A Life in Documents (with CD-ROM)* (Florence: Olschki, 2013), 87.

49 元老院要求：Baldauf-Berdes, "Anna Maria della Pietà."

49 "我带着法国人对意大利音乐的偏见从巴黎而来"：卢梭是在音乐方面自学成才。他在本书中的语录出自他著名的自传体作品《忏悔录》。

50 "她的左手没有手指/她的左脚也没有脚趾"：这首匿名诗（约1740年）由巴尔道夫–贝德斯和 M. 西维拉（M.Civera）从评论兼音乐家贾作托创作的《维瓦尔第》（都灵：ERI，1973）翻译而成。

50 "我的请求被批准了"：Lady Anna Riggs Miller, *Letters from Italy Describing the Manners, Customs, Antiquities, Paintings, etc. of that Country in the Years MDCCLXX and MDCCLXXI*, vol. 2 (Printed for E. and C. Dilly, 1777), 360—61.

51 其他不值钱的小饰品：D. E. Kaley, "The Church of the Pietà" (Venice: International Fund for Monuments, 1980).

51 一份 18 世纪的花名册：来自巴尔道夫–贝德斯从档案研究中收集的众多音乐家和乐器名单中的一份。这本书在杜克大学鲁宾斯坦图书馆的巴尔道夫–贝德斯藏书的第一个盒子里，共 48 个。

52 "忏悔心态"：Baldauf-Berdes, *Women Musicians of Venice* (Oxford: Oxford University Press, 1996).

53 "我真的很好奇"：Scholes, ed., *Burney's Musical Tours in Europe*, vol. 1.

54 "我所掌握的这些技能，人们并不希望女性能拥有"：Arnold and Baldauf-Berdes, *Maddalena Lombardini Sirmen*.

54 皮耶塔的佩莱格里娜：她是皮耶塔名单上的众多孤儿之一，米奇·怀特也在 BBC 第四频道的一部名为《维瓦尔第的女人》（*Vivaldi's Women*）的影片中讨论了她。

54 "涵盖了各种音乐流派"：R. Rolland, *A Musical Tour Through the Land of the Past* (New York: Henry Holt, 1922).

55 "维瓦尔第拥有了资源无限的音乐实验室"：M. Pincherle, "Vivaldi and the 'Ospitali' of Venice," *Musical Quarterly* 24, no. 3 (1938): 300—312.

55 "可能根本不会写出来"：D. Arnold. "Venetian Motets and Their Singers," *Musical Times* 119 (1978): 319—21.［这里讨论的具体曲目是《欢乐颂》（Exsultate, jubilate），但作者用它来代表莫扎特的神圣音乐。］

55 拿破仑的军队：Arnold and Baldauf-Berdes, *Maddalena Lombardini Sirmen*.

55 没有人能认出她们是谁：在 1989 年为格拉迪斯·克里布尔·德尔马斯基金会撰写的一份研究建议书中，巴尔道夫–贝德斯记录了这件事和其他女子乐团被遗忘的例子。不幸的是，她打算出版的丛书是她永远无法完成的。

56 在不同阶段有过很多名字：Baldauf-Berdes, "Anna Maria della Pietà."

56 "有能力的穷人们"：G. J. Buelow, ed., *The Late Baroque Era* (Basingstoke: Macmillan, 1993).

57 "如何选择乐器"：R. Lane, "How to Choose a Musical Instrument for My Child," Upperbeachesmusic.com, January 5, 2017.

57 他确实非常不喜欢前两种乐器：M. Steinberg, "Yo-Yo Ma on Intonation, Practice, and the Role of Music in Our Lives," *Strings*, September 17, 2015, online ed.

58 一项针对 8~18 岁音乐学习者的研究：J. A. Sloboda et al., "The Role of Practice in the Development of Performing Musicians," *British Journal of Psychology* 87 (1996): 287—309. See also: G. E. McPherson et al., "Playing an Instrument," in *The Child as Musician*, ed. G. E. McPherson (Oxford: Oxford University Press, 2006) ["（我发现）一些最成功的年轻学习者是那些学过一系列乐器的人。"]; and J. A. Sloboda and M. J. A. Howe, "Biographical Precursors of Musical Excellence," *Psychology of Music* 19 (1991): 3—21 ["特殊儿童在他们选择的第一种乐器上练习的次数比普通儿童少得多，但在第三种乐器上的练习次数比普通儿童多得多。"]

58—59 "自己真正想学习的乐器和实际演奏的乐器并不一致"：S. A. O'Neill, "Developing a Young Musician's Growth Mindset," in *Music and the Mind*, ed. I. Deliège and J. W. Davidson (Oxford: Oxford University Press, 2011).

59 "这看上去很清晰了"：Sloboda and Howe, "Biographical Precursors of Musical Excellence."

60 又有一项实验：A. Ivaldi, "Routes to Adolescent Musical Expertise," in *Music and the Mind*, ed. Deliège and Davidson.

62 "尽管现在越来越多的狂热爱好者"：P. Gorner, "Cecchini's Guitar Truly Classical," *Chicago Tribune*, July 13, 1968.［斯图兹·特克尔（Studs Terkel）在演出前一天采访了切基尼。关于音乐的精彩对话可以参见：http://jackcecchini.com/Interviews.html。］

62 "我和音乐之间没有任何联结"：T. Teachout, *Duke: A Life of Duke Ellington* (New York: Gotham Books, 2013).

62 美国最优秀的作曲家：Kerman and Tomlinson, *Listen*, 394.

63 "约翰尼什么乐器都会" L. Flanagan, *Moonlight in Vermont: The Official Biography of Johnny Smith* (Anaheim Hills, CA: Centerstream, 2015).

64 "我的钢琴老师当然很内行"：F. M. Hall, *It's About Time: The Dave Brubeck Story.* (Fayetteville: University of Arkansas Press, 1996).

65 "用一把抽出来的刀"；"我怀疑"：M. Dregni, *Django: The Life and Music of a Gypsy Legend* (Oxford: Oxford University Press, 2004［Kindle ebook］).另外两个参考来源提供了关于姜戈生平的特别重要的细节：C. Delaunay,

Django Reinhardt (New York: Da Capo, 1961) [在封底,《爵士乐的制作》(*The Making of Jazz*) 一书的作者詹姆斯·林肯·科利尔 (James Lincoln Collier) 认为姜戈是"毫无疑问,唯一最重要的吉他手";还有一期《吉他演奏者》杂志 (*Guitar Player*, 1976 年 11 月) 专刊《姜戈》,专门讲述与他在一起的传奇音乐家们的经历。

66 创造力也格外爆发了:5 张 CD 集 "Django Reinhardt-Musette to Maestro 1928-1937: a Guitar Genius of a Guitar Genius"(JSP Records, 2010) 包括姜戈受伤前后的录音。

66 吉米·亨德里克斯始终珍藏着姜戈的专辑:西雅图流行文化博物馆高级馆长雅各布·麦克默里 (Jacob McMurray) 用博物馆的永久收藏品证实了这一点。

67 一段色调阴沉的视频:"Django Reinhardt Clip Performing Live (1945)," YouTube, www.youtube.com/watch?v=aZ308aOOX04.[优兔网站的这段视频日期不正确。这段视频摘自 1938 年的短片《爵士乐》(*Jazz 'Hot'*)。]

67 "一种潜移默化":(和其他柏利纳的引言)出自:P. F. Berliner, *Thinking in Jazz* (Chicago: University of Chicago Press, 1994).

68 "这几乎就像是大脑把自我批评的功能关闭了":C. Kalb, "Who Is a Genius?," *National Geographic*, May 2017.

68 "好吧,我也不识谱":*Guitar Player*, November 1976.

69 "与音乐学校的教育完全对立的概念":Dregni, *Django*.

69 "我根本不会即兴演奏":A. Midgette, "Concerto on the Fly: Can Classical Musicians Learn to Improvise," *Washington Post*, June 15, 2012, online ed.

69 "我的自我学习经历可以说就是来回擦啊蹭啊":以及用小提琴与兄弟姐妹打闹的细节可参见:S. Suzuki, *Nurtured by Love*, trans. W. Suzuki (Alfred Music, 1993 [Kindle ebook])。

70 家规:J. S. Dacey, "Discriminating Characteristics of the Families of Highly Creative Adolescents," *Journal of Creative Behavior* 23, no. 4 (1989): 263—71.(格兰特在以下内容中引用了这项研究:"How to Raise a Creative Child. Step One: Back Off," *New York Times*, Jan. 30, 2016.)

第 4 章 学习,快与慢

73 "准备好了吗?假设你们将要到现场去看一场费城老鹰队的比赛":课堂场景来自"国际数学与科学研究趋势"(TIMSS) 的视频、文字记录和分析。具体的视频是"M-US2 编写变量表达式"。

74 "我刚才所举的 3 美元热狗的例子":老师说错了话,她说了"两个"。为了清晰起见,正文已更正。

76 "使用过程";"建立联系":J. Hiebert et al., "Teaching Mathematics in Seven Countries," National Center for Education Statistics, 2003, chap. 5.

78 bansho:E.R.A. Kuehnert et al. "Bansho: Visually Sequencing Mathematical

Ideas," *Teaching Children Mathematics* 24, no. 6 (2018): 362—69.

78 "学生们无法把数学看作一个系统": L. E. Richland et al., "Teaching the Conceptual Structure of Mathematics," *Educational Psychology* 47, no. 3 (2012): 189—203.

80 在布朗克斯南部测试了六年级学生的词汇学习情况: N. Kornell and J. Metcalfe, "The Effects of Memory Retrieval, Errors and Feedback on Learning," in *Applying Science of Learning in Education*, V.A. Benassi et al., ed. (Society for the Teaching of Psychology, 2014); J. Metcalfe and N. Kornell, "Principles of Cognitive Science in Education," *Psychonomic Bulletin and Review* 14, no. 2 (2007): 225—29.

80 "矫枉过正现象": T. S. Eich et al., "The Hypercorrection Effect in Younger and Older Adults," *Neuropsychology, Development and Cognition. Section B, Aging, Neuropsychology and Cognition* 20, no. 5 (2013): 511—21; J. Metcalfe et al., "Neural Correlates of People's Hypercorrection of Their False Beliefs," *Journal of Cognitive Neuroscience* 24, no. 7 (2012): 1571—83.

80 奥比隆和迈克达夫: N. Kornell and H. S. Terrace, "The Generation Effect in Monkeys," *Psychological Science* 18, no. 8 (2007): 682—85.

82 "就像在生活中": N. Kornell et al., "Retrieval Attempts Enhance Learning, but Retrieval Success (Versus Failure) Does Not Matter," *Journal of Experimental Psychology: Learning, Memory, and Cognition* 41, no. 1 (2015): 283—94.

83 西班牙语学习者: H. P. Bahrick and E. Phelps, "Retention of Spanish Vocabulary over 8 Years," *Journal of Experimental Psychology: Learning, Memory, and Cognition* 13, no. 2 (1987): 344—49.

83 艾奥瓦州的研究人员给受试者念了一组单词: L. L. Jacoby and W. H. Bartz, "Rehearsal and Transfer to LTM," *Journal of Verbal Learning and Verbal Behavior* 11 (1972): 561—65.

83 "这种对知识即时且高水平的掌握让学习者产生误解": N. J. Cepeda et al., "Spacing Effects in Learning," *Psychological Science* 19, no. 11 (2008): 1095—1102.

84 2007年，美国教育部发表了一份报告: H. Pashler et al., "Organizing Instruction and Study to Improve Student Learning," National Center for Education Research, 2007.

84 一项非常特殊的研究: S. E. Carrell and J. E. West, "Does Professor Quality Matter?," *Journal of Political Economy* 118, no. 3 (2010): 409—32.

86 在意大利的博科尼大学也有类似的实验: M. Braga et al., "Evaluating Students' Evaluations of Professors," *Economics of Education Review* 41 (2014): 71—88.

86 "合意难度": R. A. Bjork, "Institutional Impediments to Effective Training," in *Learning, Remembering, Believing: Enhancing Human Performance*, ed. D. Druckman and R. A. Bjork (Washington, DC: National Academies Press, 1994), 295—306.

86 "纵观整个学习过程，最重要的一点是": C. M. Clark and R. A. Bjork, "When and Why Introducing Difficulties and Errors Can Enhance Instruction," in *Applying the Science of Learning in Education*, ed. V. A. Benassi et al. (Society for the Teaching of Psychology, 2014 [ebook]).

86—87 在接受调查时声称: C. Rampell, "Actually, Public Education is Getting Better, Not Worse," *Washington Post*, September 18, 2014.

87 学校并没有变得更糟；"越来越多的高薪工作": G. Duncan and R. J. Murnane, *Restoring Opportunity* (Cambridge, MA: Harvard Education Press, 2014 [Kindle ebook]).

89 另一项研究选择的是大学数学问题: D. Rohrer and K. Taylor, "The Shuffling of Mathematics Problems Improves Learning," *Instructional Science* 35 (2007): 481—98.

89 从辨别蝴蝶类型的研究者,. 到诊断心理障碍的医生: M. S. Birnbaum et al., "Why Interleaving Enhances Inductive Learning," *Memory and Cognition* 41 (2013): 392—402.

89 一项针对海军防空模拟练习的研究: C. L. Holladay and M.A. Quiñones, "Practice Variability and Transfer of Training," *Journal of Applied Psychology* 88, no. 6 (2003): 1094—1103.

89 在科内尔和比约克关于交叉练习的一项研究中，80% 的学生: N. Kornell and R. A. Bjork, "Learning Concepts and Categories: Is Spacing the 'Enemy of Induction'?," *Psychological Science* 19, no. 6 (2008): 585—92.

89 用左手横跨 15 个琴键: M. Bangert et al., "When Less of the Same Is More: Benefits of Variability of Practice in Pianists," *Proceedings of the International Symposium on Performance Science* (2013): 117—22.

90 奥尼尔应该停止在罚球线上练习罚球: 比约克在丹尼尔·科伊尔（Daniel Coyle）的《一万小时天才理论》*The Talent Code* (New York: Bantam, 2009) 一书中提出了这个建议。

90 这也是专家解决问题的标志: See, for example: M.T.H. Chi et al., "Categorization and Representation of Physics Problems by Experts and Novices," *Cognitive Science* 5, no. 2 (1981): 121—52; and J. F. Voss et al., "Individual Differences in the Solving of Social Science Problems," in *Individual Differences in Cognition*, vol. 1, ed. R. F. Dillon and R. R. Schmeck (New York: Academic Press, 1983).

90 研究了 67 个旨在提升学业表现的儿童早教项目: D. Bailey et al., "Persistence and Fadeout in Impacts of Child and Adolescent Interventions," *Journal of Research on Educational Effectiveness* 10, no. 1 (2017): 7—39.

91 学会走路: S. G. Paris, "Reinterpreting the Development of Reading Skills," *Reading Research Quarterly* 40, no. 2 (2005): 184—202.

第 5 章　跳出经验外，思在新境中

95　乔尔丹诺·布鲁诺：A. A. Martinez, "Giordano Bruno and the Heresy of Many Worlds," *Annals of Science* 73, no. 4 (2016): 345—74.

95　约翰尼斯·开普勒（Johannes Kepler）最初也认可并继承了：关于开普勒继承的世界观和他的变革性类比，提供了极好的背景资料的来源有：D. Gentner et al., "Analogical Reasoning and Conceptual Change: A Case Study of Johannes Kepler," *Journal of the Learning Sciences* 6, no. 1 (1997): 3—40; D. Gentner, "Analogy in Scientific Discovery: The Case of Johannes Kepler," in *Model-Based Reasoning: Science, Technology, Values*, ed. L. Magnani and N. J. Nersessian (New York: Kluwer Academic/Plenum Publishers, 2002), 21—39; D. Gentner et al., "Analogy and Creativity in the Works of Johannes Kepler," in *Creative Thought: An Investigation of Conceptual Structures and Processes*, ed. T. B. Ward et al. (Washington, DC: American Psychological Association, 1997).

96　也许众多的天体就像一块块磁铁：D. Gentner and A. B. Markman, "Structure Mapping in Analogy and Similarity," *American Psychologist* 52, no. 1 (1997): 45—56. 开普勒也阅读了有关磁力现象的新作品：A. Caswell, "Lectures on Astronomy," *Smithsonian Lectures on Astronomy*, 1858 (British Museum collection).

97　"月球可以管得了地球上的水"：J. Gleick, *Isaac Newton* (New York: Vintage, 2007).

98　在当时还没有"引力"这一概念；"物理学家们"：A. Koestler, *The Sleepwalkers: A History of Man's Changing Vision of the Universe* (New York: Penguin Classics, 2017).

98　"我特别热爱类比这种方法"：B. Vickers, "Analogy Versus Identity," in: *Occult and Scientific Mentalities in the Renaissance*, ed. B. Vickers (Cambridge: Cambridge University Press, 1984).

99　"远距离运动"：Gentner et al., "Analogy and Creativity in the Works of Johannes Kepler."; E. McMullin, "The Origins of the Field Concept in Physics," *Physics in Perspective* 4, no. 1 (2002): 13—39.

100　假设你是一名医生：M. L. Gick and K. J. Holyoak, "Analogical Problem Solving," *Cognitive Psychology* 12 (1980): 306—55.

101—102　曾经，一位将军；一个小镇上……消防队队长；"参与的受试者可能会以为"；"定义不明"的问题：M. L. Gick and K. J. Holyoak, "Schema Induction and Analogical Transfer," *Cognitive Psychology* 15 (1983): 1—38.

103　卡尼曼曾经亲历过这种"内部视角"的危险性：卡尼曼的故事体现在了他的书《思考，快与慢》(New York: Farrar, Straus & Giroux, 2011) 中。有了内部视角和外部视角的背景之后，也体现在另一本著作《胆怯的选择和大胆的预

测》(*Timid Choices and Bold Forecasts*) 中, *Management Science* 39, no. 1 (1993): 17—31。

104 大型私募股权公司的投资人参与了实验: D. Lovallo, C. Clarke, and C. Camerer, "Robust Analogizing and the Outside View," *Strategic Management Journal* 33, no. 5 (2012): 496—512.

105 那匹马的身体素质: M. J. Mauboussin, *Think Twice: Harnessing the Power of Counterintuition* (Boston: Harvard Business Review Press, 2009).

105 一个人考量的内部细节越多: L. Van Boven and N. Epley, "The Unpacking Effect in Evaluative Judgments: When the Whole Is Less Than the Sum of Its Parts," *Journal of Experimental Social Psychology* 39 (2003): 263—69.

105 "死于自然原因": A. Tversky and D. J. Koehler, "Support Theory," *Psychological Review* 101, no. 4 (1994): 547—67.

105 全世界大约90%的大型基础设施建设工程: B. Flyvbjerg et al., "What Causes Cost Overrun in Transport Infrastructure Projects?" *Transport Reviews* 24, no. 1 (2004): 3—18.

105 可能被大幅低估了: B. Flyvbjerg, "Curbing Optimism Bias and Strategic Misrepresentation in Planning," *European Planning Studies* 16, no. 1 (2008): 3—21. The £1 billion price tag: S. Brocklehurst, "Going off the Rails," *BBC Scotland*, May 30, 2014, online ed.

106 研究人员又把目光投向了电影业: Lovallo, Clarke, and Camerer, "Robust Analogizing and the Outside View."

106 网飞公司……也得到了类似的结论: T. Vanderbilt, "The Science Behind the Netflix Algorithms That Decide What You'll Watch Next," Wired.com, August 7, 2013; and C. Burger, "Personalized Recommendations at Netflix," Tastehit.com, February 23, 2016.

107 洛瓦洛和杜宾给部分学生: F. Dubin and D. Lovallo, "The Use and Misuse of Analogies in Business," Working Paper (Sydney: University of Sydney, 2008).

108 2001年, 波士顿咨询公司: 关于波士顿咨询公司"展品"的推动力, 简要讨论如下: D. Gray, "A Gallery of Metaphors," *Harvard Business Review*, September 2003.

109 根特纳和她的同事们……这项"模糊分类任务": B. M. Rottman et al., "Causal Systems Categories: Differences in Novice and Expert Categorization of Causal Phenomena," *Cognitive Science* 36 (2012): 919—32.

110 在有史以来被引用最多的一项: M. T. H. Chi et al., "Categorization and Representation of Physics Problems by Experts and Novices," *Cognitive Science* 5, no. 2 (1981): 121—52.

110 "对我来说": Koestler, *The Sleepwalkers*.

111 丹麦花费了整个国家财政预算的1%: N. Morvillo, *Science and Religion: Understanding the Issues* (Malden, MA: Wiley-Blackwell, 2010).

111 "如果我一定要忽略这8弧分": Koestler, *The Sleepwalkers*.

112 当邓巴开始这项工作的时候：关于邓巴工作的一个很有意义的背景资料是：K. Dunbar, "What Scientific Thinking Reveals About the Nature of Cognition," in *Designing for Science*, ed. K. Crowley et al. (Mahwah, NJ: Lawrence Erlbaum Associates, 2001).

114 "当实验室的所有成员"：K. Dunbar, "How Scientists Really Reason," in *The Nature of Insight*, ed. R. J. Sternberg and J. E. Davidson (Cambridge, MA: MIT Press, 1995), 365—95.

第 6 章 过于坚持，也有问题

117 男孩的母亲醉心于音乐和美术：凡·高生平的细节来自几个主要来源，包括写给凡·高的翻译信件。在凡·高博物馆、惠更斯荷兰历史研究所和文森特·凡·高信件网站（vangoghletters.org）上共计 900 多封信（也就是每一封幸存的信件）。如果没有另一个令人难以置信的参考来源，我不会知道应该读哪封信：史蒂芬·奈菲和格雷戈里·怀特·史密斯的著作《凡·高：生活》 *Van Gogh: The Life* (New York: Random House, 2011) 奈菲和史密斯采取了非同寻常的举措，在 vangoghbiography y.com/notes.php 上创建了一个可搜索的资源数据库。这非常有帮助。另外两个有帮助的书面资料来源是：N. Denekamp et al., *The Vincent van Gogh Atlas* (New Haven, CT: Yale University Press and the Van Gogh Museum, 2016); and J. Hulsker, *The Complete Van Gogh* (New York: Harrison House/H. N. Abrams, 1984). 最后，再为大家附上两个展览：芝加哥艺术学院的《凡·高的卧室》"Van Gogh's Bedrooms" (2016)，以及俄罗斯圣彼得堡隐士博物馆的印象派和后印象派藏品。

118 "他其实谁也没记住"：Naifeh and Smith, *Van Gogh: The Life*.

118 "绝对一个也没见过"：来自凡·高写给弟弟西奥的信，1884 年 6 月。

118—119 "停止随心所欲"；"更快乐、更冷静"；"赶紧继续"：Naifeh and Smith, *Van Gogh: The Life*.

119 "我就必须坐起来"：Van Gogh letter to brother Theo, September 1877.

119 "地狱"：Émile Zola, *Germinal*, trans. R. N. MacKenzie (Indianapolis: Hackett Publishing, 2011).

120 "笼子的栏杆"：来自凡·高写给弟弟西奥的信，1880 年 6 月。

120 "我正一边画画一边给你写信"：来自凡·高写给弟弟西奥的信，1880 年 8 月。

120 《基础绘画指南》：Naifeh and Smith, *Van Gogh: The Life*.

121 "你不是艺术家"；"你开始得太晚了"：Van Gogh letter to brother Theo, March 1882 (trans. Johanna van Gogh-Bonger).

121 "他有了一个巨大的发现"：Naifeh and Smith, *Van Gogh: The Life*.

121 "事实证明，绘画的难度比我想象的要小"：来自凡·高写给弟弟西奥的信，1882 年 8 月。凡·高那天画的那幅画是"暴风雨天气中的施维宁根海滩"。这幅画于 2002 年从凡·高博物馆被盗，但十多年后又被找回。

123 一篇评论欣喜若狂地：The review, by G.-Albert Aurier, was titled "*Les isolés*: Vincent van Gogh."

124 荷兰的国民预期寿命：确切的数字是 39.84，来自在线出版《我们世界的数据》*Our World in Data* (ourworldindata.org)。

124 三十五岁的高更：*The Great Masters* (London: Quantum Publishing, 2003).

124 "史诗级的失败"：J. K. Rowling, text of speech, "The Fringe Benefits of Failure, and the Importance of Imagination," *Harvard Gazette*, June 5, 2008, online ed.

125 未来的诺贝尔经济学奖得主西奥多·舒尔茨：T. W. Schultz, "Resources for Higher Education," *Journal of Political Economy* 76, no. 3 (1968): 327—47.

125 有一个自然存在的实验：O. Malamud, "Discovering One's Talent: Learning from Academic Specialization," *Industrial and Labor Relations* 64, no. 2 (2011): 375—405.

126 很快就能赶上：O. Malamud, "Breadth Versus Depth: The Timing of Specialization in Higher Education," *Labour* 24, no. 4 (2010): 359—90.

126 他们犯的错误也更多：D. Lederman, "When to Specialize?," *Inside Higher Ed*, November 25, 2009.

126 "匹配质量得到提升"：Malamud, "Discovering One's Talent."

127 经济学家史蒂芬·列维特……巧妙地利用了自己的读者群：S. D. Levitt, "Heads or Tails: The Impact of a Coin Toss on Major Life Decisions and Subsequent Happiness," NBER Working Paper No. 22487 (2016).

127 "愿意放弃"：Levitt, in the September 30, 2011, *Freakonomics Radio* program, "The Upside of Quitting."

128 "老师们倾向于离开……学校"：C. K. Jackson, "Match Quality, Worker Productivity, and Worker Mobility: Direct Evidence from Teachers," *Review of Economics and Statistics* 95, no. 4 (2013): 1096—1116.

128 心理学家安琪拉·达克沃斯曾经做过一个关于"放弃"的著名实验：A. L. Duckworth et al., "Grit: Perseverance and Passion for Long-Term Goals," *Journal of Personality and Social Psychology* 92, no. 6 (2007): 1087—1101.（整个新生班级由 1223 名新生学员组成，所以达克沃斯几乎调查了每一个人。）表 3 很好地总结了西点军校、斯克里普斯全国拼写大赛、常春藤盟校学生的成绩和成人教育程度中粗暴程度造成的差异。此外，达克沃思在她的书《恒毅力：激情和毅力的力量》*Grit: The Power of Passion and Perseverance* (New York: Scribner, 2016) 中详细介绍了她的工作。

129 达克沃斯了解了"候选人整体评分系统"：一篇有关恒毅力和"候选人整体评分系统"的参考来源是：D. Engber, "Is 'Grit' Really the Key to Success?," *Slate*, May 8, 2016.

130 "我担心，自己无意中支持了"：A. Duckworth, "Don't Grade Schools on Grit," *New York Times*, March 26, 2016.

131 "必然限制了"：Duckworth et al., "Grit: Perseverance and Passion for Long-Term Goals."

131 1308名一年级生中有32人：M. Randall, "New Cadets March Back from 'Beast Barracks' at West Point," *Times Herald-Record*, August 8, 2016.

132 "年少无知"：R. A. Miller, "Job Matching and Occupational Choice," *Journal of Political Economy* 92, no. 6 (1984): 1086—1120.

132 "那些没有勇气去放弃的任务"：S. Godin, *The Dip: A Little Book That Teaches You When to Quit (and When to Stick)* (New York: Portfolio, 2007 [Kindle ebook]).

133 坚持服役满20年：G. Cheadle (Brig. Gen. USAF [Ret.]), "Retention of USMA Graduates on Active Duty," white paper for the USMA Association of Graduates, 2004.

133—134 2010年发表了一部专著；"教会学员离开部队的机构"：这本专著是关于军官发展和留住的六部系列的其中之一：C. Wardynski et al., "Towards a U.S. Army Officer Corps Strategy for Success: Retaining Talent," Strategic Studies Institute, 2010.

136 国防部长阿什顿·卡特（Ashton Carter）访问西点军校：A. Tilghman, "At West Point, Millennial Cadets Say Rigid Military Career Tracks Are Outdated," *Military Times*, March 26, 2016.

138 美国成年人整体平均分数：你可以将自己的恒毅力得分与其他成年人进行比较，网址请去 https://angeladuckworth.com/grit-scale/。

139 "奥林匹克运动员需要明白"：S. Cohen, "Sasha Cohen: An Olympian's Guide to Retiring at 25," *New York Times*, February 24, 2018.

139 最近，盖洛普公司调查了：Gallup's *State of the Global Workplace* report, 2017.

第7章 发掘自身更多更能

145 弗朗西斯·赫塞尔本……长大：关于赫塞尔本生活的信息来自对她的多次采访，以及她的书籍，还有其他认识她的人的佐证。她的著作《我的领导力生活》*My Life in Leadership* (San Francisco: Jossey-Bass, 2011)，是一个特别有用的资料来源，书中引用了"医生、律师、飞行员"的名言。

149 "美国的任何一家公司"：E. Edersheim, "The Woman Drucker Said Was the Best CEO in America," *Management Matters Network*, April 27, 2017.

149—150 "我会选择赫塞尔本"：J. A. Byrne, "Profiting from the Nonprofits," *Business Week*, March 26, 1990.

150 总统自由勋章：当比尔·克林顿总统将勋章颁发给赫塞尔本时，他幽默地要求她"上前"领奖，因为她不喜欢使用"向上"和"向下"这样的等级字眼。

153 菲尔·奈特：*Good Morning America*, April 26, 2016.

153 "不太会设定目标"：Phil Knight, *Shoe Dog* (New York: Scribner, 2016).

153 "我再也没有参与过"：达尔文生活的这些细节和其他细节可以在查尔斯·达

尔文自传 The Autobiography of Charles Darwin 中找到。带注释的免费版本可以通过网站 darwin-online.org.uk 获得。

153 推荐到了贝格尔号（HMS Beagle）上免费工作：剑桥大学达尔文通信项目 (www.darwinproject.ac.uk) 公开提供了大量信息，比如 J. S. 亨斯洛教授（J. S. Henslow）对达尔文的邀请函（1831 年 8 月 24 日）。

154 "无疾而终"；"这简直是荒唐"；"如果我爷爷给过我父亲其他选择"：The Autobiography of Charles Darwin.

154 "我从来不用想自己的工作是否值得"：Bio at www.michaelcrichton.com.

154 "历史终结错觉"：J. Quoidbach, D. T. Gilbert, and T. D. Wilson, "The End of History Illusion," Science 339, no. 6115 (2013): 96—98.

155 92 个研究，结果显示：B.W. Roberts et al., "Patterns of Mean-Level Change in Personality Traits Across the Life Course," Psychological Bulletin 132, no. 1 (2006): 1-25. See also: B. W. Roberts and D. Mroczek, "Personality Trait Change in Adulthood," Current Directions in Psychological Science 17, no. 1 (2009): 31—35. For a nice (and free) review of personality research intended for a broad audience, see M. B. Donnellan, "Personality Stability and Change," in Noba Textbook Series: Psychology, ed. R. Biswas-Diener and E. Diener (Champaign, IL: DEF Publishers, 2018), nobaproject.com.

156 心理学家沃尔特·米歇尔和他的研究团队：W. Mischel, The Marshmallow Test (New York: Little, Brown, 2014 [Kindle ebook]).

157 正田佑一反复强调过：佑一利用获得研究奖的机会再次表明了这一点。2015 年 6 月 2 日，华盛顿大学在宣布该奖项的新闻稿中提出这一点："虽然对这一荣誉感到高兴，但佑一对媒体多年来针对这项研究的报道表示担忧，并对父母自己做这项研究来预测孩子命运的错误观念表示担忧。"他补充说："我们发现的关系远不完美。而且还有很大的变革空间。"

157 "如果–那么"特征；"这些研究成果主要体现了"：Y. Shoda et al., eds., Persons in Context: Building a Science of the Individual (New York: Guilford Press, 2007 [Kindle ebook]).

158 "如果你今天开车时既认真又神经质"：T. Rose, The End of Average: How We Succeed in a World That Values Sameness (New York: HarperOne, 2016 [Kindle ebook]).

159—160 伊贝拉开始了另一项研究；"我们……发现这些可能性"：H. Ibarra, Working Identity (Boston: Harvard Business Review Press, 2003).

160 转向新职业可以完全避免任何痛苦：P. Capell, "Taking the Painless Path to a New Career," Wall Street Journal Europe, January 2, 2002.

161 保罗·格雷厄姆……高中毕业演讲："What You'll Wish You'd Known," www.paulgraham.com/hs.html.

163 艺术史学家威廉·华莱士证明了：W. Wallace, "Michelangelo: Separating Theory and Practice," in Imitation, Representation and Printing in the Italian Renaissance, ed. R. Eriksen and M. Malmanger (Pisa and Rome: Fabrizio Serra

163 他越来越讨厌画画；这些诗也只完成了一半: *The Complete Poems of Michelangelo*, trans. J. F. Nims (Chicago: University of Chicago Press, 1998): poem 5 (painting); p. 8 (half unfinished).

164 "但是我弹不好那些乐器": "Haruki Murakami, The Art of Fiction No. 182." *The Paris Review*, 170 (2004).

164 "一记漂亮又干脆的二垒安打": H. Murakami, "The Moment I Became a Novelist," *Literary Hub*, June 25, 2015.

164 "给我一个启示": Bio at patrickrothfuss.com.

165 "我对思考数学问题不感兴趣":《卫报》2014年8月12日对玛丽亚姆·米尔扎哈尼的采访，经克莱数学研究所许可转载。

165 "这就像是迷失在丛林中": A. Myers and B. Carey, "Maryam Mirzakhani, Stanford Mathematician and Fields Medal Winner, Dies," *Stanford News*, July 15, 2007.

165 "我对这项运动的激情没有减少": "A new beginning," Chrissiewellington.org, March 12, 2012.

168 "一股暖流涌遍全身": H. Finster, as told to T. Patterson, *Howard Finster: Stranger from Another World* (New York: Abbeville Press, 1989).

第8章 局外人的优势

173 完全被解决的占了1/3多一点: K. R. Lakhani, "InnoCentive.com (A)," HBS No. 9-608-170, Harvard Business School Publishing, 2009. See also: S. Page, *The Difference* (Princeton, NJ: Princeton University Press, 2008).

173 "饥饿比刀剑更加凶残": T. Standage, *An Edible History of Humanity* (New York: Bloomsbury, 2009).

173 为食物保存研究设立了奖金: "Selected Innovation Prizes and Rewards Programs," Knowledge Ecology International, KEI Research Note, 2008: 1.

174 一整只羊: J. H. Collins, *The Story of Canned Foods* (New York: E. P. Dutton, 1924).

174 拿破仑在滑铁卢惨败，他携带的补给品都被英军吃掉了: Standage, *An Edible History of Humanity*.

175 "我认为……能够帮人走出困境": Cragin's presentation at *Collaborative Innovation: Public Sector Prizes*, June 12, 2012, Washington, D.C., The Case Foundation and The Joyce Foundation.

178 "三个晚上": J. Travis, "Science by the Masses," *Science* 319, no. 5871 (2008): 1750—52.

178 "问题离解决者的专业越遥远": C. Dean, "If You Have a Problem, Ask Everyone," *New York Times*, July 22, 2008. See also: L. Moise interview with K.

Lakhani, "5 Questions with Dr. Karim Lakhani," *InnoCentive Innovation Blog*, Jul 25, 2008.

178 "对新的解决方案的探索": K. R. Lakhani et al., "Open Innovation and Organizational Boundaries," in A. Grandori, ed., *Handbook of Economic Organization* (Cheltenham: Edward Elgar, 2013).

178 "我们的研究发现": S. Joni, "Stop Relying on Experts for Innovation: A Conversation with Karim Lakhani," *Forbes*, October 23, 2013, online ed.

179 "需要的是更有创造性的解决办法": Kaggle Team, "Profiling Top Kagglers: Bestfitting, Currently #1 in the World," No Free Hunch (official Kaggle blog), May 7, 2018.

179 "斯旺森是全国第一位领导图书馆专业的物理学家": Copy of University of Chicago Office of Public Relations memo (No. 62-583) for December 17, 1962.

180 "与现存的知识总量相比，相差悬殊": D. R. Swanson, "On the Fragmentation of Knowledge, the Connection Explosion, and Assembling Other People's Ideas," *Bulletin of the American Society for Information Science and Technology* 27, no. 3 (2005): 12—14.

180 1960年，美国国家医药图书馆: K. J. Boudreau et al., "Looking Across and Looking Beyond the Knowledge Frontier," *Management Science* 62, no. 10 (2016): 2765—83.

180 "11个被忽视的联系": D. R. Swanson, "Migraine and Magnesium: Eleven Neglected Connections," *Perspectives in Biology and Medicine* 31, no. 4 (1988): 526—57.

181 "主场": L. Moise interview with K. Lakhani, "5 Questions with Dr. Karim Lakhani."

184 她发现了一篇论文：这篇论文是: F. Deymeer et al., "327 Emery-Dreifuss Muscular Dystrophy with Unusual Features," *Muscle and Nerve* 16 (1993): 1359—65.

185 1999年，吉尔收到了一封来自意大利研究小组的邮件：该意大利研究小组很快便将他们的研究结果予以公开发表（这当然也要感谢吉尔）: G. Bonne et al., "Mutations in the Gene Encoding Lamin A/C Cause Autosomal Dominant Emery-Dreifuss Muscular Dystrophy," *Nature Genetics* 21, no. 3 (1999): 285—88.

第9章 用过时的技术横向思考

193 在闭关锁国的两百年间：有关任天堂历史的几个资料特别重要: F. Gorges with I. Yamazaki, *The History of Nintendo*, vol. 1, 1889—1980 (Triel-sur-Seine: Pix'N Love, 2010). F. Gorges with I. Yamazaki, *The History of Nintendo*, vol. 2, 1980—1991 (Triel-sur-Seine: Pix'N Love, 2012); E. Voskuil, *Before Mario: The Fantastic Toys from the Video Game Giant's Early Days*

(Châtillon: Omaké Books, 2014); J. Parish, *Game Boy World 1989* (Norfolk, VA: CreateSpace, 2016); D. Sheff, *Game Over: How Nintendo Conquered the World* (New York: Vintage, 2011).

194 "反正我不会离开京都": 有关横井军平引语的来源说明，请参见第 194 页的脚注。

195 "雪在阳光下融化": Gorges with Yamazaki, *The History of Nintendo, vol. 2*, 1980—1991.

195 "横向思考": E. de Bono, *Lateral Thinking: Creativity Step by Step* (New York: HarperCollins, 2010).

197 小心翼翼地在屏幕上凸印了几百个点：横井的专利往往很简单，是发明史上的宝库。这项专利（美国 4398804 号）和其他专利可以在谷歌专利上找到。

199 1.187 亿台：B. Edwards, "Happy 20th b-day, Game Boy," *Ars Technica*, April 21, 2009.

199—200 "这种理念很难被任天堂理解"；"这是一个雪人"；"愁容惨淡"：shmuplations.com (translation), "Console Gaming Then and Now: A Fascinating 1997 Interview with Nintendo's Legendary Gunpei Yokoi," techspot.com, July 10, 2015.

200 "蜡烛问题"：有关更好的说明，请参见 D. Pink, *Drive* (New York: Riverhead, 2011).

201 "横井军平的强项不在电子这方面"：摘自冈田智在《马里奥之前》(*Before Mario*) 一书的前言。

201 "设计和界面"：IGN staff, "Okada on the Game Boy Advance," IGN .com, Sep. 13, 2000.

201 "如果不怕被误解": M. Kodama, *Knowledge Integration Dynamics* (Singapore: World Scientific): 211.

202 "只是用一种别样的方式在创新"：C. Christensen and S. C. Anthony, "What Should Sony Do Next?," *Forbes*, August 1, 2007, online ed.

203 钻研细节的青蛙，也需要富有远见的鸟：F. Dyson, "Bird and Frogs," *Notices of the American Mathematical Society* 56, no. 2 (2009): 212—23.（戴森可能是一只数学青蛙，但他也是一名优秀的作家。）

203 多层光学薄膜：M. F. Weber et al., "Giant Birefringent Optics in Multilayer Polymer Mirrors," *Science* 287 (2000): 2451—56; and R. F. Service, "Mirror Film Is the Fairest of Them All," *Science* 287 (2000): 2387—89.

204 大蓝闪蝶：R. Ahmed et al., "Morpho Butterfly-Inspired Optical Diffraction, Diffusion, and Bio-chemical Sensing," *RSC Advances* 8 (2018): 27111—18.

204 "它其实天天都出现在你面前"：Ouderkirk's talk at TEDxHHL, October 14, 2016.

206 准备去了解 3M 公司的发明家们：W. F. Boh, R. Evaristo, and A. Ouderkirk, "Balancing Breadth and Depth of Expertise for Innovation: A 3M Story," *Research Policy* 43 (2013): 349—66.

207 "没有人告诉过我": Ouderkirk's talk at TEDxHHL, October 14, 2016.
208 仅艾奥瓦州就有 1000 多家剧院: G. D. Glenn and R. L. Poole, *The Opera Houses of Iowa* (Ames: Iowa State University Press, 1993). 有关这一现象的详实的讨论，请参见: R. H. Frank, *Luxury Fever* (New York: The Free Press, 1999), ch. 3.
208 研发投入与绩效: B. Jaruzelski et al., "Proven Paths to Innovation Success," *Strategy+ Business*, winter 2014, issue 77 preprint.
210 他们分析了过去十五年的技术专利: E. Melero and N. Palomeras, "The Renaissance Man Is Not Dead! The Role of Generalists in Teams of Inventors," *Research Policy* 44 (2015): 154—67.
211 漫画书: A. Taylor and H. R. Greve, "Superman or the Fantastic Four? Knowledge Combination and Experience in Innovative Teams," *Academy of Management Journal* 49, no. 4 (2006): 723—40.
211 魏特汉其实操纵或编造了部分研究: C. L. Tilley, "Seducing the Innocent: Fredric Wertham and the Falsifications That Helped Condemn Comics," *Information and Culture* 47, no. 4 (2012): 383-413.
213 高度专业化的外科医生……出色地完成手术: M. Maruthappu et al., "The Influence of Volume and Experience on Individual Surgical Performance: A Systematic Review," *Annals of Surgery* 261, no. 4 (2015): 642—47; N. R. Sahni et al., "Surgeon Specialization and Operative Mortality in the United States: Retrospective Analysis," *BMJ* 354 (2016): i3571; A. Kurmann et al., "Impact of Team Familiarity in the Operating Room on Surgical Complications," *World Journal of Surgery* 38, no. 12 (2014): 3047—52; M. Maruthappu, "The Impact of Team Familiarity and Surgical Experience on Operative Efficiency," *Journal of the Royal Society of Medicine* 109, no. 4 (2016): 147—53.
213 分析了大型飞行事故的数据库: "A Review of Flightcrew-Involved Major Accidents of U.S. Air Carriers, 1978 Through 1990," National Transportation Safety Board, Safety Study NTSB/SS-94/01, 1994.
214 犹他大学教授艾比·格里芬: A. Griffin, R. L. Price, and B. Vojak, Serial Innovators: *How Individuals Create and Deliver Breakthrough Innovations in Mature Firms* (Stanford, CA: Stanford Business Books, 2012 [Kindle ebook]).
214 "算是一个专业的局外人": D. K. Simonton, *Origins of Genius* (Oxford: Oxford University Press, 1999).
214 "我可不想在这上面花更多时间了": H. E. Gruber, *Darwin on Man: A Psychological Study of Scientific Creativity* (Chicago: University of Chicago Press, 1981).
215 他至少有 231 位科学方面的笔友；种子实验: T. Veak, "Exploring Darwin's Correspondence," *Archives of Natural History* 30, no. 1 (2003): 118—38.
215 "令人困惑的混合体": H. E. Gruber, "The Evolving Systems Approach to Creative

Work," *Creativity Research Journal* 1, no.1 (1988): 27—51.

216 "我的大脑里同时开着很多的应用程序": R. Mead, "All About the Hamiltons," *The New Yorker*, February. 9, 2015.

第10章 被专家愚弄

219 一场赌局开始了：耶鲁大学历史学教授保罗·萨宾的著作《赌注》The Bet (New Haven, CT: Yale University Press, 2013) 提供了引人入胜的背景和分析。C·R·桑斯坦（C.R.Sunstein) 在《纽约书评》上发表的《两只刺猬之战》"The Battle of Two Hedgehogs," New York Review of Books, December 5, 2013 是一篇简短的分析文章。

219 "人口增长曲线": P. Ehrlich, *Eco-Catastrophe!* (San Francisco: City Lights Books, 1969).

220 "绿色革命": G. S. Morson and M. Schapiro, *Cents and Sensibility* (Princeton, NJ: Princeton University Press, 2017［Kindle ebook］).

220 "提升了每个大陆的人均粮食供应量"：这部分和该段落其他统计数据（营养不良公民的比例；饥荒死亡率；出生率；人口增长轨迹）来自在线出版物"我们世界的数据"，该出版物由牛津大学经济学家马克斯·罗瑟(Max Roser) 创立。例如，每人每天的卡路里供应量可以在以下网址找到：https://slides.ourworldindata.org/hunger-and-food-provision/#/kcalcapitaday-by-world-regions-mg-png.

221 联合国预测: United Nations, Department of Economic and Social Affairs, Population Division, "World Population Prospects: The 2017 Revision, Key Findings and Advance Tables," Working Paper No. ESA/P/WP/248.

221 "现在，人口炸弹已经被引爆": P. R. Ehrlich and A. H. Ehrlich, *The Population Explosion* (New York: Simon & Schuster, 1990).

221 后来，经济学家研究: K. Kiel et al., "Luck or Skill? An Examination of the Ehrlich-Simon Bet," *Ecological Economics* 69, no. 7 (2010): 1365—67.

223 泰洛克决定研究专家的预测：泰洛克在自己的著作中铺陈了详细而妙趣的细节——《专家的政治判断：它有多好？我们怎么知道呢？》*Expert Political Judgment: How Good Is It? How Can We Know?* (Princeton, NJ: Princeton University Press, 2005).

223 "一种奇特的反向关系": Tetlock, *Expert Political Judgment*.

229 超级预测者们的在线互动: P. E. Tetlock et al., "Bringing Probability Judgments into Policy Debates via Forecasting Tournaments," *Science* 355 (2017): 481—83.

230 美元兑欧元的汇率预测: G. Gigerenzer, *Risk Savvy* (New York: Penguin, 2014).

230—231 "积极的开放心态"；"我的"看法: J. Baron et al., "Reflective Thought and Actively Open-Minded Thinking," in *Individual Differences in Judgment and Decision Making*, ed. M. E. Toplak and J. A. Weller (New York: Routledge, 2017 [Kindle ebook]).

231 即使报酬非常诱人：J. A. Frimer et al., "Liberals and Conservatives Are Similarly Motivated to Avoid Exposure to One Another's Opinions," *Journal of Experimental Social Psychology* 72 (2017): 1—12.

231 关于英国脱欧投票准备期的研究：Online Privacy Foundation, "Irrational Thinking and the EU Referendum Result" (2016).

231 修护霜……控枪：D. Kahan et al., "Motivated Numeracy and Enlightened Self-Government," *Behavioural Public Policy* 1, no. 1 (2017): 54—86.

231 不是单纯的求知欲，而是对科学的好奇心：D. M. Kahan et al., "Science Curiosity and Political Information Processing," *Advances in Political Psychology* 38, no. 51 (2017): 179—99.

232 "只有深度是不够的"：Baron et al., "Reflective Thought and Actively Open-Minded Thinking."

232 前四个人类进化论模型：H. E. Gruber, *Darwin on Man: A Psychological Study of Scientific Creativity*, 127.

232 "千万不能接受莱尔提出的这些观点"：*The Autobiography of Charles Darwin*.

233 "这是科学史上最有意义的交流之一"：J. Browne, *Charles Darwin: A Biography*, vol. 1, *Voyaging* (New York: Alfred A. Knopf, 1995), 186.

233 爱因斯坦就属于刺猬型：有关爱因斯坦偏刺猬型的参考文献之一，请参见：Morson and Schapiro, *Cents and Sensibility*.

233 "人们似乎达成了共识"：G. Mackie, "Einstein's Folly," *The Conversation*, November 29, 2015.

233 尼尔斯·玻尔……他说：C. P. Snow, *The Physicists*, (London: Little, Brown and Co., 1981). 爱因斯坦也表达了对应观点，可参见：H. Dukas and B. Hoffmann eds., *Albert Einstein, The Human Side: Glimpses from His Archives* (Princeton, NJ: Princeton University Press, 1979), 68.

234 在连续四年的预测竞赛中：W. Chang et al., "Developing Expert Political Judgment: The Impact of Training and Practice on Judgmental Accuracy in Geopolitical Forecasting Tournaments," *Judgment and Decision Making* 11, no. 5 (2016): 509—26.

第 11 章 学着放下熟悉的工具

239 那是秋日的一天，中午刚过：2016 年 10 月，马克斯·巴泽曼（Max Bazerman）教授热情地允许我在哈佛商学院观察卡特赛车队的案例研讨课，为期两天。［该案例研究由杰克·W. 布里坦（Jack W.Brittain）和西姆·B. 西特金（Sim B.Sitkin）于 1986 年创建。］

246 "所有参与者": F. Lighthall, "Launching the Space Shuttle Challenger: Disciplinary Deficiencies in the Analysis of Engineering Data," *IEEE Transactions on Engineering Management* 38, no. 1 (1991): 63—74. Boisjoly's "away from goodness" 引自 1986 年 2 月 25 日总统委员会听证会议的文字记录。

249 罗杰·博伊斯乔利亲自去检查: R. P. Boisjoly et al. "Roger Boisjoly and the Challenger Disaster," *Journal of Business Ethics* 8, no. 4 (1989): 217—230. 博伊斯乔利的"away from goodness"引自 1986 年 2 月 25 日总统委员会听证会议的文字记录。

250 航天飞机是人类所完成的最精密复杂的机器: J. M. Logsdon, "Was the Space Shuttle a Mistake?," *MIT Technology Review*, July 6, 2011.

250 麦克唐纳和另外两位莫顿聚硫橡胶公司的副总裁: 总统委员会听证会议的文字记录提供了本章中的信息和引文, 读者可在网站 https://history.nasa.gov/rogersrep/genindex.htm.上查阅。阿伦·麦克唐纳还针对调查和航天飞机中重返飞行的过程进行了大量精彩描述, 参见他的著作《真相、谎言和 O 型圈》*Truth, Lies, and O-Rings* (Gainesville: University Press of Florida, 2009)。

250 "他们说, 因为他们曾在 53 华氏度的气温下发射过": 摘自黛安·沃恩 (Diane Vaughan) 的著作, 书中包括对决策过程中"越轨行为正常化"的精彩探索: *The Challenger Launch Decision: Risky Technology, Culture, and Deviance at NASA* (Chicago: University of Chicago Press, 1996).

251 "我们信仰上帝, 其他的就拿数据说话": 对现任和前任 NASA 管理人员和工程师的一些背景采访——特别是于 2007 年访问 NASA 约翰逊航天中心的记录——提供了非常有用的信息。NASA 工程领导力学院的门户网站是资源丰富的信息库。它能链接到 NASA 庞大的"经验教训系统"。

251 卡尔·维克……发现了……一些不同寻常的现象: K. E. Weick, "The Collapse of Sensemaking in Organizations: The Mann Gulch Disaster," *Administrative Science Quarterly* 38, no. 4 (1993): 628—52.; K. E. Weick, "Drop Your Tools: An Allegory for Organizational Studies," *Administrative Science Quarterly* 41, no. 2 (1996): 301—13; K. E. Weick, "Drop Your Tools: On Reconfiguring Management Education," *Journal of Management Education* 31, no. 1 (2007): 5—16.

252 每秒 11 英尺: R. C. Rothermel, "Mann Gulch Fire: A Race That Couldn't Be Won," Department of Agriculture, Forest Service, Intermountain Research Station, General Technical Report INT-299, May 1993.

252 野外消防员始终无法逃脱大火的魔爪: K. E. Weick, "Tool Retention and Fatalities in Wildland Fire Settings," in *Linking Expertise and Naturalistic Decision Making*, ed. E. Salas and G. A. Klein (New York: Psychology Press, 2001 [Kindle ebook]).

252 "起飞时的直升机": USDA, USDI, and USDC, *South Canyon Fire Investigation* (Report of the South Canyon Fire Accident Investigation Team), U.S. Government Printing Office, Region 8, Report 573-183, 1994.

252 "还背着背包"; "这时我才发现自己肩上还背着锯"; 23 名野外消防精英……同归于尽: Weick, "Tool Retention and Fatalities in Wildland Fire Settings."

253 他又在空中抓住了杆子; "放弃工具就代表着故意遗忘"; "坚守自己最熟悉的领域"; "生存危机": Weick, "Drop Your Tools: An Allegory for Organizational Studies."

254 "常见的应对": J. Orasanu and L. Martin, "Errors in Aviation Decision Making," *Proceedings of the HESSD'98* (Workshop on Human Error, Safety and System Development) (1998): 100—107; J. Orasanu et al., "Errors in Aviation Decision Making," Fourth Conference on Naturalistic Decision Making, 1998.

255 "如果我做出决策": Weick, "Tool Retention and Fatalities in Wildland Fire Settings."

256 "这句话字里行间就在提示": M. Kohut, "Interview with Bryan O'Connor," NASA's *ASK (Academy Sharing Knowledge)* magazine, issue 45 (January 2012).

256 "你必须要保持理性": 引自 1986 年 2 月 25 日总统委员会听证会议的文字记录。

260 "救援肯定会很困难": 第 48 救援中队的几名成员提供了宝贵的背景和佐证。

261 "活在现实世界": C. Grupen, *Introduction to Radiation Protection* (Berlin: Springer, 2010), 90. 沙弗农的全部原始语料可在 https://yarchive.net/air/perfect_safety.html 上查阅。

262 首次针对行业内各类机构的研究: K. S. Cameron and S. J. Freeman, "Cultural Congruence, Strength, and Type: Relationships to Effectiveness," *Research in Organizational Change and Development* 5 (1991): 23—58.

262 最有效率的领导者和组织都具备广度: K. S. Cameron and R. E. Quinn, *Diagnosing and Changing Organizational Culture*, 3rd Edition (San Francisco: Jossey-Bass, 2011).

262 在一项实验中: S. V. Patil et al., "Accountability Systems and Group Norms: Balancing the Risks of Mindless Conformity and Reckless Deviation," *Journal of Behavioral Decision Making* 30 (2017): 282—303.

264 吉恩·克兰兹: G. Kranz, *Failure Is Not an Option* (New York: Simon & Schuster, 2000). See also: M. Dunn, "Remaking NASA one step at a time," Associated Press, October 12, 2003.

265 "周一笔记"; 威廉·卢卡斯……"常常一看到问题就发怒": S. J. Dick, ed., *NASA's First 50 Years* (Washington, DC: NASA, 2011 [ebook]). 同时, 冯·布劳恩的笔记可在 https://history.msfc.nasa.gov/vonbraun/vb_weekly_notes.html 上查阅。

266 "笔记的质量立刻下降了": R. Launius, "Comments on a Very Effective Communications System: Marshall Space Flight Center's Monday Notes," *Roger Launius's Blog*, February 28, 2011.

266 "恰当的渠道";"是严格的,也是抑制性的":Columbia Accident Investigation Board, "History as Cause: *Columbia and Challenger*," in *Columbia Accident Investigation Board Report*, vol. 1, August 2003.

267 引力探测器 B:斯坦福大学在网站 einstein in.stanford.edu 上维护了一个档案馆,里面有大量关于引力探测器 B 的信息(包括技术信息和为公众编写的信息)。为了进行科学的深度潜水,《经典和量子引力》杂志 *Classical and Quantum Gravity* (vol. 32, no. 22 [November 2015]) 专门出版了一期关于引力探测器 B 的内容。

267 这项技术经过二十年的研发:T. Reichhardt, "Unstoppable Force," *Nature* 426 (2003): 380—81.

268 "非常自信,认为发射能够成功":NASA Case Study, "The Gravity Probe B Launch Decisions," NASA, Academy of Program/Project and Engineering Leadership.

269 "我们的系统没有健康的张力":格韦登也在如下文献中讨论健康张力问题:R. Wright et al., eds., *NASA at 50: Interviews with NASA's Senior Leadership* (Washington, DC: NASA, 2012).

270 第一个证明该理论的直接实验:J. Overduin, "The Experimental Verdict on Spacetime from Gravity Probe B," in Vesselin Petkov, ed., *Space, Time, and Spacetime* (Berlin: Springer, 2010).

271 喜马拉雅山登山队伍:E.M. Anicich et al., "Hierarchical Cultural Values Predict Success and Mortality in High-Stakes Teams," *Proceedings of the National Academy of Sciences of the United States of America* 112, no. 5 (2015): 1338—43.

272 "目视狭窄反射":埃里克·托波尔(Eric Topol)是创造这个词的心脏病专家。(但对于真正心脏病发作的患者,支架可以挽救生命。)

272 每五十名被植入支架的患者中就有一名:K. Stergiopoulos and D. L. Brown, "Initial Coronary Stent Implantation With Medical Therapy vs Medical Therapy Alone for Stable Coronary Artery Disease: Meta-analysis of Randomized Controlled Trials," *Archives of Internal Medicine* 172, no. 4 (2012): 312—19.

272 无法相信支架会不起作用:G. A. Lin et al., "Cardiologists' Use of Percutaneous Coronary Interventions for Stable Coronary Artery Disease," *Archives of Internal Medicine* 167, no. 15 (2007): 1604—09.

273 死亡的可能性就会降低:A. B. Jena et al., "Mortality and Treatment Patterns among Patients Hospitalized with Acute Cardiovascular Conditions during Dates of National Cardiology Meetings," *JAMA Internal Medicine* 175, no. 2 (2015): 237– 44. See also: A. B. Jena et al., "Acute Myocardial Infarction during Dates of National Interventional Cardiology Meetings," *Journal of the American Heart Association* 7, no. 6 (2018): e008230.

273 "在大型的心脏病学会议上":R. F. Redberg, "Cardiac Patient Outcomes during National Cardiology Meetings," *JAMA Internal Medicine* 175, no. 2

(2015): 245.

273 比较了"真假手术": R. Sihvonen et al., "Arthroscopic Partial Meniscectomy Versus Sham Surgery for a Degenerative Meniscal Tear," *New England Journal of Medicine* 369 (2013): 2515—24. 可以在以下文献中找到指向其他几项研究的超链接，其中包含支持的研究结果: D. Epstein, "When Evidence Says No, But Doctors Say Yes," *ProPublica*, February 22, 2017.

第 12 章 刻意的初学者

278 "很有前途!": 史密斯在他公开的诺贝尔奖演讲"翻页"（2007年12月7日）中讨论了他的一些工作和笔记本文件。北卡罗来纳大学维护着在线档案馆，里面有六十多年来史密斯笔记的数字化版本，以及史密斯本人浏览这些笔记本并提供评论的录音。（史密斯告诉我，即使在周六，人们也应该随身携带笔记本。）这个档案是一个很好的采访准备资源，可以在网站 smithies.lib.unc.edu/notebook 上获得。

279 2016 年，一项针对一万名研究人员的职业生涯调查: A. Clauset et al., "Data-Driven Predictions in the Science of Science," *Science* 355 (2017): 477—80.

280 其他科学家已经测试了 240 000 种化合物: P. McKenna, "Nobel Prize Goes to Modest Woman Who Beat Malaria for China," *New Scientist*, November 9, 2011, online ed.

280 公元 4 世纪的一位中国炼金士: 炼金士和草药医生葛洪在东晋时期写了一本《肘后救卒方》。屠呦呦在她的诺贝尔演讲中给出了背景: "青蒿素——中医药给世界的礼物"（2015年12月7日）。她在分享了一张 16 世纪该书手抄本的照片，参见 Y. Tu, "The Discovery of Artemisinin (Qinghaosu) and Gifts from Chinese Medicine," *Nature Medicine* 17, no. 10 (2011): 1217—20.

280 一项关于非洲疟疾发病率下降的研究: Bhatt et al., "The Effect of Malaria Control on *Plasmodium falciparum* in Africa Between 2000 and 2015," *Nature* 526 (2015): 207—11.

280 贴上了一个标签: "完全不能用了，但是奥利弗能用。": G. Watts, "Obituary: Oliver Smithies," *Lancet* 389 (2017): 1004.

281 用胶带粘下一层层薄薄的石墨: 盖姆在题为《漫话石墨烯》"Random Walk to Graphene" (December 8, 2010) 的诺贝尔演讲中详细介绍了这一发现。给出了各生动形象的部分标题: "僵尸管理""宁可犯错也不无聊"和"苏格兰磁带的传奇"。

281 硬度却是钢铁的两百倍: C. Lee et al., "Measurement of the Elastic Properties and Intrinsic Strength of Monolayer Graphene," *Science* 321 (2008): 385—8.

281 用石墨烯喂养的蜘蛛: E. Lepore et al., "Spider Silk Reinforced by Graphene or Carbon Nanotubes," *2D Materials* 4, no. 3 (2017): 031013.

281 "足够的科学进步": J. Colapinto, "Material Question," *The New Yorker*, December

2014, online ed.

281—282 "刻意的初学者"; "创新与精通的矛盾": 萨拉·刘易斯有关创造力的精彩著作为: *The Rise: Creativity, the Gift of Failure, and the Search for Mastery* (New York: Simon & Schuster, 2014).

282 "我的研究风格与众不同": "U. Manchester's Andre Geim: Sticking with Graphene—For Now," *ScienceWatch* newsletter interview, August 2008.

282 "从来不屑于问的问题": Lewis, *The Rise*.

282 "有限马虎原则": Max Delbrück interviews with Carolyn Harding in 1978, California Institute of Technology Oral History Project, 1979.

282 "似乎浪费着生命"; "这里的灵活性": E. Pain, "Sharing a Nobel Prize at 36," *Science*, online ed. career profiles, February 25, 2011.

284 "如果这种情况持续下去": A. Casadevall, "Crisis in Biomedical Sciences: Time for Reform?," Johns Hopkins Bloomberg School of Public Health Dean's Lecture Series, February 21, 2017, www.youtube.com/watch?v=05Sk-3u90Jo. See also: F. C. Fang et al., "Misconduct Accounts for the Majority of Retracted Scientific Publications," *Proceedings of the National Academy of Sciences of the USA* 109, no. 42 (2012): 17028—33.

284 极易被撤稿: "Why High-Profile Journals Have More Retractions, "*Nature*, online ed., September 17, 2014.

285 如果某种疾病的患病率是1‰: A. K. Manrai et al., "Medicine's Uncomfortable Relationship with Math," *JAMA Internal Medicine* 174, no. 6 (2014): 991—93.

286 "行业协会出现在中世纪的欧洲"; 有一种会议越来越多了: A. Casadevall and F. C. Fang, "Specialized Science," *Infection and Immunity* 82, no. 4 (2014): 1355—60.

287 生物医学类的研究资金呈指数级增长: A. Bowen and A. Casadevall, "Increasing Disparities Between Resource Inputs and Outcome, as Measured by Certain Health Deliverables, in Biomedical Research," *Proceedings of the National Academy of Sciences of the USA* 112, no. 36 (2015): 11335—40.

287 而最近,人均预期寿命却缩短了: J. Y. Ho and A. S. Hendi, "Recent Trends in Life Expectancy Across High Income Countries," *BMJ* (2018), 362:k2562.

287 有人研究了……的联结和……关联: R. Guimerà et al., "Team Assembly Mechanisms Determine Collaboration Network Structure and Team Performance," *Science* 308 (2005): 697—702.

288 "整个工作网络完全不同": "Dream Teams Thrive on Mix of Old and New Blood," *Northwestern Now*, May 3, 2005.

288 百老汇在任何一个时代的商业命运: B. Uzzi and J. Spiro, "Collaboration and Creativity," *American Journal of Sociology* 111, no. 2 (2005): 447—504.

288 "观点的进出口": "Teaming Up to Drive Scientific Discovery," Brian Uzzi at TEDxNorthwesternU, June 2012.

289 科学家们的"套利"机会: C. Franzoni et al., "The Mover's Advantage: The

Superior Performance of Migrant Scientists," *Economic Letters* 122, no. 1 (2014): 89—93; see also: A. M. Petersen, "Multiscale Impact of Researcher Mobility," *Journal of the Royal Society Interface* 15, no. 146 (2018): 20180580.

289 乌奇和团队分析了：B. Uzzi et al., "Atypical Combinations and Scientific Impact," *Science* 342 (2013): 468—72.

289 这篇论文就被称为"新颖论文"：J. Wang et al., "Bias Against Novelty in Science," *Research Policy* 46, no. 8 (2017): 1416—36.

289 在不同知识之间架起桥梁的论文：K. J. Boudreau et al., "Looking Across and Looking Beyond the Knowledge Frontier: Intellectual Distance, Novelty, and Resource Allocation in Science," *Management Science* 62, no. 10 (2016): 2765—83.

290 真菌靠辐射给自己提供营养：E. Dadachova et al., "Ionizing Radiation Changes the Electronic Properties of Melanin and Enhances the Growth of Melanized Fungi," *PLoS ONE* 2, no. 5 (2007): e457.

292 旁听一场……资助政策听证会：例如 D. Epstein, "Senatorial Peer Review," *Inside Higher Ed*, May 3, 2006; and: D. Epstein, "Science Bill Advances," *Inside Higher Ed*, May 19, 2006. 有趣的是，在这些听证会上，新罕布夏州参议员（兼工程学博士）约翰·苏努努（John Sununu）通常是一位尖锐的预算鹰派人士，他正好站在和凯·贝利·哈钦森的对立面，主张为研究提供资金，但没有明确的申请。"如果你能确定经济效益，那就没必要资助它，"他说，"这就是我们成立风险投资社区的原因。"

293 一种奇怪的现象：Clauset et al., "Data-Driven Predictions in the Science of Science."

294 "这些球员很少做有组织的训练"：M. Hornig et al., "Practice and Play in the Development of German Top-Level Professional Football Players," *European Journal of Sport Science* 16, no. 1 (2016): 96—105.

294 "涉猎的时间"：J. Gifford, *100 Great Business Leaders* (Singapore: Marshall Cavendish Business, 2013).

结语　拓展你的广度学习

295 杰出的创造者发明的东西越多：关于这项研究（包括爱迪生的专利）的出色讨论，请参见：chapter 10 of S. B. Kaufman and C. Gregoire, *Wired to Create* (New York: Perigee, 2015). 根据"人气"分数对莎士比亚戏剧的一个有趣的分析：D. K. Simonton, "Popularity, Content, and Context in 37 Shakespeare Plays," *Poetics* 15 (1986): 493—510.

296 蕾切尔·怀特里德也取得了类似的成就：W. Osgerby, "Young British Artists," in *ART: The Whole Story*, ed. S. Farthing (London: Thames & Hudson, 2010).

296 "棒球是一种缩水版的结果分布"：M. Simmons, "Forget the 10,000-Hour

Rule," *Medium*, October 26, 2017.
297 他二十二岁才开始上正式的钢琴课:W. Moskalew et al., *Svetik: A Family Memoir of Sviatoslav Richter* (London: Toccata Press, 2015).
297 直到十三岁才第一次摸到篮球:"My Amazing Journey—Steve Nash," NBA.com, 2007—08 Season Preview.
297 尤利乌斯·恺撒:C. Pelling, *Plutarch and History* (Swansea: Classical Press of Wales, 2002).
298 "这是一次实验":Abrams v. United States, 250 U.S. 616 (1919) (Holmes dissenting opinion).

图书在版编目（CIP）数据

成长的边界 /（加）大卫·爱泼斯坦著；范雪竹译
. -- 北京：北京联合出版公司 , 2021.4（2024.6 重印）
ISBN 978-7-5596-5151-8

Ⅰ . ①成… Ⅱ . ①大… ②范… Ⅲ . ①成功心理—通俗读物 Ⅳ . ① B848.4-49

中国版本图书馆 CIP 数据核字 (2021) 第 049835 号

Range: Why Generalists Triumph in a Specialized World by David Epstein.
Copyright © 2019 by David Epstein.
All rights reserved.
本书版权归属于银杏树下（北京）图书有限责任公司

成长的边界

著　　者：[加] 大卫·爱泼斯坦
译　　者：范雪竹
出 品 人：赵红仕
选题策划：后浪出版公司
出版统筹：吴兴元
编辑统筹：王　頔
特约编辑：张冰子
责任编辑：夏应鹏
营销推广：ONEBOOK
装帧制造：墨白空间·陈威伸

北京联合出版公司出版
（北京市西城区德外大街 83 号楼 9 层　100088）
天津中印联印务有限公司印刷　新华书店经销
字数 240 千字　690 毫米 ×960 毫米　1/16　22.25 印张
2021 年 4 月第 1 版　2024 年 6 月第 9 次印刷
ISBN 978-7-5596-5151-8
定价：60.00 元

后浪出版咨询（北京）有限责任公司　版权所有，侵权必究
投诉信箱：editor@hinabook.com　fawu@hinabook.com
未经书面许可，不得以任何方式转载、复制、翻印本书部分或全部内容
本书若有印、装质量问题，请与本公司联系调换，电话：010-64072833